ELECTRIC
ROBOT

电力机器人设计与应用丛书

电力机器人与自动化装置

主　编　谢　庆

副主编　裴少通　豆龙江

参　编　刘　欢　翟常营

　　　　房　静　徐　波

中国电力出版社
CHINA ELECTRIC POWER PRESS

内容提要

本书阐述了机器人技术在电力行业的广泛应用，旨在为电力工程领域的学习者和专业人士提供机器人设计制作知识和实践指导。全书共分为八章，第1～3章选取了配电、发电、输电三种不同应用场景的电力机器人，对每个作品从设计思想、设计方案、零部件选取、加工制作、主要创新点等方面做了详细论述。第4章总结了机器视觉在电力机器人开发过程中的关键技术研究。第5～8章选取了四款电力装置，从研究背景、基础技术、工作原理、结构设计、控制系统到工作验证与评价，为读者构建了开发过程的整体架构和理论基础。

本书聚焦电力机器人与自动化装置的智能化技术，如智能感知、智能操作、人机交互以及人工智能识别等，全面覆盖了当前电力机器人领域的核心技术。本书可以作为电气工程、自动化及相关专业的教材，也可以作为电力行业从业者提升机器人设计实施技能、了解行业动态的重要参考资料。本书通过丰富的实例分析和前瞻性思考，致力于激发读者的创新精神，为推动电力机器人技术的持续进步贡献智慧。

图书在版编目（CIP）数据

电力机器人与自动化装置/谢庆主编. —北京：中国电力出版社，2024.4
（电力机器人设计与应用丛书）
ISBN 978-7-5198-8503-8

Ⅰ. ①电… Ⅱ. ①谢… Ⅲ. ①电力工程－机器人技术－自动化装置 Ⅳ. ①TM7②TP24

中国国家版本馆 CIP 数据核字（2024）第 004832 号

出版发行：中国电力出版社
地　　址：北京市东城区北京站西街 19 号（邮政编码 100005）
网　　址：http://www.cepp.sgcc.com.cn
责任编辑：王杏芸　杨芸杉
责任校对：黄　蓓　常燕昆
装帧设计：赵姗姗
责任印制：杨晓东

印　　刷：三河市航远印刷有限公司
版　　次：2024 年 4 月第一版
印　　次：2024 年 4 月北京第一次印刷
开　　本：787 毫米×1092 毫米　16 开本
印　　张：18.5
字　　数：394 千字
定　　价：65.00 元

前　言

　　机器人技术是集材料、机械、电子、传感器、计算机、控制等多学科交叉融合的前沿高新技术，是 21 世纪高新技术制造业与现代服务业的重要组成部分之一，也是我国高科技产业发展的一次重大机遇。随着精益生产和大规模定制时代的到来，机器人将成为继个人计算机后的下一个热门的重要发展领域。今后，机器人技术不仅在提高规模化制造的质量和效率，保证生产安全，节约资源与绿色环保等方面发挥更大的作用，其应用范围也将变得更加广泛，必将在工业自动化、家庭服务、助老助残、康复治疗、公共安全、清洁环保、教育娱乐等许多领域发挥越来越重要的作用。

　　随着智能技术突飞猛进的发展和教育理念的不断更新，作为综合了信息技术、电子工程、机械工程、控制理论、传感技术以及人工智能等前沿科技的机器人应用技术也在大学生工程实践和创新实践教学中扮演了重要的角色。

　　为了培养学生的创新能力和进一步推动机器人应用技术的发展，近些年华北电力大学在创新实践教学中结合学校的人才培养特色，组织学生相继完成了配电装置电气试验机器人、高压输电线路地线修补机器人、发电机不抽转子气隙检测机器人、输电线路巡线机器人等电力机器人和电力自动化装置，在人才培养和技术应用方面都取得了很好的效果。一些作品参加了系列大学生机器人竞赛，获得优异成绩。

　　本书把近几年在创新实践教学中组织学生亲手制作完成的部分机器人作品介绍给大家，并对每个作品从设计思想、设计方案、零部件选取、加工制作、主要创新点等方面做了详细阐述。希望本书可以为电气工程、自动化及相关专业的学生创新实践提供借鉴，也可以为机器人爱好者制作机器人提供一些帮助，同时也可供从事机电一体化及相关专业的工程技术人员参考。

　　本书是作者近几年在机器人应用技术方面指导学生创新实践所取得的初步成果，还需不断发展完善。书中难免存在不足之处，我们殷切希望得到广大读者和同行们的批评指正，以便于进一步改进和完善我们的工作。

编　者

2024 年 4 月

目　录

1

配电装置电气试验机器人

1.1 项目目标

交流配电系统是核电站厂用电系统的重要组成部分,在任何工况下(正常或事故工况),都能为核电站的附属设备提供安全可靠的交流电源,并对同核安全有关的设备提供应急备用电源,确保核电站的安全运行。中压、低压配电装置主要运用在电力系统中,起着发电、输电、变电、配电、电能交换、安全控制和保护等作用,其主要设备有很多,作为输变电设备的重要组成部分,在电力工业系统中占据着重要的地位。而配电柜的重要功能之一是进行电能输送,包括架空线路和电缆进出线、母线联络、大客户馈线、专用大容量电力设备控制等。配电柜的故障,包括拒动、误动和绝缘击穿,不仅会对企业生产造成直接影响,更会对电网的安全运行构成严重威胁,因此,必须十分重视中压、低压配电装置试验。

核电站交流配电系统设备众多,标准化程度较高,调试和操作方法已相当成熟。项目成果的成功应用可以在核电站原有系统基础上实现中低压配电装置电气操作的合理化、规范化、科学化,更好地提高电气试验人员的安全性,降低工作人员劳动强度,提高作业效率。核电站交流配电调试智能机器人的研究,学科综合性强,并具有相当的前瞻性和挑战性。

引入机器人代替人做有一定危险性的工作,在提高工作效率、降低操作失误的可能性的同时,绝对意义上保障了人身安全。电力机器人以物联网技术为支撑,研究操作机构与载体的运动控制算法、建立更换低压抽屉柜的作业流程模型、设计制作更换低压抽屉柜、中压柜断路器的机构、建立不同操作机构的控制策略及故障识别算法,能够对现场设备数据进行采集和对环境状态信息加以感知,甚至通过语音交互技术、完成检修工作的部分任务,对作业人员行为进行管控、智能提醒和自动告警等功能。

1.2 国内外研究概况

随着机器人技术的飞速发展,电力系统巡检机器人已经成为国内外机器人领域的研究热点之一。广泛地使用机器人既可以节省大量的人力成本,又可以提高电力巡检的效率和准确性。在这个机器人技术快速发展的时代背景下,利用机器人对开关柜进行带电作业是一种必然的趋势。但目前国内外的研究机构更多以配电柜局部检测机器人作为研究的重点,针对开关柜带电作业机器人的研究则相对滞后。

1

1. 国内外研究水平的现状和发展趋势

高压、低压配电装置电气操作机器人作为一种新型应用领域的自动化程度较高的设备，国内外对其研究历史并不长。总体来看，高压、低压配电装置电气操作机器人是涉及多领域、多学科交融且具有一定专用性的自动化装置。国内外高低压配电装置电气操作机器人的研究较少，大都停留在功能验证和样机实验阶段，目前尚无成熟产品应用在电气操作的实践中。因此对高压、低压配电装置电气操作机器人的设计研究是有必要的。

2. 国外研究机构对本项目的研究情况

近年来，电力系统机器人技术发展较为迅速，特别是变电站巡检机器人、架空输电线路和高压电缆巡检机器人以及电缆隧道巡检机器人已陆续研发出样机，并取得一定程度的实际应用。然而，高低压配电装置电气操作机器人的研究少见报道。在国外，与巡线机器人一样，变电站巡检机器人最早在 20 世纪 80 年代开展研究，目前已经在电力系统大规模采用。

20 世纪 80 年代，日本中部电力公司最早研制出两台巡检机器人，尺寸 1.4m×1.3m×1.7m，装备远程红外摄像机、彩色摄像机、脉冲探测器等，最大续航能力 2.5h。通过电磁探测敷设于变电站地面下 1cm 处的导线实现巡视路径确认。1990 年，东芝公司和三菱公司联合开发了一台名为"大老鼠"的机器人。

2012 年，加拿大魁北克水电公司联合 IREQ 魁北克研究学院基于 A200 赫斯基平台研制出了新型机器人，装备视觉摄像机和热成像拍摄仪完成变电站巡检，如图 1-1 所示。2013 年，该公司又在上一代产品的基础上，研发了"Kinova Jaco"的机器人投入辖区 735kV 变电站使用，如图 1-2 所示。该机器人集成单只机械臂，通过遥控操作到达指定位置，可实现自动打开设备柜门、隔离开关分合等操作，有效避免人为操作导致的危险。

图 1-1 加拿大变电站巡检机器人　　　　　图 1-2 单臂隔离开关分合机器人

3. 国内研究机构对本项目的研究情况

国网山东省电力公司设计开发了一种可用于开关柜局部放电检测的机器人，该机器人以变电站巡检机器人为基础，安装了 5 个自由度的轻型机械臂，如图 1-3 所示，采用双目立体视觉技术实现检测位置的定位，可以携带多种传感器自主实现高压开关柜的局部放电检测，解决了人工检测工作量大、检测效率低、检测质量差等问题。

合肥工业大学电力机器人研究团队通过对变配电室内现场情况的实际情况调查，提出对电气柜相关仪表进行拍照取样和对柜体接触检测的方案。将机器人分成移动平台（AGV 小车）、控制系统［工业平板、可编程逻辑控制器（programmable logic controller, PLC）、相关传感器等］、主体机械结构（小摆臂结构，大摆臂结构和主升降架），通过控制移动平台移动到固定的检测点，主体机械结构进行升降及旋转，工业照相机拍照，相关传感器检测，如图 1-4 所示。

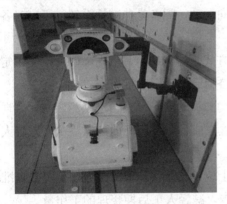

图 1-3 执行开关柜局部放电检测任务机器人

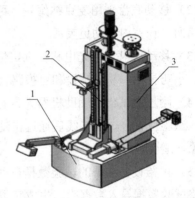

图 1-4 电气柜智能巡检机器人

1—移动平台；2—控制系统；3—主体机械结构

如图 1-5 所示，一款配电开关柜机器人可以利用自身携带的传感器感知外部环境，

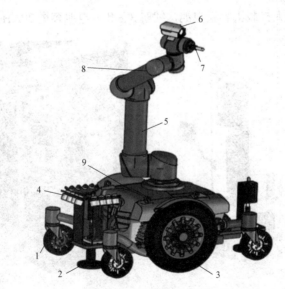

图 1-5 配电开关柜机器人

1—万向轮、标号；2—固定支架、标号；3—驱动轮、标号；4—电气操作配件、标号；5—机械臂主支架、标号；

6—视觉传感器、标号；7—定制夹具；8—六轴机器手；9—行走小车然后针对传感器采集的数据进行处理，利用一种抽象的模式表达空间环境，感知周边的环境信息，自动地构建一张地图，持续感知周围环境信息，移动机器人导航可以自主实现定位操作。配电开关柜机器人旋转与推进采用一体化实现模式，配合定制的夹具实现按钮的点击、扭动旋钮等功能，配置开关柜套筒放置架，适用于存放多种开关柜操作的套筒。

华北电力大学机器人开发团队研制的核电站交流配电调试智能机器人具有以下特点：

（1）主机器人机械手集合 10kV 手车柜，380V 框架式断路器柜以及 380V 抽屉柜的操作机构，通过扫描操作票二维码接受上位机发送的配电装置的一串动作指令，自动化水平高。

（2）移动底盘采用麦克纳姆轮，可实现全向运动，配备悬挂减振系统，可应对各种复杂路面，在室内移动更灵活。

（3）移动底盘采用光电和视觉定位及导航方式，结合超声、激光障碍物检测，定位准确，小巧灵活，易于铺设和更换路径，易于控制通信，不干扰声光。

（4）耐压测试借助辅助机器人带有升举机构的移动底盘以及自动换相装置，实现自主进入试验位置，一次接线后通过自动换相装置完成各相及相间的耐压测试，减轻人工工作量，避免触电风险。

（5）试验设备测得的试验数据自动上传至上位机软件，易于人工当场检验数据准确性，将试验数据导入数据库，生成完整试验报告，减轻人工后期整理的工作量。

1.3　项目简介

项目由两台机器人主、辅协同式完成中低压配电开关装置的调试任务如图 1-6 和图 1-7 所示。两台机器人搭载大容量电池，续航 3～4h，电池容量 20AH；电机驱动，总线

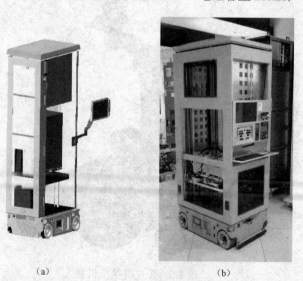

(a)　　　　　　　　　　(b)

图 1-6　主机器人整体设计和实物图

(a) 3D 仿真图；(b) 实物图

控制智能伺服驱动器，驱动功率 720W。底盘电机采用工业无刷伺服电机，额定电压 24V，功率 300W，具有高速运动特性。机器人具备有线充电功能，充电只对机器人本体，机器人搭载的电气试验装置由仪器本身的电池电源供电。

(a)

(b)

图 1-7　辅助机器人整体设计和实物图

(a) 3D 仿真图；(b) 实物图

主机器人可以完成 6kV 开关装置中断路器的分断、摇出摇进，接地开关的分合工作，380V 低压配电装置中断路器的分合、摇出摇进工作，380V 低压配电装置中抽屉柜的抽取工作，绝缘试验、绝缘电阻及直流电阻测量等试验数据的自动传输功能。辅助机器人具备交流耐压试验、互感器试验等功能。机器人自动操作与需人工辅助操作内容汇总见表 1-1。

表 1-1　　　　　　　　　　机器人自动操作与需人工辅助操作内容

序号	工作任务	执行任务情况
1	380V 抽屉柜开关装置分断、合闸	自动
2	380V 抽屉柜开关装置抽出、送入工作位	自动
3	380V 框架式断路器开关装置分断、合闸	自动
4	380V 框架式断路器开关装置抽出、送入工作位	半自动，人工辅助抽出断路器的摇把
5	6.6kV 断路器分断、合闸	半自动，人工辅助断路器分合闸
6	6.6kV 断路器装置抽出、送入工作位	人工打开五防联锁门、人工插入断路器的手车辅助车，遥控拉出手车辅助车
7	绝缘试验、绝缘电阻测量	人工接线、绝缘电阻表测量数据，自动上传到机器人本体。自动完成试验数据传输、记录、分析、结果比对
8	直流电阻测量	人工接线、万用表测量数据自动上传机器人本体。自动完成试验数据的传输、记录、计算、分析、结果比对。个别数据人工录入

续表

序号	工作任务	执行任务情况
9	保护继电器校验	人工接线、继电保护测试仪测量数据，自动录入到机器人本体计算机。机器人完成数据的记录、计算、分析、结果比对
10	互感器试验	人工接线、读取数据、人工录入到机器人本体计算机。机器人完成数据的记录、分析、结果比对

1.4　工作原理

1.4.1　研究内容

本项目主要包含主机器人和辅助机器人两个部分。其中主机器人采用框架式结构，主要负责各电压等级开关柜的断路器及隔离开关分合，并搭载电气试验机器人主控制面板，其内部集成高性能中控系统，可实现图像采集、机械手控制及机器人检修方案规划等操作的数据采集和信息交互。辅助机器人搭载一台大功率高压发生器，可针对如断路器、电压电流互感器及绝缘电阻等高压电气设备进行耐压电气试验。

1. 主机器人设计

主机器人采用框架式结构，整体尺寸高 2146mm，长 1035mm，宽 700mm。机器人由全方位麦克纳姆轮移动底盘与配电试验操作执行部分组成。包括底盘、电源仓、试验仪器放置仓（试验仪器仓）、控制中心、断路器机械手、接地开关分合机械手、抽屉柜机械手等，其结构设计如图 1-8 所示。底盘负责机器人的移动路径规划和调度；配电试验操作执行部分主要负责中压、低压柜断路器的移动、抽屉柜搬运、接地开关分合及相关电气试验；控制中心主要负责对摄像头、机械手下达动作指令，自动读取实验数据填入并生成、导出、打印试验报告。

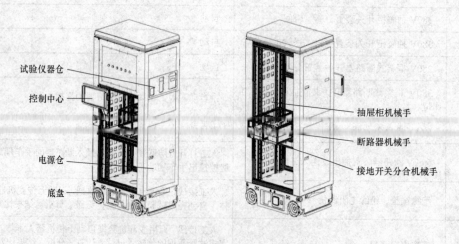

图 1-8　主机器人结构图

2. 辅助机器人设计

辅助机器人包括底盘、耐压试验仪、互感器测试仪、耐压自动换相装置及控制器，其结构设计如图 1-9 所示。整体尺寸高 1132mm、长 1317mm、宽 844mm。辅助机器人底盘负责机器人的移动路径规划，实现耐压测试、耐压自动换相、互感器测试功能。

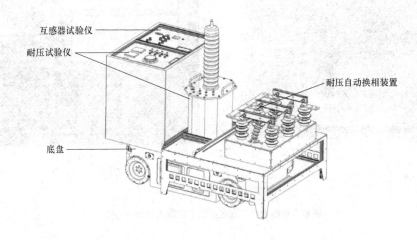

图 1-9　辅助机器人结构图

辅助耐压测试机器人底盘与主机器人底盘类似，同样是麦克纳姆轮结构，考虑现场耐压实验安全规定，开始试验后，耐压测试设备以外的仪器设备及测试人员需要与高压发生位置保持 2m 以上的安全距离，辅助机器人本体与耐压测试实验仪器为分离式设计，并在辅助机器人上增加了举升机构，辅助机器人底盘可钻到耐压测试托架下将其托起，将耐压测试仪放置到试验位置后自行远离并保持安全距离。

1.4.2　机器人上位机

机器人上位机控制中心部署于主机器人侧面的控制面板中，其负责两台机器人的检修方案规划、动作命令部署、数据采集和后续分析等任务。

主机器人控制中心包括主机、高清触控显示器、扫码区、手动控制区、电源区、试验仪器区。具备试验仪器控制接口、网络接口、24V 电源等功能组件。软件系统主要包括 8 层界面：主界面、登录界面、配电装置选择界面、操作票扫码界面、机械手动作执行界面、试验仪器选择界面、生成试验报告界面以及查看历史数据界面。机器人控制中心如图 1-10 所示，图中上位机控制中心面板进行了多处开孔，分别内嵌 19 寸触控显示器、扫码器光口、智能万用表、绝缘电阻表及快捷操作面板，此外在主面板下方含有一块折叠式键盘，可供操作人员在进行检修任务规划时进行较为复杂的操作。其中扫码器可以直接进行操作票的扫描以使机器人读取并核验当前要执行的电气试验任务，万用表可以进行电压、电流、直流电阻及电路通断性校验，绝缘电阻表可以对高压电气设备金属件及其外壳间的绝缘电阻检查等，多款表计在完成电气试验后其测试结果均可以由上位机软件读取上传，并自动生成操作报告，并生成诊断结果。这样避免了传统人工通过纸质记录试验数据的方式，增强了变电站或电厂中电气试验数据的利用率也降低了测试人员的工作量。

（a）

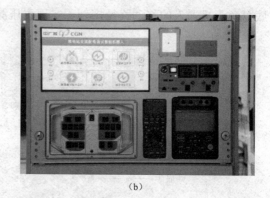

（b）

图 1-10 机器人控制中心

（a）机器人控制中心三维图；（b）机器人控制中心实物图

针对图 1-10（b）中实物图左下角主控面板的快捷操作面板，其机械设计为无线式可拆卸手持结构，其结构布局设计图如图 1-11（a）所示，操作人员可以将控制器从主控面板磁吸位置取下后进行操作。

第一套机械手外部连接如图 1-11（b）所示，在使用第一套机械手之前，首先需要把图中机械手外部连接图中电源、信号插口和网口插入，确保两条线插入之后，才可以打开电源，然后进行机械手的正常操作。遥控器采用的按钮是拨动按钮，采用开关量控制，在拨动之后会复位到中间位置，使用时只要拨动一下即可。

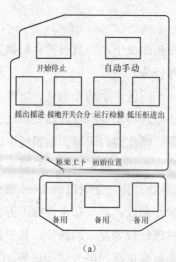

（a）

（b）

图 1-11 第一套机械手控制界面及其接口

（a）第一套机械手遥控界面；（b）第一套机械手外部连接

备用按钮为考虑机器人增加其他外置试验装置时，基于设备硬件资源预留的用户自定义按钮，除备用按钮外，各主要按钮的功能如下。

（1）开始停止按钮：向左拨动是开始位，只有拨动了"开始"整个机械手才能运行。向右拨动是停止位，如果发生需要停止的情况，拨动"停止"所有的电机会立刻停止工作，机械手带电停止在当前位置，如果需要断电急停，请按机械手上急停按钮或者框架上的空气断路器。

（2）自动手动按钮：向左是自动状态，向右是手动控制状态，刚上电为手动状态。

（3）摇进摇出按钮：向上拨为摇进断路器，向下拨为摇出断路器。

（4）地刀分合按钮：向上拨动为合上接地开关，向下拨动为断开接地开关。

（5）运行检修按钮：向上拨动为检修状态到运行状态的转换，向下为运行状态到检修状态的转换。

（6）低压柜进出按钮：向上拨动为摇出低压柜，向下拨动为摇进低压柜。

（7）框架上下按钮：整个机械手在手动位置有2~3个限位（根据现场条件选择），可手动调整机械手上下位置，并且设置了限位保护，只能在规定路程内上升下降。

（8）初始位置按钮：上拨为备用按钮，如果整体框架上下位置有3个限位，这个按键发挥作用，下拨为还原到初始位置，这个按钮实现的功能是，无论在任何上电工作的情况，拨动就会立即停止当前工作，所有电机会马上运动到初始位置。多用于停止后的还原。

使用须知如下。

（1）整个系统通电之后需要等待摄像头后面蓝色的指示灯闪烁之后才代表初始化完成，之后可以执行对准操作。

（2）如果机器人在运行过程中无法与开关柜对准进入试验位，可以按下紧急停止按钮，调整整体框架的工作位置，然后重新上电进行对准。

（3）手动模式下按钮设有防误触功能，按下后如果确认为误操作，请先向下拨动初始位置按钮还原初始位置，再按别的按钮。

1.4.3 机械手及其动作逻辑设计

主机器人的移动平台是断路器框架式机械手的搭载平台如图1-12所示，平台可以在左右方向X、前后方向Y、垂直方向Z三个自由度的方向上移动，通过调节位置使机械手与配电柜对准。图1-13所示的框架式机械手结合包括Z向动力机构、结构框架、断路器机械手、接地开关机械手、X-Y向动力机构组成，其主要部件如图1-13~图1-15所示。

断路器机械手（舱门旋钮）负责打开断路器摇把舱门；断路器摇把慢速旋转，沿Y轴方向（前）移动，实现摇把与断路器对接；断路器机械手旋转摇把摇出断路器，使断路器处于试验位置；接地开关机械手舱门扳手向下拨动，打开断路器舱门；接地开关机械手沿Y轴方向（前）移动，实现摇把与接地开关对接；接地开关扳手旋转180°，接地开关闭合。

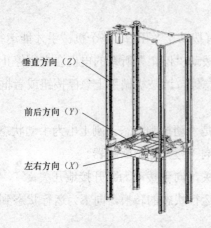

图 1-12　机械手主体动力系统

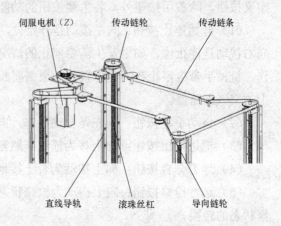

图 1-13　Z 向动力结构

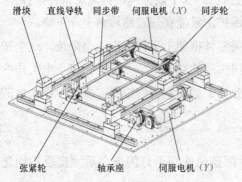

图 1-14　机械手 X-Y 平台动力结构

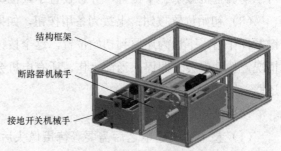

图 1-15　框架式机械手结构

　　机械手的精确对位通过图像处理及光耦限位开关实现。机器人升降平台 Z 轴方向运动，机械手与断路器、接地开关 Z 轴（上下）方向对准；机器人升降平台 X 轴方向运动，机械手与断路器、接地开关 X 轴（左右）方向对准；机器人升降平台 Y 轴方向运动，机械手与断路器、接地开关 Y 轴（前后）方向对准（机械手靠近中压柜，使断路器、接地开关扳手接近对应位置），机械手摇出及抽出断路器动作流程如图 1-16 所示。

　　机器人抽出 380V 低压抽屉柜的作业流程如图 1-17 所示，机器人首先行驶到待试验柜体位置，然后定位扫描柜体标识码，摄像头读取开关位置、指示灯颜色、设备状态颜色标识，对比颜色直方图、颜色矩、中心线颜色向量矩阵三种特征参量对劣化绝缘子的模型训练过程及检测效果；采用贝叶斯优化的支持向量机分类评估诊断算法，实现对图像的分类评估诊断；改进并训练基于深度的监督学习下的机器学习模型—Lenet 卷积神经网络模型，以更高的检测准确率实现对设备状态图像的评估诊断。

　　具体操作过程：首先主机器人机械手对准电气柜，采用图像处理技术抓取抽屉柜把手如图 1-17（a）所示，抽出抽屉柜如图 1-17（b）所示，机器人试验平台上下移动到试验位置如图 1-17（c）所示，向右方或者后方伸出到试验仪器位置如图 1-17（d）所示。同样地，将抽屉柜送入工作位是一个逆向动作过程。

（a） （b）

图 1-16　框架式机械手动作流程

（a）机械手摇出 380V 框架式断路器；（b）机械手将断路器抽出

（a） （b）

（c） （d）

图 1-17　抽屉式机械手动作流程

（a）机械手抓取抽屉柜；（b）机械手将抽屉柜抽出；（c）放置到试验平台；（d）抽屉柜被移出到试验平台

抽屉式机械手正面及侧面实物如图 1-18 所示。

（a）　　　　　　　　　　　（b）

图 1-18　抽屉式机械手结构

（a）抽屉式机械手侧视图；（b）抽屉式机械手正视图

1.4.4　机器人底盘系统设计

1. 移动底盘功能介绍

主机器人与辅助机器人的移动方式均采用自动导引车（automated guided vehicle，AGV），因为辅助机器人的耐压试验变压器需要移动后自动放置，辅助机器人的移动底盘比主机器人多一套举升装置。AGV 是现代生产中的重要装备，定位精度以及导航精度是决定其性能的重要因素。机器人底盘系统由行走机构、传感器系统和控制系统组成，其中行走机构是运动实现的基础，决定了 AGV 的运动空间。传感器系统在感知外部环境、分析外部条件后，反馈给控制系统，控制系统作为中枢系统控制机器人的安全运行。

底盘采用麦克纳姆轮的多轮联动控制技术，实现全向移动，其驱动分析如图 1-19（a）所示，采用遥控、自动导航方式，实现对底盘的精准控制，定位精度±0.5mm。麦克纳姆轮是一种全向轮，其结构如图 1-19（b）所示，其圆周分布一些可以自由转动的梭状的辊子，辊子与轮截面成 45°。由于四轮转速各不相同，所以地面对四个轮的反作用力

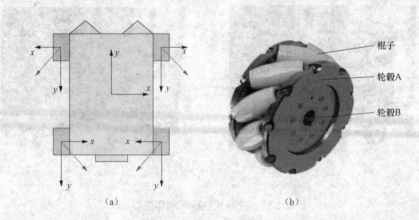

（a）　　　　　　　　　　　（b）

图 1-19　麦克纳姆轮结构

（a）麦克纳姆轮驱动分析；（b）麦克纳姆轮结构图

方向以及大小都不相同，因此四个力的合力可根据四轮转速变化而变化，再加上辊子的辅助，使得 AGV 可以在平面内做前后、左右以及围绕中心旋转三个自由度的运动，其主要硬件包括二维码导航模块、超声波避障模块、麦克纳姆轮、操作面板、激光避障模块、状态指示灯及防撞传感器，设计图及实物图如图 1-20 所示。

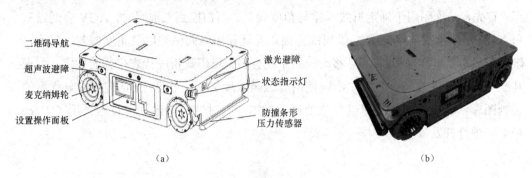

（a）　　　　　　　　　　　　　（b）

图 1-20　移动底盘实物图

（a）移动底盘设计图；（b）移动底盘实物图

移动底盘采用光电和视觉定位及导航方式，结合超声、激光障碍物检测实现沿预定路线自动运送物料。采用四个麦克纳姆轮独立驱动，在四个车轮不同转向和速度的配合下，实现在平面内前进后退、横向平移、侧向移动、绕中心自转、实时转向功能，支持零转弯半径。底盘可以实现自主行走，超声激光避障。根据设定的二维码目的地，自主规划路径，将机器人沿设定路线精准行走到试验位置，底盘具体技术参数见表 1-2。

表 1-2　　　　　　　　　　　　　　机器人底盘技术参数

自重	225kg
承载载荷	500kg
导引方式	二维码导引
行走方向	前进行走，后退行走，左右横移，360°自旋
驱动方式	麦克纳姆轮四驱驱动
驱动电源	DC 48V
行走速度	直线 0～45m/min，横移 0～20m/min
转弯半径	自旋 360°
导航精度	±10mm
停止精度	±10mm
充电方式	手动充电
障碍物传感器安全感应范围	检测距离不大于 3m（可调），传感器自身水平检测角度不大于 270°（可调），紧急制动距离小于 20mm
安全防护	前方障碍物检测传感器+机械防撞机构双重防护+急停开关
报警形式	声光报警
蓄电池	48V 30AH 有线充电锂电池

2. 机器人移动控制系统

导航读码器采集图像，并通过内部算法处理，解析二维码坐标等信息，确定机器人坐标位置。

移动控制系统导航传感器如图 1-21（a）所示，二维码地标示意图如图 1-21（b）所示。首先，二维码用于确定直线误差与角度误差。当扫描到二维码时，AGV 会通过三个角点找到二维码中心点以及二维码的方向，并计算出横向偏差以及角度偏差。其次，二维用于确定其世界坐标，AGV 移动控制系统会将二维码解析成代表坐标的数字，并根据其坐标选择行进方向。解析二维码使用开源函数库 Zbar，由于 Zbar 需要接收优质的二进制图像，所以需要对图像进行预处理。为提高实时性，图像处理过程采用了 Opencv 和 C++进行开发。

(a)   (b)

图 1-21　二维码导航机构

（a）AGV 二维码导航传感器；（b）二维码导航地标

未经处理的图像为 RGB 图像，处理速度慢，因此首先需要将图像转化为灰度图像。由于电子干扰等原因，图像会出现噪声，一般为椒盐噪声，中值滤波可以很好地将噪声滤除。

二维码为黑白两种颜色组成，因此可以将图像转化为二值图像，如此可以在不损害信息的情况下增加运算速度。图像二值化通过阈值处理实现，即灰度值大于阈值的置为 1，反之则置为 0。阈值的确定有全局阈值算法以及局部二值化算法。全局阈值算法最经典的方法为 Otsu（大津算法），其通过求取图像灰度直方图双峰之间的低谷值来确定阈值。因此，适用于前景与背景对明显的图像。但由于二维码被粘贴在地板上，光源为自然光，加之 AGV 车体对光线的遮挡，会出现光照不均的现象，因此 Otsu 算法并不适用，如图 1-22 所示。

对于光照不均的图像，局部二值化算法较为适用，常用的局部二值化算法有 Niblack 算法以及 Wellner 算法。但 Niblack 算法计算量较大，不适合实时性要求较高的嵌入式系统。图 1-23 为经过 Niblack 算法的计算结果。

（a） （b）　　　　　　　　　　　（a） （b）

图 1-22　Otsu 算法　　　　　　　　　图 1-23　Niblack 算法

（a）原图；（b）Otsu 算法结果　　　　（a）原图；（b）Niblack 算法结果

　　Wellner 算法原理为，以"S"形曲线遍历整个图像，如图 1-24 所示，并将其灰度值存入一维数组中。

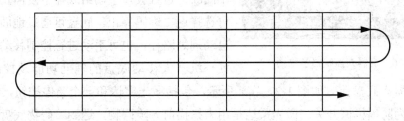

图 1-24　Wellner 算法遍历顺序

　　再取需求阈值的像素点 n 之前的 s 个数（包含 n 点），求其平均值。经验表明一般取 $s=w/8$。w 为一行的像素数。为体现和第 n 点间距离对结果的影响，则求取其加权平均值，对原始图像的 Wellner 算法计算结果如图 1-25（a）和图 1-25（b）所示，经过开运算后最终结果如图 1-25（d）所示。

（a） （b） （c） （d）

图 1-25　Wellner 算法

（a）原图；（b）Wellner 算法结果；（c）原图；（d）开运算

　　纠偏算法采用比例积分微分（proportional integral derivative，PID）算法是按偏差的比例（P）、积分（I）和微分（D）进行运算的算法。增量式 PID 表达式如下，其原理简单应用面广，被广泛应用。其难点为对参数 K_d、K_i、K_p 的确定。

$$\begin{cases} \Delta u(k) = K_p \Delta e(k) + K_i e(k) + K_d [\Delta e(k) - \Delta e(k-1) \Delta e(k)] \\ \Delta e(k) = e(k) - e(k-1) \end{cases}$$

式中：$\Delta u(k)$ 为 k 时刻输出的补偿量；K_d、K_i、K_p 分别为 PID 的比例、积分、微分参数；$e(k)$ 为 k 时刻实际值与设定值的差值。

模糊算法是一种智能控制算法，其以模糊集合论、模糊语言变量和模糊逻辑推理为基础，适用于难以建立系统模型的情况。模糊自整定 PID 将模糊算法与 PID 算法结合，使用模糊算法实时计算出 K_d、K_i、K_p 参数，可以较好地继承两种算法的优点。

机器人控制器如图 1-26 所示，其与底盘之间基于模糊自整定 PID 算法进行联动，通过无线模块实时通信，控制器可以给底盘下发前、后、左、右移动以及左转右转的命令，控制的模式可分为点动、长动。在点动模式下，实现机器人移动底盘的精确位置调整；在长动模式下，通过点击移动方位按钮，机器人移动底盘不间断匀速行驶，手动给底盘下发停止指令；也可选择遇二维码停止。底盘可通过地面二维码，自动规划路径，也可手动进行控制移动。

图 1-26 机器人控制器实物图

机器人移动底盘的辅助功能及控制方式如下：主机器人底盘前方如图 1-27（a）所示，包括激光雷达和一个急停按钮，前方底部黑色长条为防撞机械开关。激光雷达是用来扫描前方障碍物，遇到障碍物底盘会自行停止，障碍物消失后可恢复行走。防撞条是机器人避障的最后一道防线，触发后机器人进入报警状态，停止运动，并且不再响应遥控器指令，此刻即使触发消失，机器人依旧处于报警状态，需要按下复位按钮（底盘左侧）才能解除故障。急停按钮按下后，底盘进入报警状态，停止运动，即使急停接触，底盘依旧在报警状态，需要按下复位按钮（底盘左侧）才能解除故障。

底盘右侧如图 1-27（b）所示，右侧包括前进按钮、后退按钮、光电接近开关 2 个、串口显示屏、左向平移按钮、右向平移按钮、电源开关和充电插口，以上接口均有标识牌标明。

前进按钮、后退按钮不在底盘本体上，而是在主框架上，由深绿色亚克力板固定，并有标签标识。2 个按钮按下后机器人长动作，再次按下后机器人停止动作。右侧底盘上设置有 2 个光电限位开关，用于检测右边障碍物；串口显示屏如图 1-27（c）所示，用于显示底盘状态信息；左向平移按钮、右向平移按钮为金属按钮，有标识牌标明，这 2 个按钮同样为长动按钮，再次点按停止；电源开关按下后约 3s，底盘启动；充电插孔用于底盘充电。底盘后侧如图 1-27（d）所示，为激光雷达传感器和急停开关。底盘左侧如图 1-27（e）所示，绿色灯光按钮为复位按钮，红色灯光按钮为顺时针旋转按钮。底盘充电插口位于底盘右侧，具有标识牌，充电器为 10A 充电器，插上即可充电。充电时充电指示灯闪烁，充满后充满指示灯亮。底盘遥控器开关在遥控器上方，屏幕为电容触摸屏。左侧为底盘前进、后退、左移、右移、停止、左旋、右旋按钮，按钮均为点动按钮。中间滚动轮用于设置底盘遥控器激光雷达的避障等级，右侧分别有快速模式、使能、遇到二维码停止开关。快速模式打开后，底盘移动会加快。长动使能打开后，左侧的按钮均为长动按钮，按下中间红色按键才会停止。遇二维码停止开关打开后，底盘扫描到二维码后会停止。

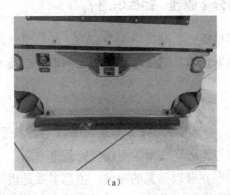

(a)

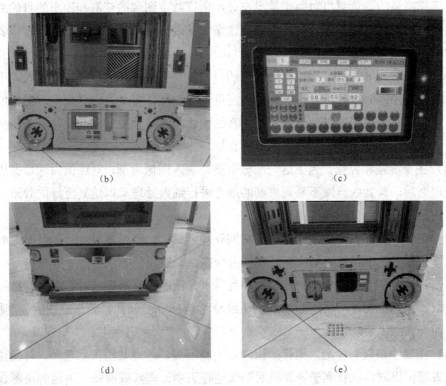

图 1-27 底盘细节图

（a）主机器人底盘正前方；（b）主机器人底盘右侧；（c）串口屏显示底盘状态；（d）底盘后侧；（e）底盘左侧

底盘遥控器充电电压为 16.8V，充电口在遥控器侧面。点击主页面"手动操作 2 号机械手"按钮，进入手动操作 2 号机械手页面，可手动控制 2 号机械手多个电机运动。

首先，手动操作底盘到地图二维码上，底盘会找到自身位置，并显示在地图上；其次，设置目标点，遥控器会自动规划路线；然后点击"驶向目的地"按钮，则底盘会自动行走到终点。

1.4.5　图像识别部分（原理、挡板识别）

需要识别的是断路器挡板中心到摄像头中心的距离，也就是要对准机械手和挡板中心，使其能顺利摇出断路器。本次设计用到了数字图像处理技术，经实验能成功对准，并完成操作。

1. 数字图像处理

数字图像处理技术是一项当今时代非常热门的技术，几乎每天都在改变着人类生活。本小节主要介绍数字图像处理技术主要研究的几个方面。

（1）图像获取和输出。在获取信息的时候，信息多数是模拟量形式存在，但是计算机是不懂模拟量的，计算机对数字量更友好，所以数字图像的获取和输出的目的就是把模拟图像信号转化为数字形式，计算机能读懂就是最终目的。图像数据根据操作者想要的形式输出出来也是当下热门。

（2）图像编码和压缩。图像编码压缩的目的就是要减少描述图像的数据量，不然在图像传输中处理时间过长、占用的存储器容量过大会使任务变得十分繁重。图像的压缩都是有损压缩，如果想要得到压缩后不失真的图像，就必须要重视这一领域的研究。高压缩比，低失真率是图像压缩编码的最终目标。

（3）图像增强和复原。当下这一部分主要是深入图像内部，对图像内部数据进行可视化处理之后，对其中肉眼不易观察到的地方进行细微处理，以达到更好的效果，例如如今很热门的基于小波变换的图像增强。

（4）图像变换。在完成了最基本的空间处理之后，想要再减少计算量且有效处理图像数据就很难了，于是就要把空间域转换为变换域，常用的方法有傅里叶变换等。

（5）图像分割。图像分割就是根据项目需求对图像中感兴趣或者有意义的特征部分进行提取。如本次设计所采用的 Canny 边缘检测和 Hough 圆的检测都是图像分割技术，这在后面会详细说明。

（6）图像的识别与检测。图像的识别和检测主要是经过某些预处理后，对图像进行分割或者特征提取，以有利于计算机对图像进行识别、理解或解释，进而解决图像中是否含有目标，以及目标的所在位置等问题。例如人脸识别、指纹识别、特征提取等属于这部分内容。严格来说，图像的识别与检测一般不完全算是图像处理领域的内容，更多的时候它被认为是计算机视觉领域所研究的主要内容，或者说它是图像处理向计算机视觉过渡的一部分内容，属于两者的交叉部分。这部分内容中往往会用到许多人工智能方面的研究成果（例如神经网络）等。

2. 挡板图片预处理

在图像预处理之前，要对整个图像处理部分有一个构建，这个构建代表着处理的思路以及过程。如果图片是 RGB 图像，对计算机的负荷太大，所以要先把图像转化为一维图像，这时候就需要灰度转换，把图像转换为像素取值范围为0～255 的灰度图，这样在处理图像时会方便很多。图 1-28（a）所示为相机拍到的原图片，目的是要把挡板的这个圆以及圆心找出来，于是分析便知想要的有效信息只有这个大圆，于是接下来的几个步骤就是将这个大圆提取出来。

首先，就是灰度化，得到原始图像的灰度图，如图 1-28（b）所示。之后，由于图片有很多噪声，处理起来会有很多毛刺影响结果，所以这时候选择带阈值的中值滤波优化一下图像质量（图像中值滤波是通过对邻域内的采样数据进行排序并取得中值来决定中心像素的一种手段），例如图 1-28（c）就是中值滤波后的图像。

现在图像质量已经基本符合要求，而我的最终目的也还是为了找到中间的大圆，而通过观察可知大圆的亮度要比周围其他像素亮很多，此时可用二值化处理图像，灰度图中数据类型是 uint8，像素的取值范围是0～255，也就是说在 uint8 类型下每个像素都在这之间取值，中间这个大圆的像素值比周围其他像素值高很多，于是找到一个 0～255 范围内合理的数设置为阈值，阈值以下设其像素值为0，阈值以上设其像素值为1，这就是二值化的思想，于是就得到了最终的二值化图像，如图 1-28（d）所示。

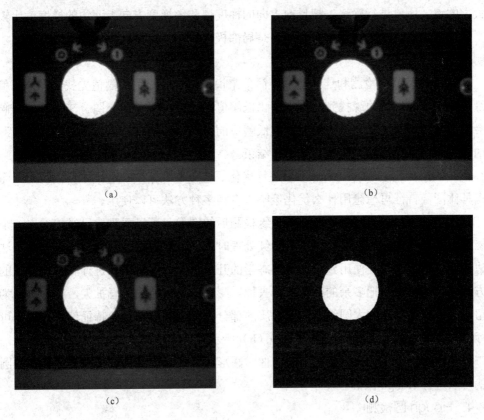

图 1-28　挡板图像二值化及滤波处理

（a）摄像机拍到的原图像；（b）灰度图；（c）中值滤波后的图像；（d）二值化图像

3. Canny 边缘检测

数字图像处理中一般使用卷积和一些其他类似卷积的方法对灰度进行分析。边缘检测就是分析灰度的跃变去寻找图像上区域边缘的技术。

Canny 检测算法的基本步骤大致可以分为 5 步。

（1）用二维高斯模板进行卷积以消除杂点。通过离散化梯度逼近函数利用二维灰度矩阵梯度向量来寻找图像灰度矩阵的灰度跃变位置，然后在图像中把这些位置点连接起来就形成了人眼视觉上可观测到的图像边缘。但是在本次设计甚至更多的实验中可以看到并不是所有图像的边缘都是跳变，大部分的图像数据在梯度变化方向上都是呈斜坡性变化。也就是说横跨了很多距离，这时候就得需要滤波，在 Canny 中选择的方式是高斯滤波。

（2）用一阶偏导数的有限差分来计算梯度的幅值和方向。这里的思想是为了确定灰度图像各像素点邻域强度的变化值。一阶有限差分用于近似图像的梯度，并在图像的垂直方向上找到两个矩阵的衍生物，以获得边缘方向，然后把边缘梯度方向分为四种类型：水平、垂直、45°和135°。

（3）对梯度幅值进行非极大值抑制。这一步的意思就是找到最大的点他不一定是变化最大的点，所以进行筛选。把目前方向的梯度值和该梯度方向上两边的梯度值比较会获得另外两个点，这三个点中必有一个是局部极大值。只有中间点大于两边值时，才能说明这个是边缘点。

（4）双阈值算法检测和连接边缘。简单来说就是设置一个高阈值先找到"高阈值"边缘，再设置一个低边缘找到另外一个"低阈值"边缘，两个边缘图合在一起的时候算法会自动在断点的 8 个邻域内寻找满足低阈值的点，以此类推再以这个点位"种子"找别的边缘点，直到把整个边缘连接起来结束。

（5）利用多尺度综合技术对结果进行优化。这一步不算是 Canny 本身的思想，而是根据具体图像特征再想想用什么优化策略，有很多种方法可以使用。

图 1-29（a）所示为经过 Canny 边缘检测后的图像，可以看到，已经能做出一个细边缘的圆了，但是这个细边缘再进行后续处理时不能取到很好的效果，所以要想办法将其边缘信息增强，于是便用到了图像形态学的开运算，通过对图像进行腐蚀再膨胀的运算方式。腐蚀是为了把多余的棱角毛刺去掉，膨胀就是把特征信息扩大，在这里是为了保留图像中符合要找的大圆结构几何性质的部分，使大圆结构几何特征信息扩大到可以进行下一步操作，开运算结果如图 1-29（b）所示。

可以看出，进行了开运算之后的图像，圆形边缘信息强度提高了很多，这样的圆形下就可以进行 Hough 圆的检测了。

4. Hough 圆检测

在计算机识别中，想直接利用图像点阵进行搜索判断想用的形状难以实现，这时就需要将图像像素按一定的算法映射到参数空间。Hough 变换提供了一种通过坐标将图像像素信息映射到参数空间的方法，这使得确定特定形状变得容易。

圆的解析方程为

$$(x - C_x)^2 + (y - C_y)^2 = R^2$$

可以看出方程中含有 3 个参数，分别是 C_x、C_y、R，所要想进行 Hough 圆变换就不能使用直线变换的方式，而是需要使用三维的参数空间。这样就将原图所在平面想象成一个大量圆集合成的参数空间，而每个像素都同时存在于若干个圆周区域里面，这些区域具有不同的圆心的半径；后设置一个计数器，遍历图像的所有像素，对于每个像素判断是否满足提前设置好的条件，如若满足，就把这个像素所在的圆周区域的计数器加 1，以此类推，只要设置好计数器的阈值 L，对于大于 L 的区域，就认为是圆就可以了，这就是 Hough 圆的变换思想。图 1-29（c）所示即为经过 Hough 圆心检测后最后的结果图。

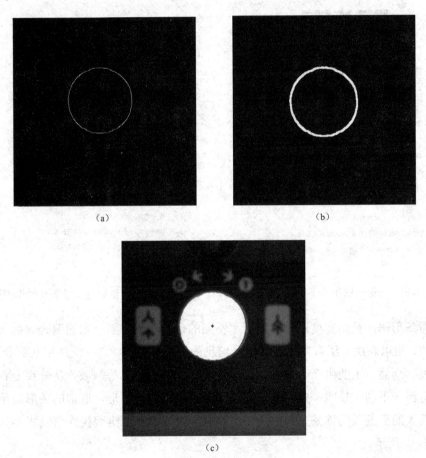

图 1-29　图像边缘检测及圆心定位

（a）Canny 边缘检测后的图像；（b）开运算之后的图像；（c）结果图

在得到了结果图之后，摄像头拍到的是一张一张的图像，那么图像肯定有一个中心点，找出中心点到圆心的距离并把这个数据传给 PLC 控制器，PLC 接收到数据之后基于判断函数，如果在误差允许范围内，即为对准完成。

1.4.6　主机器人扫码识别工作任务

工作人员打开机器人上的计算机主机和触控显示器，打开上位机软件界面。工作人员将操作票二维码放置在机器人扫码区域，扫码器识别操作票二维码，与机器人上位机通过通用串行总线（universal serial bus，USB）接口通信，上位机在数据库里调用有唯一码的操作票。之后按照操作票逐条执行动作，二维码操作票及动作步骤示例如图 1-30 和图 1-31 所示。

名称：　操作票 1（TV柜运行转检修）
二维码：

名称：　操作票 2（TV柜检修转运行）
二维码：

操作票流程：

1.　机器人识别指示灯的情况：TV手车工作位指示灯红灯亮，接地开关分闸指示灯绿灯亮

2.　将 PT 手车从"工作"位置摇到"试验"位置

3.　检查确已将 PT 手车从"工作"位置摇到"试验"位置

4.　检查 PT 手车工作位指示灯是否为绿灯亮

5.　将就地开关从"分闸"状态摇到"合闸"状态

6.　检查确已将就地开关从"分闸"状态摇到"合闸"状态

7.　检查接地开关分闸指示灯是否为红灯亮

操作票流程：

1.　机器人识别指示灯的情况：TV手车工作位指示灯绿灯亮，接地开关分闸指示灯红灯亮

2.　将就地开关从"合闸"状态摇到"分闸"状态

3.　检查确已将就地开关从"合闸"状态摇到"分闸"状态

4.　检查接地开关分闸指示灯是否为绿灯亮

5.　将 PT 手车从"试验"位置摇到"工作"位置

6.　检查确已将 PT 手车从"试验"位置摇到"工作"位置

7.　检查 PT 手车工作位指示灯是否为红灯亮

图 1-30　二维码操作票 1 及动作步骤　　　　图 1-31　二维码操作票 2 及动作步骤

所谓条形码，是由宽度不同、反射率不同的条和空，按照一定的编码规则（码制）编制成的，用以表达一组数字或字母符号信息的图形标识符。它广泛地用在商业、邮政、图书管理、仓储、工业生产、交通运输、包装、配送、交际等领域。从外观上看，条形码是一组粗细不同，按照一定的规则安排间距的平行线条图形，通常的条形码是由反射率相差很大的黑条（简称条）和白条（简称空）组成的，二维码操作票及机器人扫码状态如图 1-32 所示。

条形码一般分为一维码和二维码，如图 1-33 所示，其中一维码是在一个方向（一般是水平方向）表达信息，而在垂直方向则不表达任何信息，其一定的高度通常是为了便于阅读器的对准；而二维码可在水平和垂直两个方向上存储信息，所以信息容量更大、纠错能力强，方便印制和阅读，所以近些年发展很快。

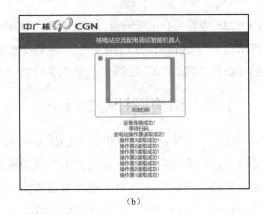

（a）   （b）

图 1-32　二维码操作票及机器人扫码状态

（a）机器人扫码器；（b）机器人扫码状态

（a）   （b）

图 1-33　一维码和二维码示例

（a）一维码；（b）二维码

　　根据编码方式的不同，一维码有统一产品代码（universal product code，UPC）、Code 3、Code 128、Interleaved 2-of-5（I2 of 5）、库德巴码（CodabarQR）、EAN 码等，常见的二维码有 PDF417 等。另外还有彩色条形码，可以利用较低的分辨率来提供较高的数据容量。

　　条形码的识别通常通过条码扫描器完成，一般需要经历扫描和译码两个过程。当条形码扫描器光源发出的光在条形码上反射后，反射光照射到条码扫描器内部的光电转换器上，光电转换器根据黑白条强弱不同的反射光信号，转换成相应的电信号，然后经放大电路增强信号之后，再送到整形电路将模拟信号转换成数字信号。通常，白条黑条的宽度不同，相应的电信号持续时间长短也不同，译码器通过测量脉冲数字电信号 0，1 的数目来判别条和空的数目，通过测量 0，1 信号持续的时间来判别条和空的宽度，再根据对应的编码规则将条形符号换成相应的数字、字符信息，并由计算机系统进行数据处理与管理，物品的详细信息便被识别了。

　　条码扫描器是一种读取条码所包含信息的阅读设备，它利用光学原理，把条形码的内容解码后通过数据线或者无线的方式传输到计算机，广泛应用于工厂、超市、物流快递、图书馆等场合。S7-200 与条码扫描器进行自由口通信时，一般用的是 CPU224XP、

CPU226 等型号，它们一般有 PORT0、PORT1 两个串口，其中 PORT0 与计算机相接，PORT1 用于连接条码扫描器，用一根 S7-200 的编程线即可。另外，当条码扫描器和 S7-200 的接口均为母口时，还需要一个两头针状交叉式转接线。

1.5　结构设计与加工

在上一节中已经对主机器人的框架式主体结构、主控制面板机械结构及其相应功能进行了详细介绍，除主机器人外电气试验机器人配套的辅助设备还包括辅助机器人及自动化断路器转运车。其中，辅助机器人的主要作用是配合主机器人进行高压电气试验，其上搭载了一台高压发生器，可以完成对断路器及开关柜主要绝缘结构的高压测试，同时配置了 10kV 隔离开关可在高压实验开始和结束后自动进行 A、B、C 相的分合，提高自动化水平的同时，在分闸前与测试人员保持安全电气距离可在高压试验中有效保障测试人员的人身安全。自动化转运车则对传统断路器转运车存在的问题如拉出断路器后高度调整不直观，转运车进入试验位时锁定困难等，进行了自动化改进，在不损伤其原有功能和安全性的同时，提高其可操作性和自动化水平。

1.5.1　辅助机器人

辅助机器人由移动底盘、耐压测试仪和互感器测试仪构成，耐压测试仪包括耐压测试变压器和电源控制箱，移动底盘设有举升装置，举升装置上搭载耐压测试变压器平台，举升行程为 50mm。底盘后端固定有耐压测试仪电源控制箱和互感器测试仪。经过初步试验，底盘可以实现自主行走和控制器的远方操控行走，辅助机器人结构如图 1-34 所示。

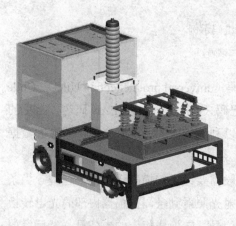

辅助耐压测试机器人底盘各方向实物图及液晶屏幕如图 1-35 所示，与主机器人底盘类似，同样是麦克纳姆轮结构，但是多了举升机构，底盘可钻到耐压测试托架下将其托起。底盘前方为前启和复位按钮。前启按钮为长动按钮，

图 1-34　辅助机器人结构

按下后底盘前进，再按停止。复位按钮为系统发生故障停止后按下复位消除报警。

底盘右侧两边为右向平移和顺时针旋转按钮，均有标识牌标明，底部有显示屏、电源开关和充电口。底盘两侧也有光电接近开关。图 1-35（c）为底盘液晶显示屏，会显示 AGV 底盘 ID 号、电压、电量、电流、时间、二维码偏向角、避障区域、报警状态等信息。

底盘后侧为急停按钮和激光雷达传感器。底盘后侧的按钮由于被仪器覆盖，故其按钮移动到了底盘左侧，见下图。主要有复位按钮、后退按钮和急停按钮。

图 1-35　辅助耐压测试机器人细节图

（a）辅助耐压测试机器人底盘前侧；（b）辅助耐压测试机器人右侧；（c）辅助耐压测试机器人底盘液晶屏幕；
（d）辅助耐压测试机器人底盘后侧；（e）辅助耐压测试机器人底盘左侧；（f）辅助机器人底盘托起测试托架

　　底盘左侧见下图，左侧两边为逆时针旋转和左向平移按钮。中间是通信天线和扬声器。

　　辅助耐压测试机器人底盘遥控器上侧顶部有开关，打开后主页面如图 1-36 所示。页面左侧为前进、后退、左移、右移、停止、逆时针旋转、顺时针旋转按钮，均为点动按钮，中间滚轮用于设置激光雷达避障等级，其中 1 级最低，适合在狭小空间环境；14 级最大，适合在开阔地环境；15 级为关闭激光雷达检测；页面右侧"升"按钮控制托举机构上升；"降"按钮用于控制举升机构下降。页面中下方为控制耐压测试支架三个隔离开关，用于选择 ABC 三相中的一相，页面右下方为控制某个断路器开或者合。"升"按钮、"降"按钮、"开"按钮、"合"按钮均为点动按钮。

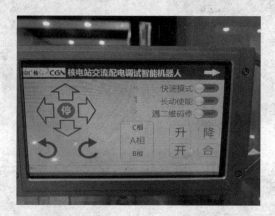

图 1-36　辅助耐压测试机器人底盘遥控器主页面

在底盘遥控器点击"取仪器"按钮，则机器人底盘会自动行驶到仪器托架位置，并将仪器托架举升抬起，如图 1-37 所示。

　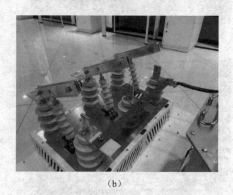

（a）　　　　　　　　　　　　　　　（b）

图 1-37　辅助耐压测试机器人底盘托起测试托架

（a）辅助机器人底盘托起测试托架；（b）辅助机器人底盘托起测试托架

图 1-38　托架控制器及总接口

耐压测试托架采用隔离开关来进行 ABC 三相的分别测试。ABC 三相隔离开关控制由遥控器来完成。隔离开关的三相分别用黄绿红热缩管套上并标明。

图 1-38 所示为托架控制器及总接口，其接口主要包括充电口 21V、总开关、颜色传感器 4 针航空接头 2 个、超声波传感器 4 针航空接头 1 个、ABC 三个隔离开关动作电机 2 针航空接头 3 个。其中颜色传感器、超声波传感器的航空接头在控制器后侧

上方 3 个。ABC 三相隔离开关动作电机及 2 针航空接头在控制器后侧下方并排放置。另外还有 USB 调试口和 3.5mm 音频输出口，用于连接 USB 音箱。

辅助机器人传感器安装如图 1-39 所示，超声波传感器安装于托架底部上方，采用螺栓安装，用于检测到地面距离，判断托架是否被托起。颜色传感器安装于托架的 2 个腿上，检测地标颜色，用于判断托架是否在正确位置摆放。

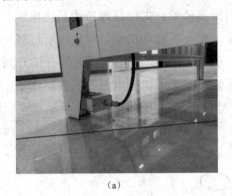 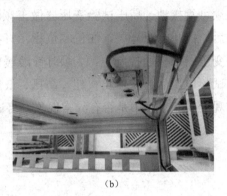

（a）　　　　　　　　　　　　（b）

图 1-39　辅助机器人传感器安装

（a）辅助机器人超声波传感器；（b）辅助机器人颜色传感器

1.5.2　辅助机器人耐压和互感器测试

移动底盘自动导航将试验仪器导航到相应试验位置，耐压测试变压器置于平台上，通过移动底盘的升举装置自主下降将平台置地，耐压测试变压器进入试验位置后，移动底盘后退至 3m 外的试验位置进行耐压测试试验。耐压机器人设置耐压测试的自动换相装置如图 1-40 所示。推杆电机提供动力，连杆及轴承座进行传动，作用于绝缘拉杆，进而实现隔离开关的开合。高压输出端连接三相铜排，同时连接隔离开关的三相输出端接线，可以实现通过控制隔离开关的通断来进行被测试相的选择，避免了在加压后进行放电、换接线的流程，提高工作效率的同时也保障了人身安全。

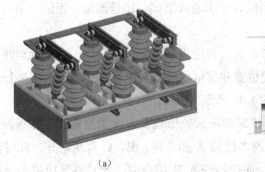 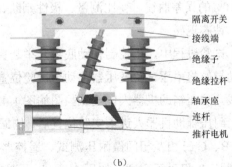

隔离开关
接线端
绝缘子
绝缘拉杆
轴承座
连杆
推杆电机

（a）　　　　　　　　　　　　（b）

图 1-40　自动换相装置细节图

（a）自动换相装置；（b）单相结构

通过控制器中的升、降按钮控制移动底盘举升机构的升降，从而实现耐压测试变压器的移动与放置。A 相、B 相、C 相三个按钮对应自动隔离开关 A、B、C 相的隔离开关开、合按钮用来控制所选相位的开合动作。

机器人进行耐压测试工作原理如图 1-41 所示，接好工作线路后，耐压试验变压器的变压器外壳接地端 X（高压尾）、仪表测量绕组的 F 端以及电源控制箱外壳接地端必须可靠接地。高压试验变压器做工频耐压试验前，先接好连接线后接电源，接通电源后，打开电源开关，红色零位指示灯亮，按一下启动按钮，绿色指示灯亮，表示试验变压器已接通控制电源，顺时针缓缓转动电压调节旋钮开始升压，升压升到所需额定试验电压后，按停止按钮，高压、低压输出停止，切断电源线，试验完毕。试验人员观察实验过程中是否有异常现象，将试验结果通过上位机的软件手动填至试验报告中。

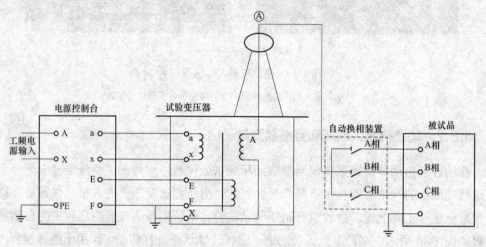

图 1-41 耐压测试变压器工作原理示意图

互感器测试仪对保护类、计量类 TA/TV 进行自动测试，适用于实验室和现场检测。电流互感器测试功能包括伏安特性（励磁特性）曲线、自动给出拐点值、自动给出 5%和 10%的误差曲线、变比测量、极性判断、一次通流测试、比差测量、相位（角差）测量、铁芯退磁。

试验过程中，由控制移动底盘升举装置，将耐压试验变压器托起，自动规划路径或手动导航将耐压试验变压器移动至试验位置并置地，底盘后退至 2m 处，人工进行试验接线。耐压辅助机器人电气试验图如图 1-42 所示。

耐压辅助机器人进入实验位置后，依据相应试验原理及设备类型连接工作线路。对 A、B、C 三相及相间做耐压测试。遥控器控制 A 相合闸，B、C 两相断开，此时测量被试品 A 相耐压测试，加压 1min 后，遥控器控制 B 相合闸，此时测量被试品 AB 相间耐压测试。同理完成其余相及相间测试后，高压、低压输出停止，切断电源线，试验完毕。

（a） （b）

图 1-42 耐压辅助机器人电气试验图

（a）耐压辅助机器人行走图；（b）耐压测试接线实物图

1.5.3 断路器转运车的自动化改造

传统取出断路器手车的操作：首先应确定断路器手车已处于试验位置，拔出二次插头，依次手动调节四角处旋钮进行高度调节，高度就位后将运转手车推至柜前，使断路器转运车与开关设备对接，将断路器两把手往中间压使手车解锁，同时用力向柜外拉出，断路器拉到转运车并到位后，放开推拉把手，把手自动复位。当手车完全进入转运车并确认锁定后，解除转运车与柜体的锁定，把转运车拉出适当位置，传统开关柜试验情景如图 1-43 所示。常规的转运车由于结构简单、加工方便、成本低廉，得到了生产厂家的广泛选用，但是它存在以下几个方面的缺陷：

（1）在和开关柜对接过程当中高度调整不方便。转运车在和开关柜对接的过程当中需要调整高度，常规的转运车是通过分别调整四个承重螺栓上的尼龙手轮来实现的，这样的方式不仅调整速度缓慢，而且前后左右的高度很难保持一致。前后左右高度不一致，容易造成转运车底板变形。

（2）在和开关柜对接的过程中锁定不可靠。转运车通过仅靠一个挂钩和挂钩上的一根弹簧实现转运车与开关柜的连接、锁定。现场操作人员普遍反映这种连接方式可靠性不高，在断路器从柜内拉出的过程中，操作人员习惯性地用力顶推转运车，以防转运车与开关柜脱离。在顶推转运车的时候，就有可能靠在挂钩的手柄上，造成挂钩脱扣。

由于存在上述缺陷，常规转运车在实际使用过程中遇到了诸多问题，比如转运车在使用过程中容易变形，导致使用更加困难，如此恶性循环，最终造成转运车无法使用。在产品安装调试阶段，转运车的使用尤为频繁，上述缺陷长期困扰着现场检验调试的工作人员，造成潜在的安全隐患。如果事故发生在设备运行阶段，就有可能造成非正常停电，后果更加严重。因此，针对现有技术的不足之处，需要进行合理的改进，以便能更好地用于实际操作使用中，从而提高使用率。

（a）　　　　　　　　　　　　　　　　（b）

图 1-43　传统开关柜试验情景

（a）开关装置试验状态；（b）传统转运车

　　转运车的自动化改造主要包括 X、Y、Z 三个方向的传动机构改造。Z 方向的上下移动调节转运车断路器平台的高度，电机提供动力，带动链条、链轮机构旋转，从而将动能传递至 Y 轴支撑断路器平台的四条丝杠，将回转运动转化为直线运动，从而控制平台的上下移动，直至转运车对接卡钩与开关设备对准。将断路器转运车与开关设备对接成功后，电机提供动力带动同步带传动，控制主机器梁在 Y 轴的前进后退移动，模拟胳膊推进拉出动作。主机器梁上的两个卡槽负责卡住断路器拉手，两个插销为固定措施，电机带动卡槽在主机器梁的滑轨上左右移动，模拟人手握住断路器拉手、解锁手车的过程。手车解锁后，将断路器沿 Y 轴抽出，改造后转运车实物如图 1-44 所示。

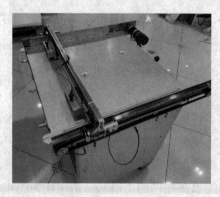

图 1-44　改造后转运车实物图

1.6　控制系统

1.6.1　控制系统硬件选型

1. PLC 选型

本次设计选择使用的 PLC 是西门子公司自主研发的 S7-200 SMART，该型号 CPU

功能较多且实用性强、小巧，本次设计的宗旨就是整体机器人要小巧便捷，无论从实用价值还是控制逻辑上来说，该PLC都符合设计要求。

S7-200 SMART最主要的优点是PLC自带了自主开发的编程软件STEP7-Micro/WIN SMART。该编程序软件在简化梯形图的同时加入了非常多的人性化设计，即使是新手工程师在编程时也非常容易上手，且提供了完善的注释功能，能够很好地记录开发者写程序时的思维逻辑。西门子公司还为其提供了大量实现各种功能的指令库，能够很好地贴切开发者的想法，使很多优秀的逻辑得以实现。

STEP7-Micro/WIN SMAR软件里，自带了状态图表的监测功能，能通过数值实时监测的方式监测程序是否正确运行，实际操作高效便捷。

S7-200 SMART的CPU继承了一个RS485通信端口和一个以太网端口，而且附带的SB CM01信号板支持RS485和RS232通信，以太网通信把软件中的程序烧进PLC的CPU内部，让CPU按照指令运行。RS232通信主要是电机和图像采集工具jetson nano的连接时用到了自由口通信，要服从RS232协议，所以这几个通信协议都是本次设计用到的协议，都是缺一不可的。

2. 电机选型

机械手共需要7个伺服电机、3个舵机，伺服电机选择YZ-40W10P10G，如图1-45所示。伺服驱动器为YZ-ACSD608低压交流伺服电机驱动器，舵机选择飞特SM29BL型号，这里主要介绍伺服驱动器。

YZ-ACSD608伺服驱动器如图1-46所示，其支持Modbus RTU通信控制方式。可以设定驱动器站号，极大程度地简化了控制系统。当然本次设计需要很多调试，而该驱动器为用户提供了上位机测试软件，各种参数可以直接通过上位机输送，不用在PLC里面编程。这些条件是本次设计选择它进行驱动器的主要原因，能够简化控制流程且支持RS485通信，并且利用自带的上位机软件能很好简化实验调试过程，省时省力。

图 1-45 伺服电机

图 1-46 伺服驱动器

3. 摄像头选型

摄像头选择HIKROBOT USB3.0工业面阵相机，如图1-47（a）所示，该相机采用的接口是 USB3.0，经过实验测试，能高速稳定传输图像数据。本次设计的初衷和要求就是摄像头能实时把拍摄到的图像数据传送到 JETSON NANO 中并处理。

由于摄像头是不能直接把图像数据传到 PLC 里面的，PLC 无法处理图像数据，这时候需要一个过程桥梁，所以要使用图 1-47（b）所示的 JETSON NANO，在摄像头把数据采集过来之后，经过 JETSON NANO 处理，再把我们想要的位置信息传送给 PLC，这时候就能完成余下的控制了。

（a） （b）

图 1-47 图像采集设备及控制器

（a）摄像头；（b）JETSON NANO

4. 机械手控制总体架构

本次设计为了机械手能够摇出断路器，主要流程如下：

（1）首先是 PLC 控制上下移动的电机移动到限位开关处停止。这是第一步对准，目的是到达机械手作用的断路器挡板同一高度。

（2）在到达了目标高度后，摄像头开始检测机械手是否对准断路器挡板，如果没有对准，那么 PLC 就会控制左右方向的机械手托盘进行移动，直到对准位置。

（3）当对准之后，PLC 控制前后方向的机械手托盘进行移动，到达限位开关停止。

（4）是 2 号机械手拨开接地开关挡板，并且将接地开关拨开。

（5）板拨开后，1 号机械手拨开断路器挡板，并摇出断路器。

1.6.2 控制系统软件控制

用 PLC 控制电机动作，需要告诉 PLC 想用什么样的逻辑，并且要知道到电机驱动器和 PLC 之间用什么通信协议最合适，能够让双方都获得控制信息。这时候就要想到要用编程软件 STEP 7-MicroWIN SMART 以及 Modbus RTU 通信协议。编程软件是必须要用到的，每一步控制逻辑的编写都需要该软件送到 PLC 内部来完成全部动作，相当于人和 PLC 之间的翻译，而通信协议是可以选择的，至于为什么要选择 Modbus RTU 通信，以下进行详细说明。

1. 软件介绍

编程软件 STEP 7-MicroWIN SMART 中提供了 Modbus 库指令，只要通过网线使上位机和 PLC 互相连接，编写好程序后，点击"下载"，PLC 就能接收到使用该软件编写的程序和控制逻辑，操作起来十分方便。

2. 控制流程

机械手平台如图 1-48 所示，整个机械手平台结构由上下移动、左右移动和前后移动托盘构成底座，上面承载着两个机械手，左边的机械手是摇开接地开关的机械手，为了方便，接下来叫它"2 号机械手"，右边的机械手是摇出断路器的机械手，记作"1 号机械手"。

3. Modbus 通信

（1）RS485 通信。RS485 网络是一种线性总线网络，网络允许每一个网段的最大通信节点数为 32 个。RS485 通信其实是有最大通信距离的，但是本次设计的机器人在驱动器和 PLC 之间的距离相比于 RS485 通信的最短距离还要短很多，所以本次设计不需要考虑通信距离的问题。

RS485 通信方式采用 9 针方式，RS485 通信端口的引脚分配见表 1-3。

图 1-48　机械手平台

表 1-3　　　　　　　　　　　　　RS485 端口的引脚分配

连接器	引脚标号	信号	引脚定义
	1	屏蔽	机壳接地
	2	24V 返回	逻辑公共端
	3	RS485 信号 B	RS485 信号 B
	4	发送请求	RTS（TTL）
	5	5V 返回	逻辑公共端
	6	+5V	+5V，100Ω 串联电阻
	7	+24V	+24V
	8	RS485 信号 A	RS485 信号 A
	9	不适用	程序员检测（输入）
外壳	屏蔽		机壳接地

RS485 是半双工通信，半双工通信是所有设备共用一根传输总线，既可以发送数据，也可以接收数据，但不能同时做这两件事。数据只能由一方发送，另一方接收，这是尤其要注意的地方。了解 RS485 通信的工作方式之后，就选择使用它来控制我们需要的 10 个电机，那么就要把 10 个电机的控制线连接到 PLC 上的 RS485 接口上，如图 1-49 所示。

8个伺服电机的驱动器控制线连接到接口，舵机没有驱动器，直接跟接口相连。这样，总体的架构就算是成功了。

(a) (b)

图1-49 电机控制及驱动系统接线

(a) RS485通信连线模块；(b) 总计连线框图

（2）Modbus RTU 通信。安装 STEP-7Micro/WIN SMART 软件的同时会自动安装 Siemens Modbus 库。Modbus 库中包含 Modbus 主站指令和 Modbus 从站指令。S7-200 SMART 的 CPU 作为 Modbus 主站，然后会和多个 Modbus RTU 从站设备通信，一般 Modbus 从站指令正常是在别的从站 S7-200 SMART CPU 中使用。但是在本次设计中，由于选择的驱动器有自带的上位机软件，能设置好从站的各项指标，所以用不到这个从站指令，后面修改参数的时候会提到。

要想设置伺服电机驱动器参数，首先通过硬件上的拨码开关将 SW1 打 ON 再上电即为速度模式，然后开始设置参数：

1）Modbus 使能：发送 1（只有 Modbus 使能为 1 才能改其他参数）。

2）电机加速度：发送 5000（根据实际要求设置加速度，不设置的话使用默认参数 20000）。

3）目标转速：发送 0（这个保存的转速，如果是 0，下次上电默认不转；如果是一个数，下次上电默认按保存的转速转）。

4）电子齿轮分子：发送 0（电子齿轮保存为 0 后，下次上电 Modbus 使能默认是 1）。

5）参数保存标志：发送 1（发送参数后，前面设置的参数保存到内部）。

6）重新上电，看参数是否已经正确保存。

RS485 转 USB 模块如图 1-50 所示。图 1-51 是在舵机带的上位机软件中设置舵机从站站号以及各项参数。

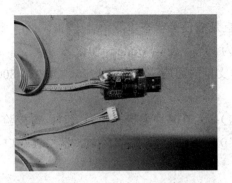

图 1-50　RS485 转 USB 模块

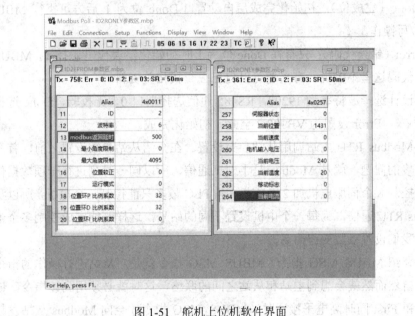

图 1-51　舵机上位机软件界面

驱动器和舵机内部有自己设置好的保持寄存器,只要通过说明书找到其速度所对应的保持寄存器,就可以通过程序往保持寄存器里传输参数了,参数的大小由需要而定。在所有参数都设置好之后,就可以通过 Modbus RTU 通信来控制电机了。

主站初始化时用到的指令是 MBUS_CTRL 指令。MBUS_CTRL 指令就是用于初始化、监控以及禁止 Modbus RTU 通信,从上电开始在每个扫描周期都必须被调用一次。MBUS_CTRL 指令如果不能正确运行,Done 位就不会发送正确信号,那 MBUS_MSG 就无法执行,MBUS_CTRL 指令的引脚结构如图 1-52 所示。

MBUS_CTRL 指令中各个参数定义如下。

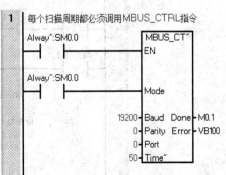

图 1-52　调用 MBUS_CTRL 指令的引脚结构

a）EN（使能）：一直是被使能状态才能正确运行。

b）Mode（模式）：为 1 时，使能 Modbus 协议。

c）Baud（波特率）：支持的通信波特率为 1200、2400、4800、9600、19200、38400、57600、115200bit/s。

d）Parity（奇偶校验）：为 0 时，无校验；为 1 时，奇校验；为 2 时，偶校验。

e）Port（端口）：为 0 时，CPU 集成的 RS485 端口（端口 0）；为 1 时，SB CM01 信号版（端口 1）。

f）Timeout（超时）：主站等待从站响应的时间，以 ms 为单位，这里设置为 50ms。

g）Done（完成位）：初始化完成后自动置 1.Done 位为 1 后方可执行 MBUS_MSG 指令的读/写操作。

h）Error（错误代码）：只有在 Done 位为 1 时初始化错误代码才有效，MBUS_CTRL 指令错误代码这里不多说，有兴趣可以自己去查找相关资料。

本次设计选择波特率为 19200，RS485 通信选择端口 0，无校验，Done 选择好中间继电器 Mx.x，Error 设置为 VB100，至此，初始化完成。

（3）Modbus RTU 主站调用从站参数设置。在介绍从站参数设置之前，首先要说明一个很严峻的问题，就是 Modbus 是半双工通信，所以同一时刻进行一项数据传输，但是我们要控制 8 个伺服电机加 2 个舵机，且 PLC 最多只能控制三个电机，所以我们才采用 Modbus RTU 通信，为每一个电机设置不同的站号，这样既能完成控制多个电机的任务，也让我们设置参数变得简易。

现在介绍 MBUS_MSG 指令，MBUS_MSG 指令就是对从站进行操作的指令。初始化之后，自然而然就会想到主站和从站之间的联络，这时就必须用到该指令。该指令只有在 EN 和 First 同时高电平接通时，MBUS_MSG 指令才会向 Modbus 从站发起主站的请求；在这个过程中只有 EN 的输入参数一直通直到完成位 Done 被置为 1 才算是成功运行。此时才能进行下一步指令的运行。MBUS_MSG 指令的调用如图 1-53 所示。

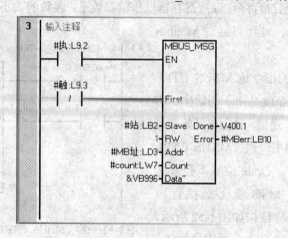

图 1-53　MBUS_MSG 指令的调用

因为 Modbus_MSG 指令是对从站进行操作的指令，根据半双工通信的规则，同一时间智能运行一条 MSG 指令，所以要想控制多个电机，就得采用轮询的方式。

MBUS_MSG 指令中各个参数定义如下。

a）·EN（使能）：同一时刻只能有一条 MBUS_MSG 指令使能，EN 输入参数必须一致接通指导 MBUS_MSG 指令 Done 位被置为 1。

b）· First（读/写请求）：每一条新的读/写请求需要使用信号沿触发。

c）Slave（从站地址）：可选择的范围为 1~247。

d）RW（读/写请求）：为 0 时，读请求；为 1 时，写请求。读就是读取别的寄存器内部数据，写就是将别的寄存器数据写入设置好的数据指针内。

e）Addr（读/写从站的 Modbus 地址）：根据需求设置 40001~49999。

f）Count（读/写数据的个数）：对于 Modbus 地址 4××××，Count 变量按字的个数计算；一个 MBUS_MSG 指令最多读取或写入 120 个字或 1920 个位数据。

g）DataPtr（数据指针）：上面提到了，如果是读请求，那么就是将这个指针填写的存储器内的数据读出来，而如果是写请求，就是要往从站的自己设定好的存储器里面写入想要的数据。

h）Done（完成位）：读/写功能完成或者出现错误时，该位会自动置 1。多条MBUS_MSG 指令执行时，可以使用该完成位激活下一条 MBUS_MSG 指令的执行。

i）Error（错误代码）：只有在 Done 位为 1 时错误代码有效，MBUS_MSG 指令错误代码这里不叙述了。

根据设计流程来看，需要电机一个接一个动作，那这样就需要写一个逻辑，只有当一个动作指令送到后才能进行下一个指令，而通信也只是把我们想给的数据写入到电机内部速度存储区，所以在这里可以设计一个"写电机速度"的小程序，小程序能实现在同一时刻永远不会有两个指令的传送，且想给哪个电机输送速度，直接用小程序就可以。电机速度控制梯形如图 1-54 所示，图 1-54（a）和图 1-54（b）合在一起便是小程序。在别的程序中调用就会变成图 1-54（b）的样式，直接在上面写参数即可。从图 1-54 中可以看到，只要是想要速度寄存器中的参数和速度寄存器中的参数不一致时候，子程序就会运行，还有程序只有在完成这一步之后，才会进行下一步，保证了半双工通信的同一时刻同一信息传输，以此类推，就可以使程序照着设计好的流程前进。

（4）限位保护系统。限位开关是限位保护系统的硬件装置，利用限位开关能不只是用作保护，很多控制逻辑也是依赖它完成的，整个限位保护系统有很多个这种开关，比如在后续摄像头对准时，如果程序出现了错误，电机控制平台一直往左或者往右到达限位开关之后，不管传回来的数据是什么，平台都会朝着相反方向运动。在装置中平台上会有很多个挡板，挡板阻断限位开关中间的光电信号之后，在逻辑中这一位就是 0，否则就是 1，这就是限位开关的运行逻辑。以上这些就是限位保护系统的原理及功能。

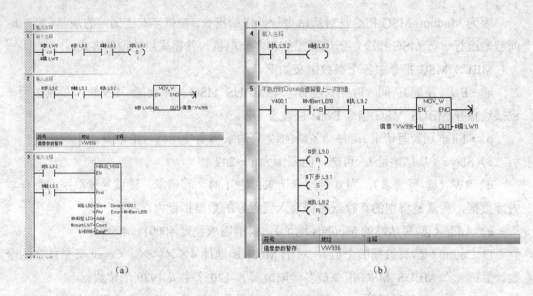

（a） （b）

图 1-54 电机速度控制梯形图

（a）电机速度控制程序；（b）电机速度控制子程序

图 1-55 为拥有了所有逻辑控制的机械手实际操作动作图。

（a） （b）

图 1-55 机械手动作图

（a）机械手动作图（侧视图）；（b）机械手动作图（正视图）

1.6.3 图像采集设备与 PLC 的通信

1. RS232 通信

RS232 通信是常用的串口通信的一种，在 S7-200 SMART 上集成的 SB CM01 信号板支持自由口通信，只需要在 SB CM01 上接好线，并连接一个 RS232 转 USB 的处理线，最后将 USB 连接到 JETSON NANO 上，并且在 PLC 上设置好相应参数就可以实现通信了。PLC&jetson nano 通信模块如图 1-56 所示，图 1-56（a）为 PLC 的 SB CM01 模块，图 1-56（b）为 USB 转 RS232 器件。

（a）　　　　　　　　　　　（b）

图 1-56　PLC&jetson nano 通信模块

（a）SB CM01 模块；（b）USB 转 RS232

连线时候注意模块各个引脚连接关系为："T"连"R"，"R"连"T"，"G"连"M"，连好了之后，从硬件接线上来看 PLC 已经能和上位机以及 jetson nano 连接。而接下来要做的就是要在 PLC 里设置好 RS232 通信相应的参数。

在 S7-200 SMART 里同 Modbus 一样，也自带了 RS232 通信的库，只不过在用到这个通信协议的时候要注意用的是 SB CM01 模块，这样的话在 PLC 里面要设置好才能用。选择自由口通信模式后，程序中直接调用 XMT 指令（发送）和 RCV 指令（接收）、接收完成中断、发送完成中断等操作就可以来实现串行通信。自由口通信同样是半双工模式，在同一时刻只能完成一项接收或者发送指令。

2. 通信参数设置及控制逻辑

（1）通信参数设置。如图 1-57 所示，要在 PLC 的系统块里面提前设置好自由口通信的模块 SB CM01，这是第一步，下面就是要初始化通信参数，SMB1×× 代表选择的是端口 1，在自由口模式里，只有两个端口，端口 0 和端口 1 如果要设置端口 0，那寄存器的名字就是 SMB0×× 的形式，但是在本设计中端口 0 已经被 RS485 的 Modbus 通信，也就是控制电机的通信占用了，这就是选择用 SB CM01 模块的原因。

选择端口 1 之后，给 SMB130 发送的数值为十六进制的 19（16#19 意思就是十六进制下的数字，同理 2#×× 就是二进制的数字），即二进制的 00011001，意思是设置组态端口自由口通信模式，无校验，8 位数据位，波特率 115200；送入 SMB187 的数据是 16#BC 即 2#10111100，意思为允许接收消息，忽略 SMB188，使用 SMB189 的值检测结束消息，使用 SMW190 的值检测空闲状态。定时器是消息定时器，当 SMW192 中的定时时间超出时终止接收，使用 BREAK 状态作为消息检测的开始；送入 SMB189 的数据是 16#0A；送入 SMW190 的数据是 10#5；送入 SMW192 的数据是 10#20；送入 SMB194 的数据是 10#100。ATCH 为中断事件设置，中断事件 26 代表着端口 1 接收完成中断，STR_CPY 就是代表着从一开始要把 "r" 这个字符发送到 jeston nano 中，告诉它要开始发送距离数据了。在 jetson nano 中下载好串口通信的包就可以直接用了，然后设置好相同的波特率和接收参数即可实现通信功能。系统通信接口上位机配置如图 1-57 所示。

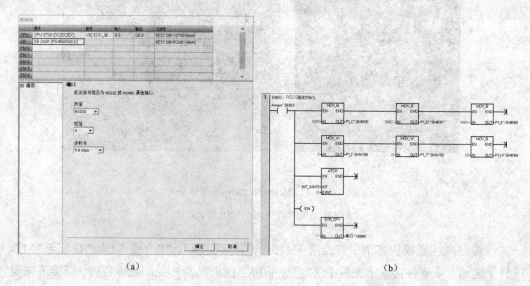

(a)　　　　　　　　　　　　　　　　　(b)

图 1-57　系统通信接口上位机配置

(a) 系统接口模块设置；(b) 设置通信初始化参数

（2）控制逻辑。当 JETSON NANO 接收到 "r" 之后，就会将距离参数返还给 PLC，接收到的距离数据会暂存在 RCV 指令提前设置到的存储器中，将收到的数据存到 VB850 中，那么这个距离数据是怎么告诉电机该左移还是右移呢？这就要引入接下来的控制逻辑。

上面提到了传回来的距离数据会存在 VB850 中，而我们根据实验找到一个能对准的点和左右移动的极限点之后，就设置一个给定值，这个给定值的作用就是对比接收到的数据离对准点还有多少，比如在 80～100 范围内就算是对准了，小于 80 就得给电机一个正速度右移，大于 100 就得给电机一个负速度左移，所以提前在给定值存储器 VW860 和 VW862 中分别是指好了 80 和 100，相当于与传回来的数据进行比大小操作，这样就实现控制电机左右移动。

1.6.4　试验报告生成

根据试验种类和依次发送到上位机的数据，上位机将接收到的数据逐一填写到试验报告中，需要判断数值区间的，自动判断并给出结论。对于不能传输的数据，比如合闸功能检查中，实际情况需要工作人员录入检查情况和结果信息。注意：所有数据的传输是单线程的数据传输。不能同时做两个试验，需要现场试验人员确认，技术报告里每一类试验报告的具体格式，以及数据传输填写的位置，便于我们软件的正确编写。工作人员试验时选对试验类型才能正确传输数据，严格按照步骤进行，否则数据会传输到错误位置。

1. 万用表串口通信技术报告

万用表传输数据的方式是，将测量到的数据存储在万用表中，当旋至 MEM 挡时，万用表向上位机传输存储的数据。本程序用 C#实现，根据厂家提供的通信协议初始化端口，端口打开即连接万用表。连接万用表后，程序发送仪表复位指令和联机通信指令，收到确定应答后发送数据量读取指令，解析出万用表中有几条待读数据，通过循环发送读取指令，读取万用表中的数据，解析后展示在程序界面上。

2. 绝缘电阻表串口通信技术报告

厂家提供的表示绝缘电阻表的程序通过 Dev_Read（）函数，获取原始数据，再加工成实际数据。从结果上看，是绝缘电阻表每秒传输一个大小为 22 的字节数组，但是实际上，绝缘电阻表须通过 for 循环不断执行 Dev_Read（）函数，每执行一次可能获得一个或零个字节数据，等凑齐 22 个字节数据后，方可整合成用于提取可用数据（即解析为实际数据）的数组。

由于大多数测试表计厂家提供的程序过于老旧、平台兼容性低，本程序采用 C#实现同样功能。本程序通过 PID 和 HID 实现与绝缘电阻表的 USB 通信。Dev_Read（）函数执行最多五百次循环，确保数据完整性，当获取到所需的数据数组时程序跳出循环并解码，将结果呈现在程序界面上，提高了程序执行效率，电气试验仪器选择界面如图 1-58 所示，试验报告生成界面如图 1-59 所示。

图 1-58　电气试验仪器选择界面图

3. 数据库的设计

数据库是按照一定规则存放数据的仓库，可以进行增加、删除、修改、查询操作。

实际应用中,一般把数据放入数据库(数据库只放数据),其他操作在软件层面实现,数据库应用原理如图1-60所示。

(a)   (b)

图1-59 试验报告生成界面图

(a)试验报告生成(万用表);(b)试验报告生成(绝缘电阻表)

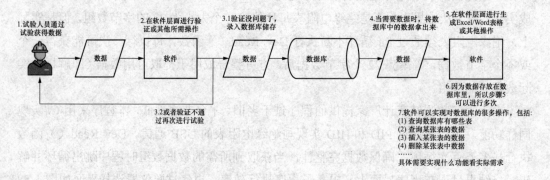

图1-60 数据库应用原理

数据库中以表为组织单位存储数据,一个数据库可以有多张数据库表,数据库与数据及与目标表关系如图1-61和图1-62所示。

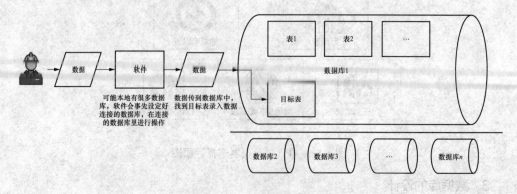

图1-61 数据库与数据表关系图

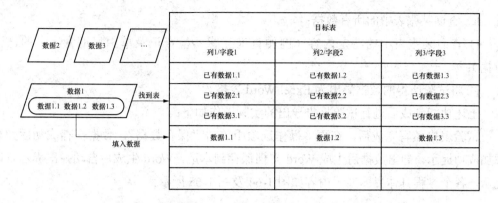

图 1-62 数据表与目标表关系图

4. 数据库 nper 总体设计

数据库 nper 中有 10 张数据库表，对应 5 张 10kV 中压系统、5 张 380V 低压系统；每张表及表中的表项都有对应的注释，便于修改查询等操作，数据库设计如图 1-63 所示。

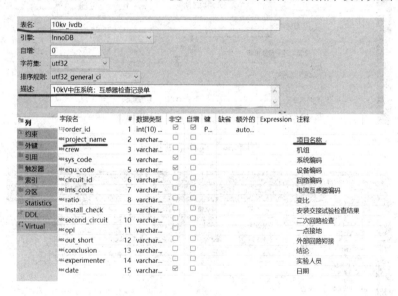

图 1-63 数据库设计

本软件实现针对数据库的功能主要包含以下方面：

a）在数据库中存放多张试验表格数据；

b）在软件层面录入数据、对表格进行操作；

c）查询数据库中的表格；

d）删除数据库中的表格；

e）在某张表中添加数据（即试验中录入试验数据）；

f）在某张表中删除（或清空）数据；

g）在某张表中修改数据；

h）查询某张表中的所有数据；

i）查询某张表中的特定内容（例如查询互感器检查记录单中日期为××的试验数据）；

j）将试验所得的数据导出为 Excel/Word 表格。

上述功能完成后进行试验报告导出的实际操作如下：

试验表格填写完成后，在更多操作选项中单击"保存数据"，数据保存成功后弹出添加成功提示，导出数据后生成 Word 文档保存到本地，Word 生成后自动弹出提示打印提示，各个过程具体界面显示内容如图 1-64 及图 1-65 所示。

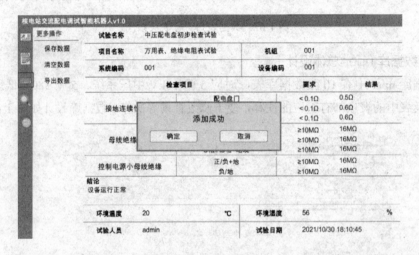

图 1-64　保存数据提示

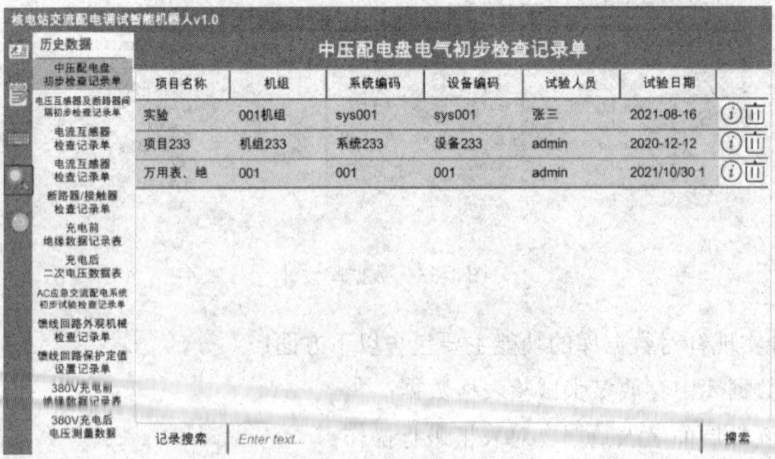

图 1-65　查看历史数据界面

1.7　工作验证与评价

本项目主要完成的工作和效果如下：机器人按照人工指令进行中、低压配电开关装置的常用操作,自动完成中低压配电柜的单体试验。符合 RCC-E 及 GB50150 试验要求,可以完成以下试验:开关装置分断、合闸;开关装置隔离拉出、送入工作位;具有自动换相功能的交流耐压试验;绝缘试验;绝缘电阻及直流电阻测量;互感器试验;保护继电器校验;变送器校验;指令与工作票自动识别;试验数据与试验报告结构化和一体化工作流集成;高风险的调试作业,调试过程使用机器人能明显减轻劳动强度,提高劳动效率的调试作业研究。

主机器人可以完成 6kV 开关装置中断路器的分断、摇出摇进、接地开关的分合工作;完成 380V 低压配电装置中断路器的分合、摇出摇进工作;完成 380V 低压配电装置中抽屉柜的抽取工作。完成绝缘试验、绝缘电阻及直阻测量等试验数据的自动传输功能。辅助机器人具备交流耐压试验、互感器试验等功能。

项目成果可应用到中低压配电装置的电气操作工作中,提高电气操作效率;自动生成电气操作流程报告,避免了后期整理录入的不便;可形成中低压电气配电装置操作机器人的专有技术与规范性文件。

1.8 创新点分析

针对目前核电站交流配电调试中存在频繁操作导致设备缺陷、人因失误导致风险,试验数据繁复不利于后期整理等问题,本项目开发一款适用于核电站交流配电调试的智能机器人,工作方式为主辅式协同工作,主机器人可以完成 6kV 开关装置中断路器的分断、摇出摇进、接地开关的分合工作;完成 380V 低压配电装置中断路器的分合、摇出摇进工作;完成 380V 低压配电装置中抽屉柜的抽取工作。完成绝缘试验、绝缘电阻及直阻测量等试验数据的自动传输功能。辅助机器人具备交流耐压试验、互感器试验等功能。转运车自动化改造完成自动调整断路器平台高度,将断路器拉至转运车。

本项目的创新点如下:

(1)移动底盘采用麦克纳姆轮的多轮联动控制技术,实现全向移动,运行方式灵活。移动底盘采用光电和视觉定位的导航方式,结合超声、激光障碍物检测,根据设置的目的地二维码,实现沿自主规划路线自动导航定位,定位精度为±10mm,停止精度±10mm。

(2)主机器人采用框架式机械手结构,配备两套机械手,通过上位机手动控制或摄像头自动识别解析配电装置状态可手动或自动完成 6kV 开关装置中断路器的分断、摇出摇进、接地开关的分合工作;380V 低压配电装置中断路器的分合、摇出摇进工作;380V 低压配电装置中抽屉柜的抽取工作。

(3)耐压测试装置的变压器高压输出端连接自动换相装置,在对三相及相间做耐压试验时,避免改变接线导致效率低以及人身安全问题。

(4)主机器人控制中心可以实现自动解析操作票、机械手动作指令的下达、5 种试验仪器测量数据的自动传输以及手动输入、实验数据的增删改、历史试验数据的查询、试验报告导出与打印等功能。提高配电装置电气试验自动化水平，减少后期试验报告整理的工作量。

（5）转运车的自动化改造，保证断路器平台平稳升降，避免转运车平台因水平度不满足要求而导致变形。凹槽卡住断路器拉手自动向外拉，避免人工拉断路器误碰转运车卡钩调节把手时导致断路器倾翻的风险。

2

发电机不抽转子检测机器人

2.1　项目目标

　　抽转子的过程会耗费大量的工时，人力和资金。抽转子的过程中存在各种各样的偶然风险（如磕碰、磨损、损失精度等）；检修工期长，对其他检修作业影响大，大型工具设备使用频繁。发电机抽转子项目及耗费见表 2-1，抽转子如图 2-1 所示。

表 2-1　　　　　　　　　　　　发电机抽转子项目及耗费

耗费时间	15 天以上
人员	20 人以上
影响范围	对发电机检测影响较大，特别是单轴式燃机系统
大型机具设备	使用频繁
零部件	拆装会造成较多的零部件更换
风险	存在定转子摩擦、零部件损坏等风险
电量损失	电量损失巨大

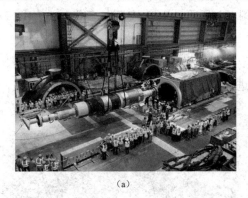

（a）　　　　　　　　　　　　　　　（b）

图 2-1　抽转子现场施工图

（a）发动机转子抽出全景图；（b）抽转子第一视角施工图

　　发电机检测机器人系统能够在不抽转子的状态下实现可视化检查、槽楔松紧度检查和定子铁芯电磁缺陷检测的功能，基本涵盖了抽转子时所有传统检测项目。发电机检测

47

项目及现有方案见表 2-2。

表 2-2　　　　　　　　　　　　　　发电机检测项目及现有方案

检测项目	传统检测依据		不抽转子检测
检测项目	发电机大修时的工作和试验（根据 DL/T 838《燃煤火力发电企业设备检修导则》）；常规试验（根据 DL/T 596《电力设备预防性试验规程》）		视觉检查；定子铁芯故障探测仪（electromagnetic core imperfection detector，ELCID）检测；槽楔紧固性试验（敲击试验）
品牌	西门子	上海电气	DKERA
便捷性	两个机器人。机器人1：槽楔松紧和视频检查；机器人2：ELCID	一个机器人	一体化、集成化度高
适合度	只兼容西门子机型	未知	可配适多种机型（西门子、GE、Alstom 等）
检查报告	几乎只提供建议，不提供测试原始数据	未知	提供整套报告及测试数据
技术业绩	成熟可靠	不成熟、无明显业绩	成熟可靠，业绩见附表
成本	高昂	低廉	具有竞争力

机器人行走过程中，采集各个槽楔的响应信号，硬件上利用采集卡连接工控机实现，软件上利用 Microsoft SQL Server 完成数据库配置与存储的功能，采集到的数据自动存储在 Windows 平台下的固态硬盘内；当机器人完成检测后，提取采集到的图像、振动数据进行损伤诊断，损伤诊断结果包括铁芯电磁缺陷、电子槽楔松紧度、发电机端部绕组模态测试以及端部护环的分析诊断结果，诊断结果以平面展开图的形式展示出来，以定子槽楔松紧度为例，槽楔检测结果如图 2-2 所示。首款安萨尔多机器人如图 2-3 所示。

图 2-2 中，点击对应的槽楔编号即可读取诊断结果，将采集到的时域信号和提取的故障特征以文本框形式弹出，人工查看信号进行二次确认，确认完关闭该窗口，查看下一个异常点。

槽数	1	槽楔编号					
槽1	1	2	3	···	···	49	50
槽2	1	2	3			49	50
槽3	1	2	3			49	50
···	···	···	···	···	···	···	···
槽N	1	2	3			49	50

图 2-2　槽楔检测结果

图 2-3　首款安萨尔多机器人

2.2　国内外研究概况

2.2.1　国内外研究水平的现状和发展趋势

在 20 世纪 90 年代，制作和提供发电机机器人检测的厂家只有三家，而到了 2018 年，能够提供功能全面、检测效果好的机器人供应商已发展到 7 家公司，另还有 4 家公司正在大力开发中。现在的国外大多保险公司能接受机器人检测替代抽转子的检查方案，也愿意为决定何时抽转子和要做哪些检测工作提供所需信息。机器人检测既能缩短检修工期、降低维修成本，又能保证检测出的各项参量、评价指标准确可靠；使用机器人检测发电机的用户数量激增、发展趋势的快速增长，用机器人检查大型发电机在未来将成为常态。

多年来，抽转子检查被视为能够准确检测发电机本体状态的唯一可行方式，检测人员能够接近定子并进行槽楔松紧度及铁芯状态检测，还便于对铁芯做高低通量测试，同时可对转子本体做细致检查（包括查看平衡块、槽楔、裂缝等），通过查看有无过热迹象判断转子表面是否存在负序电流集聚等异常，抽转子检查虽被广泛认可并应用，但却存在一定操作风险。通用电气早在 1997 就注册了一项发电机检修机器人专利，迄今已用机器人检查超 20 年。美国电力研究院（Electric Power Research Institute，EPRI）在 2000 年 9 月发布的一份研究报告《机器人进入发电机受限区域检测经验汇编》中，汇集了 1995 至 1999 年间多个机器人检测经验（西门子西屋 150 次、通用 120 次）。

20 世纪 80 年代末期，在欧洲国家（尤其瑞典和芬兰）一些核电站中，有发电机转子槽楔出现了开裂问题，为了避免隔几年就抽转子检查转子是否出现裂纹和观测这些裂纹发展趋势，发电机制造厂和电厂用户联合研发了一种"缆绳拉拽"式检测机器人，该机器人装有超声检测（ultrasonic testing，UT）探头，可在不抽转子情况下进入到发电机膛内检测裂纹状态及发展趋势，为电站制定和采取最佳维修策略提供技术支撑，从那时起，这些电厂开始持续使用机器人对发电机进行检查，并将定子槽楔松紧度检测 Wedge Tightness Data，WTD、目视检查、铁芯的电磁铁芯缺陷检测（电磁铁芯缺陷检测）纳入到机器人检查项目中。根据 EPRI 调查报告，美国的一家核电厂长期使用机器人对发电机转定子做多频度检查，因此能及时客观地了解掌握发电机健康状态及变化趋势。基于机器人检测后判定发电机膛内构件完好前提下，多次取消了抽转子大修计划，该电的厂两台机组因此曾创造了 22 年没做抽过转子的纪录。

2000 年，在发电机机器人领域又新增添了两台高端检测装置，一个是美国通用电气公司的微型气隙检测爬行器（MAGIC）、一个是西门子公司的 FAST Gen Ⅲ。目前，通用电气相继开发了两代新的 MAGIC 系列装置（初级 MAGIC 和高级 MAGIC），西门子也正在研制第四代快速检测机器人。

机器人升级的首要目标是要研制一种能够便利进出发电机护环和定子铁芯之间更

小间隙的装置，次要目标是要改进通行和回收技术使之具有更好轴向和切向移动能力、提升摄像技术和负载能力等。

三菱电气在 2017 年 1 月发布了履带式机器人装置，该装置长 15.75 英寸（约 400mm），宽 11.81 英寸（约 30mm）至 18.90 英寸（约 480mm），高 0.78 英寸（约 19.9mm）。该机器人移动机构由履带和平板装置组成。该装置前后都有传感器支架，用于 ELCID 铁芯叠片完整性测试。它还有一个专有的槽楔敲击检测装置。该机器人适合所有三菱中型大型发电机。

2016 年 12 月，安萨尔多能源公司（Ansaldo Energia）与意大利理工学院（Institute of Technology）联合开发了发电机检修机器人。安萨尔多已经使用第一代的机器人对一些发电机进行检查。小车大约为 0.866 英寸（约 22mm）高，可装入 1.57 英寸的气隙中（约 40mm）。这使得它能够检查安萨尔多公司的最小的发电机。机器人从缠绕在线圈护环上的带子上释放。一旦机器人对准了一个槽，它就被轴向释放，直到它的磁铁履带能充分抓住铁芯，然后它就能沿槽轴向推进。两条通信电缆连接到机器人的每一侧，由足够坚固的材料制成，如果机器人在发电机内部出现故障、断电或卡住，它们可以用作回收线缆。在机器人的设计中，尽量确保机器人不会掉落零部件。使用乐泰将任何外露螺钉锁定到位。摄像机，ELCID 传感器和槽楔测试探头都安装在机器人上，所有测试/检查工作都可以在一个槽的前后移动过程中完成。槽楔紧度试验在正向前进期间进行，ELCID 在反向退回期间进行，目视检查在双向行进间都可进行。对发电机的全面检查可以在两天内完成。

2018 年 7 月 9 日，东芝公司宣布开发一种新的机器人，可以检查带有隔离挡板的发电机，这种隔离挡板以前使得在这些机器上使用 RI 设备非常困难。这个装置是 1.38 英寸（约 35mm）厚，18.90 英寸（约 480mm）长，14.96 英寸（约 380mm）宽，可以检查所有中型到大型东芝制造的 200MVA 及以上的发电机。

通用电气目前正在开发两种新的 RI 设备，结合了高级 MAGIC、初级 MAGIC 和阿尔斯通 DIRIS 的最佳特性，是一种伸缩臂式设备，传感头安装有摄像头、WTD 和低通量定子叠片绝缘测试设备。它将被称为 Savant，将能够检查 300 兆瓦或更小的发电机。较大的机器人是一种履带式设备，带有一个压在转子上的可折叠臂（类似于 MAGIC），一个由至少七个高清摄像机组成的摄像单元，一个低通量测试单元（定子铁芯励磁，使用转子作为励磁"线圈"），以及一个改进的通用电气槽楔检查测试系统（wedge inspection and testing system，WITS）WTD 单元，该单元将与所有类型的槽楔兼容。它是 0.79 英寸（约 20mm）厚，27.56 英寸（约 700mm）长，9.65 英寸（约 245mm）宽。它被称为 GENI，将被用来检查 GE 7FH2 和更大的机组。因此，对于一些带有 7FH2 和 324 发电机的联合循环机组，只需要一个机器人。这两种设备都是自动化的，设计为由一个操作员使用。GENI 将拥有一个"自动驾驶"设施，理论上允许它在未来自己进行检查。这意味着（当技术完善时），理论上可以让它在一夜之间完成检查，这将大大减少实际检查时间。分析软件包括图像拼接，可以生成一个发电机的地图。该软件将能够"打开"转子和定子，允许对结果进行概述，然后放大以仔细检查感兴趣的区域。此外，该软件将能够在新图像上覆盖过去的检查图像，允许即时比较和"趋势分析"。

ABB InSight 机器人履带车是一个非常低矮的设备，只有 0.33 英寸（约 8.5mm）高。InSight 有五个高清摄像头和发光二极管，分别显示前视图、定子通风管道的下视图、转子的上视图、摇摄摄像头和用于在气隙外倒车的后摄像头。它没有任何其他传感器，只能用于 710 机座或更大的发电机和电动机的目视检查。在可能的地方用手插入，但是在需要额外接触的地方，有一个贴合的手柄和板装置，履带通过磁力附着在上面。

2.2.2　国内其他研究单位对本项目的研究情况

中国广核集团有限公司的发电机不抽转子检修机器人科研项目于 2018 年正式立项实施。在 2021 年 N205 大修（宁德核电站 2 号机组第 5 次大修），发电机不抽转子检测机器人"悟空"首次进入了发电机内部。在测试过程中发现了不少问题，例如，导轨式的进入方式空间狭小、单个机器人功能不足，让换槽装置的安装费时费力。虽然没有做出完美的发电机不抽转子故障检测机器人，但是中广核的想法掀起了发电机不抽转子故障检测机器人的研发浪潮。2022 年 5 月，在宁德核电和中广核运营宁德项目部的支持下，改进后的"悟空 3.0"进入发电机内部，完成了定子槽楔松动检查、定子铁芯 ELCID 试验、定子端部共振频率测量。

2018 年 9 月中国大唐集团科学技术研究总院有限公司研究的不抽转子完成发电机大修状态评估测试的装置并申请了专利。专利内容涉及括导轨、载具、牵引装置、检测仪器，所述载具能够轴向滑动的安装在导轨上，所述牵引装置固定在载具上，所述检测仪器安装在载具上；采用该装置置于发电机定子与转子之间的间隙，使带有检测仪器的载具在间隙之间滑动以实现检测的目的，本实用新型的有益效果是：缩短发电机大修工期、减少发电机大修的相关费用、消除由于抽转子造成发电机主设备损坏的安全隐患。

2019 年 1 月浙能技术研究院研究的不抽转子的发电机膛内智能检测系统，并申请专利。专利内容涉及检测机器人，检测机器人上安装有爬行电机，还包括随行线缆和送线电机，还包括两组牵引装置，还包括控制器，控制器包括位置反馈模块和微控制单元（microcontroller unit，MCU），位置反馈模块算出位置信号并发送给 MCU 模块，当检测机器人卡死状态时，MCU 模块控制两个牵引马达对检测机器人的左右两端进行交替拉扯。本发明本申请实现自动化操作，彻底消除拖拽线缆造成的不良影响，通过弹性形变的叠加释放引起卡死的弹性应力，最终排除腔内机器人卡死故障。

2021 年 12 月上海电气自动化设计研究所有限公司研究的发电机转子护环无损探伤机器人并申请专利。专利内容涉及一种发电机转子护环无损探伤机器人，包括检测模块、驱动模块、紧固连接件和标准连接件；标准连接件呈弧形结构设置，且多个标准连接件的边缘位于同一虚拟圆周上。标准连接件的两端分别为固定轴和可套接在固定轴上的半开式勾爪，其中固定轴上还套接有用于在护环上进行滚动的滚轮；多个驱动模块以虚拟圆周中心线相对设置，且检测模块、驱动模块和紧固连接件分别安装在相邻的两个标准连接件之间。上述发电机转子护环无损探伤机器人,整体采用模块化设计,各模块和连接件均可单独拆分组合用以适配不同直径的发电机转子护环,无须对转子护环进行抽出,且各连接件间的铰接锁扣式结构使其便于安装和更换各模块及零部件。

2.3 项目简介

本项目围绕发电机不抽转子故障检测机器人开展设计研究,在中国广核集团有限公司和上海电气集团股份有限公司研发的机器人的基础上,增加了故障检测条目,增加了人工智能图像检测功能,对机器人的尺寸进行了改进,增加了机器人角度可调节的功能,减轻了机器人的重量,增加了自动纠偏的功能,增加了机器人的可靠性,可以适用所有发电机的故障检测。配合机器人控制系统,自动完成发电机定子膛内行进及故障检测等任务。

本课题主要是基于科研项目"发电机不抽转子故障检测机器人的研究",围绕发电机定子转子的结构进行展开,根据不出抽转子故障检测需要制造出一台适用于不带隔风环的发电机的不抽转子故障检测机器人和一台适用于带隔风环的发电机的不抽转子故障检测机器人。要求该机器人可以代替人工作业,实现在不抽转子的前提进行发电机故障检测。发电机模型如图 2-4 所示,发电机定子模型如图 2-5 所示。

图 2-4　发电机模型

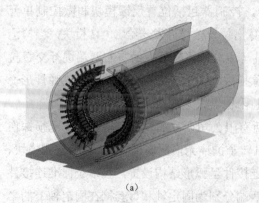

（a）

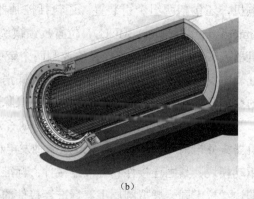

（b）

图 2-5　发电机定子模型（一）

（a）发电机定子透视三维图；（b）发电机定子三维剖面图

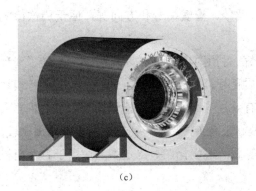
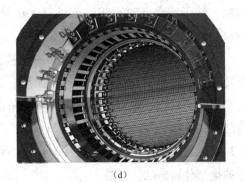

（c）　　　　　　　　　　　　　　　　　（d）

图 2-5　发电机定子模型（二）

（c）发电机定子三维模型；（d）发电机定子槽楔三维模型

本项目研究内容如下：

（1）开展针对参研机组的发电机机器人检测适应性研究。

1）收集国内外公司现代开发的检测机器人适应机型的信息。

2）明晰机器人开发应用过程中应重点关注和特需防范事项。

3）明确所有参研机组发电机的主体结构：包括端部支撑及密封结构、定子槽楔固定结构、转子通风结构、定子挡风结构、定子冷却系统结构；确定发电机的转定子关键尺寸：包括定子内径、转子和护环外径、定子槽宽、风挡内径等。

4）列选适用于参研机组发电机的检测机器人类型，给出选配和研发意见。

（2）开发参研机组发机器人爬行驱动模块。基于参研各机组发电机参数特性，针对本案选定的发电机定子不带隔风环和发电机定子带隔风环的两种不同结构，研制便于进入发电机腔内的机器人小车、内置吸附及定位系统、驱动传动系统、电源分配及照明等系统装置。机器人小车能自由通过被检查发电机转定子最小通过间隙通道，能够在气隙中沿轴向直线移走自如。

（3）测模块的开发与优化方法研究。基于上述第（1）项的研究结果，明确各检测项目实施模块，开发针对各类检查项目的检测模块，包括在通过转子护环气隙进入腔内爬行的机器人小车内安置视觉检查的高清摄像头、定子铁芯 ELCID 元件、测试槽楔松紧度的加速度敲击探头、击振波测量仪、电极发光探测器和 WTD 探测器、声音听诊器等元器件及信号处理器及传输导线等。

（4）研究开发任务规划（远程控制）及信息处理模块。任务规划模块可预设机器人在腔内行走方式（包括路径设置、步序调整、快慢控制等）、设定局部细节检查方式、设置机器人在转定子体面跨越做图像及信号增强识别等操作；远程控制模块设置槽楔长度、可以远端控制小车行驶一定距离后自动停止并进行测试。

信息处理模块内含参研机型的转定子（包括转子护环）检测数据库及可做数据采集、图像处理、故障诊断、趋势分析的系统软件，将能够"展示"转子和定子的槽楔、沟槽、转子通风孔等形貌，可以自动记录槽楔号、槽楔编号和方向等，便于历次检测结果比较。

（5）开展机器人与检测模块组态试验研究。利用本案研发的步骤转子检测转子滑环及转定子状态机器人检测分析模块系统，开展爬行、检测、分析等试验，检验爬行模块的稳定性、数据采集的全面性、分析评价的有效性等；通过实操检验，对已编的机器人检测实施方案、风险防范措施、操作工序等做修正完善，通过与抽转子后检查结果比较，对初期开发的数据采集分析、故障诊断方法等做改进优化，最终定型为适用于各参研机型的检测分析方法。

（6）研发一套适用于所有参研发电机的机器人检测信号采集、数据分析、专家诊断系统研究开发机器人检测数据采集、状态分析、故障诊断方法，建立机器人检测数据库。

（7）针对不抽转子机器人无法检查区域和检测项目，研定替代检查方案或制定缓解措施等，发电机部分检测项目如转子通风试验、风叶体态完整性确认等不便采用机器人检查的项目。

项目同时从检测分析理论、硬件装置选型、机构设计优化、控制系统开发等多个方面联合着手，充分考虑了大型发电机组型号多样性以及不抽转子检测项目的多元化需求，既有以往工程经验作为参考，又结合最新的智能软件计算、结构建模分析等技术方法，基于现场试验和理论解析进行性能、功能的交互验证，可保证项目研究顺利进行。项目在研究方法和手段上逻辑清晰、技术路线详尽、基础参考理论成熟、研究内容针对性明确、实施方案考虑充分，有望在中标后解决关键技术难点达成预期研究目标，具有较强的可行性和先进性。

2.4　工作原理

2.4.1　项目研究内容的原理简述

发电机不抽转子故障检测机器人是一个集机械、电气、自动控制于一体的综合性项目。项目成品可以服务于福清、秦山等中国核工业集团有限公司电厂的发电机不抽转子故障检测，大量减少发电机检修期间需要的人力物力。本项目研究的发电机不抽转子机器人代替人工的同时不需要抽转子，实现发电机不抽转子故障检测。

发电机不抽转子故障检测机器人由行走机构、控制系统、槽楔松紧度检测、图像识别、ELCID 组成。行走机构主要由履带组成，通过电机带动轴承，轴承带动履带，从而实现行走功能。控制系统主要是自动纠偏系统，通过前方搭载的金属传感器给出识别信号，判断是否偏离定子铁芯，若有偏离就通过反方向运动的两个履带实现转向纠偏。槽楔松紧度检测主要由激振装置和传感器组成，故障检测机器人行走至槽楔中心位置对槽楔进行敲击，由传感器收集声音信号，最终实现槽楔松紧度检测功能。图像识别是由两个前置摄像头、一个后置摄像头和一个上置摄像头组成的，搭载人工智能图像识别功能，对发电机定子铁芯、定子通风孔、转子通风孔和转子表面进行故障识别。

2.4.2 槽楔松紧度

1. 槽楔松动检测原理

波纹板固定的槽楔结构如图 2-6 所示。槽楔和槽之间利用波纹板这种弹性结构进行连接，槽楔下表面始终受到一弹性力作用，可将该力的作用归入板自身刚性度的变化。随着紧固程度的增大，波纹板形变增大，弹性力变大，槽楔刚性增大。由机械振动理论知道，随着槽楔刚性的变大，其振动的频率增大，振幅变小；随着槽楔刚性的变小，其振动的频率减小，振幅增大。因此可以通过检测槽楔在一定冲击力作用下的频谱成分和振幅的变化来判断槽楔的松动性。

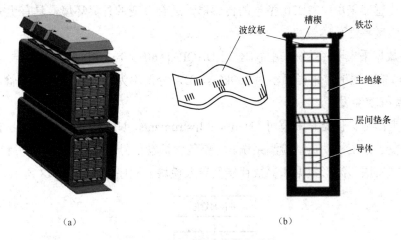

（a）   （b）

图 2-6　波纹板固定的槽楔结构

（a）模型；（b）结构示意图

2. 系统设计

检测系统分硬、软件两部分。硬件系统包括激振器和传感器、信号调理器和装有数据采集卡的计算机三部分。系统结构如图 2-7 所示。

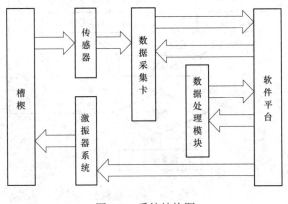

图 2-7　系统结构图

操作人员通过计算机向激振器输出激振波形，使激振杆冲击槽楔，同时传感器采集振动信号经过信号调理器处理，再经数据采集卡转换成数字信号送给计算机处理并显示结果。

3. 系统硬件选择

　　（1）激振器选型。由于发电机定转子间缝隙较小，要求激振源具有体积小、质量轻、有效输出力频带宽的优点。激振部分预留 25mm×25mm×30mm 的空间，确定激振源后定型。

　　（2）传感器选型。为避免损伤槽楔，使激振杆对槽楔的冲击力较小，所产生的振动信号较弱，本系统所采用传感器满足高灵敏度、高分辨率、频率响应宽、噪声低和动态范围大等特点。

　　振动传感器采用 333B30 型号的传感器，适合多变的外界环境，具有优秀的相位匹配及高灵敏度特性，频带宽。

　　（3）数据采集卡。系统采用 NI 公司 DAQPAD 6015 for USB 数据采集卡，具有 16SE/8DI 路模拟输入通道，采样频率为 200kS/s，DA 分辨率为 16 位，2 个模拟输出通道。

4. 系统软件设计

　　利用美国国家仪器有限公司（National Instruments，NI）的软件平台 Labview 和数据采集卡开发了槽楔松动振动检测系统。主要包含振动信号采集、处理、分析和显示模块，激振器控制模块，波形数据和参数存储及导入模块。程序流程如图 2-8 所示。

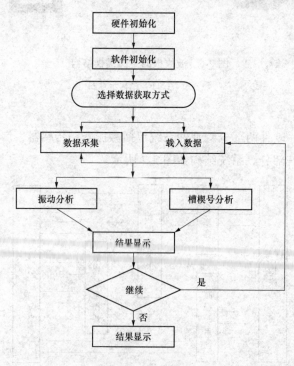

图 2-8　程序流程

振动特性 UI 中显示的主要内容包括时域和频域波形，紧固与警告分界值和警告与松动分界值设定，频率和槽楔松动程度等。

5. 振动测试缺陷流程

（1）搭建槽楔松动模拟实验平台：前期采用铝型材搭建，后期可移植总的实验平台，利用弹簧压紧，测试不同压紧力下槽楔的激励与振动响应。

（2）利用激振器，对槽楔施加激励，测试不同激振频率、不同激振力下槽楔响应信号，分析不同采样频率下振动信号的频谱成分变化，得出有效激振频率、激振力区间范围，确定有效的采样频率，为激振源的选型提供指导，也为信号的分析提供技术支撑。

（3）确定激振源后依据激振源输出特性曲线，确定给定信号（电压）的控制范围与方式。

（4）利用选型好的激振源，测试不同运行速度下对槽楔的激振效果，确定不同运行速度（2+4+6）m/min 下理想的激振频率，得出采样时间和采样间隔，确保各个槽楔能有效激振并检测出来运行状态。

（5）机器人前端设置传感器，信号通过信号线传输至后端 Windows 平台，利用阿尔泰数据采集卡实现信号的采集，在 Windows 环境下设置参数（槽楔编号、控制指令），完成采集数据的分类有序存储，提取频谱频率和幅值大小，判断出槽楔的松动状态（正常、预警、故障）。

6. 槽楔测试内容与测试方案

槽楔测试内容及方案见表 2-3。

表 2-3　　　　　　　　　　　　槽楔测试内容及方案

序号	测试内容	测试方案	测试目的
1	槽楔松紧度模拟	利用铝型材搭建实验平台，利用弹簧压紧槽楔，调节弹簧弹力大小模拟槽楔不同松紧度，采用压力计对槽楔松紧度进行数值量化	构建出槽楔松紧度和压力关系
2	不同激振频率、激振力下槽楔的振动和声音信号	采购激振台，对实验平台上不同松紧度下槽楔进行激振，利用通用采集仪采集各槽楔的振动和声音信号，分析时域和频域信号	确定理想激振频率、激振力工作区间范围； 确定采集振动或声音信号方案； 确定故障特征提取方案； 确定信号采样频率
3	槽楔不同敲击点对信号影响	利用东华激振台敲击槽楔中间线上不同位置，采集信号进行分析	确定理想敲击点，为机器人自动采集提供技术支撑
4	匀速行走状态下敲击和静止敲击信号差异性	利用搭建实验台，设定不同运动状态采集敲击声音信号并进行对比	确定匀速行走状态下理想敲击频率
5	每块槽楔采样时间	利用搭建实验台，利用步进电机控制激振台匀速移动，采集不同时间长度信号进行分析	确定每块槽楔的样本采集时间
6	激振源选型测试	测试不同振动电机的激振效果，根据采集到的信号分析激振源是否合适	确定激振源

续表

序号	测试内容	测试方案	测试目的
7	激振源和传感器相对位置对信号的影响	通过螺纹杆调节传感器和激振源的距离,采集信号分析差异性	确定传感器和激振源的前后位置
8	信号线长度对采集信号干扰影响	测试2、4、6、8、10、12m长度信号线,对采集到的信号进行时域和频域分析	确定12m的信号线对信号是否有干扰
9	激振系统与槽楔压紧力对激振和信号影响	利用不同刚度系数弹簧压紧激振系统,采集信号进行分析	确定激振系统理想压紧力

2.4.3　摄像照明

机器人小车搭载四套视高清微距彩色摄像模块,每个模块配置两个可自适应调节亮度的发光二极管(light emitting diode,LED)照明,摄像范围360°全覆盖,能够多角度实时采集定转子表面图像信息,可在定转子间隙大于等于20mm的空间范围内对定转子表面进行检测。机器人小车进入发电机腔体内部后通过橡胶履带驱动沿定子槽行走定位,驱动电机的内嵌式永磁体将机器人小车牢牢吸附在定子铁芯上,可以按不同的速度往复移动,小车宽度可调并安装了角度可变的转向架,能够根据定子铁芯不同直径自动调准,制导系统探测到定子齿槽边缘时,能够自动沿齿槽运动。在整个检测过程中,四个摄像头监测到的图像可以通过信息采集处理模块实时记录并用于在线/离线可视化检测。如果发现异常情况,槽楔编号和纵向轴位置将作为视频文件命名并被记录下来,操作员可以在任意检测时刻进行截屏,来识别发电机定转子表面工况以及电机腔体内是否存在异物或部件脱落现象。

摄像头安装在三个位置及两个方向,可远端遥控摄像头角度(360°)及焦距,远端控制单元可以控制曝光及闪光灯强度,摄像头画面按照格式自动储存在远端控制单元。

通过控制器控制摄像头进行定转子的目视检查:机器人安装有四台摄像头,小车前方安装两个摄像头,一台用于前进路线和转子整体检查,第二台向上安装朝向转子,用于转子表面检查。小车后方也安装两个摄像头,一台用于回程路线和转子整体检查,第二台向下安装朝向定子,检查定子冷却通道。摄像头均位于槽楔中央位置。在整个检查过程中,四台摄像机的图像被实时记录并用于在线目视检查。如果发现异常行为,槽楔号和轴位置将会被作为视频文件记录下来。操作员可对某处位置进行截屏。视频检查如图2-9所示。

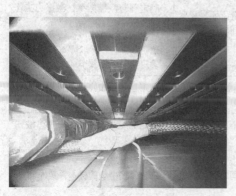

图2-9　视频检查

使用自动小车对膛内进行影像检测：由远端控制单元控制检测角度及焦距，对转子及定子进行检查。视频图像如图 2-10 所示。

图 2-10 视频图像

（1）方案设计。机器人本体安装四路摄像头，四路图像回传到控制台，线缆距离约 12m，考虑此距离并不算短，且应尽可能减少有线电缆的线芯数和线径，所以考虑将四路信号预处理再回传。

摄像头选型：考虑到机器人本体限制在 35mm 以下，而摄像头安装位置也要与被观察对象有一定角度，所以摄像头外形尺寸要更小，机器人前方两路，顶部一路，后方一路，摄像头位置固定，焦距固定。

（2）所选方案。CSI 模组摄像头 2 路再加 USB 模组摄像头 2 路，采用英伟达 JetsonNX 预处理。

英伟达预处理器 NVIDIA Jetson Xavier NX 的尺寸为 103mm×91mm×35mm，其散热片经改装可以做薄，整体厚度可以做到 28MM，有两个 CSI 接口用来接两路摄像头，另外两路摄像头用 USB 接口接入，实际测试中，USB 接口占用资源较多，CSI 接口占用资源较少，速率较高；采用这种方案，将四路图像在机器人本体上做了预处理，实时视频流以网络形式传出，模块本身拥有 WiFi 功能，所以可以最大限度地减少机器人与控制台之间的线缆。

USB 接口摄像头模组主要参数包括：77°视场角，25mm×24mm 的尺寸，索尼 IMX219 的感光芯片，参数为 800 万像素，3280×2464 分辨率，1/4 英寸，2.0 光圈，2.96mm 焦路，对焦视场角 77°，畸变小于 1%。USB 接口摄像头模组如图 2-11 所示。

杰锐微通品牌：最大分辨率 1920×1080，型号 DX100 模组，像素 200 万，感光元件类型为互补金属氧化物半导体（complementary metal oxide semiconductor，CMOS），尺寸为 30mm×23mm。

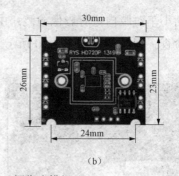

（a）　　　　　　　　　　　　　（b）

图 2-11　USB 接口摄像头模组

（a）摄像头模组实物图；（b）摄像头模组电路实物图

2.4.4　ELCID

设备检测采用 Iris Power 开发出的 ELCID 方法来进行定子铁芯层间绝缘的通量测试，±100mA 是被行业认可的临界值。

ELCID 采用螺旋管型绕组激励铁芯的方法对铁芯进行故障检测，使用 4%额定励磁电压的环形线圈对铁芯励磁并产生环路磁场，当定子铁芯叠片间绝缘受损发生短路故障时，会与周向磁通形成一个闭合回路，感应出与励磁电流 180°相位差的故障电流，通过铁芯表面的 Chattock 感应探头可检测出因故障电流而产生的磁场，并结合以下三个判据来判定铁芯是否存在电磁缺陷：①故障电流幅值绝对值超过 100mA（4%额定励磁时 100mA 等效于 LOOP/HFRT 测试 5～10℃温升）；②相电流与故障电流反相；③相电流随故障电流增加而增加。

机器人小车搭载 IRIS 公司定子铁芯 ELCID 测试仪探头，用于对定子铁芯电磁缺陷进行全面扫描检测，机器人小车由两个牵引驱动单元组成，通过可锁定的滑杆连接两个驱动单元以调整跨度。每个牵引驱动单元除了履带之外，还有两排内置的永久性磁铁，可以牢固地吸附在定子铁芯上。机器人小车有内置导航系统引导其沿铁齿行进，导向系统使用定位于四角的磁性传感器探测铁齿的边缘，机器人小车在行进过程中如发生位置偏移，内置的导向系统可以自动修复行进方向，保持直线行走。如遇到槽楔与定子铁芯内表面不在同一平面情况时，可通过机械导轨片来改善远程检测小车在光滑表面的导向，而对于定子内径曲度不一致的机组，机器人小车每半边都可以单独进行调整以补偿不同直径的铁芯的曲度，同时也可以使用弯曲横杆来降低由于大跨度导致的额外高度。为定子铁芯附加缠绕的励磁绕组通入很小的励磁电流，使定子铁芯内产生额定磁通 4%的磁通量，通过小车上搭载距离编码器和 Chattock 感应探头，使 Chattock 探头（承担建立试验磁场和测量励磁电流功能）在定子腔内沿铁芯线槽滑动，同时为了覆盖铁芯所有的内表面，每次一个中间的槽及相邻两个铁齿进行检查，如图 2-12 所示。Chattock 探头固定于每两个相邻槽的边缘，主机接 Chattock 探头信号后，利用信号处理处理器与采自励磁电流的参考信号进行对比分析，以故障电流（通过信号处理器从励磁电流中分解获得）

的大小及相位来判断铁芯是否有故障。利用所开发的机器人小车进行 ELCID，具有推进速度平稳、数据采集过程连续等优势，能够克服人工操作不稳定所造成的数据遗漏和控制偏差等问题，从而提高检测结果真实性和可靠性。

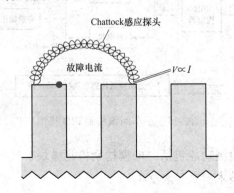

图 2-12　Chattock 感应探头扫描位置示意图

2.5　结构设计与加工

2.5.1　行走机构

智能小车三维设计图如图 2-13 所示，智能小车本体如图 2-14 所示。

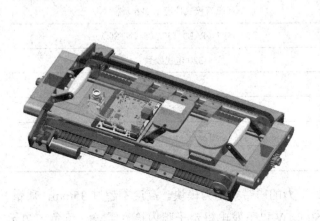

图 2-13　智能小车三维设计图

图 2-14　智能小车本体

（1）智能小车检测系统。检测系统包括整合式远端控制单元、控制小车及摄像头，可取代目视检查；搭载 ELCID 和槽楔松紧度检测装置进行铁芯测试及槽楔松紧度测试；透过磁性导轨吸附在铁芯上，不管转子抽出与否皆可使用；配合手动 ELCID 测试。

（2）智能小车纠偏方案、爬行车通过永久性磁铁可以紧紧贴附在定子铁芯表面；行走机构采用，左右履带均带履带式行走，两侧履带分别带有独立的伺服驱动电机，小车通过金属传感器检测硅钢片边缘并驱动履带差速行走，从而实现行走方向偏差时的自动纠偏。小车纠偏控制 PID 模型如图 2-15 所示。

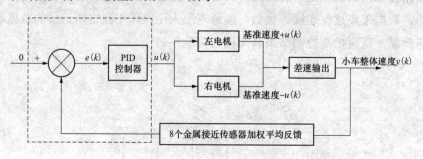

图 2-15　小车纠偏控制 PID 模型

（3）对定子铁芯的检测功能包括：槽楔松紧检测模块、视频摄像模块。

（4）智能检测小车技术参数见表 2-4。

表 2-4　　　　　　　　　　　　　检测小车技术参数

槽距	65～210mm
测距	光学编码器轮子，0～9.99mm
导向	磁性传感器自动导向
车速	标定 2、4、6m/min
质量	检测车 3kg　控制单元 7.2kg
最大负载	在垂直模式情况下 2kg 负载
像素	537/597（PAL）537/505（NTSC）
分辨率	320 电视线数
高清摄像头数量	4
扫描系统	2:1 隔行扫描
电源	220V，50Hz
操作温度	0～50℃

（5）基本功能。采用基于永磁吸附力的履带式动力模块。高度不超过 35mm，质量小于 5kg。宽度、弧度可调，满足 500MW 以下发电机定子膛内检查需求。可负重 2kg 以上，速度最高 4m/min。带 4 路摄像头，在机器人前部安装 3 套，一套看前方，一套看前下方，另一套看上方转子；在机器人后部设计一套主要是看后方。实时录像，可存储 50h 以上的图像。摄像机配光源。（摄像头的具体安装位置根据实际情况，出了设计图研讨后再确定）驱动模块各自独立，机械采用螺栓装配，电气采用接插件连接。小车的动力驱动模块和机器人主体，在一定角度可调节。小车横向弧度可调，满足不同定子圆弧角度情况下小车的爬行和检测。小车骨架采用 7 系的 7075 高强度航空铝合金来制造，和铁芯接触的部分采用玻璃纤维环氧树脂材料或高分子聚乙烯材料制造。小车本体采用整

体雕铣加工，尽量减少螺栓数量，螺栓防松处理。运行模式可切换（手动/自动），可携带 ELCID 试验检测线圈。

2.5.2 电机及驱动系统

微型电机体积、容量较小，输出功率一般在数百瓦左右以及用途、性能及环境条件要求特殊的电机。常用于控制系统中，实现机电信号或能量的检测、解算、放大、执行或转换等功能，或用于传动机械负载等。电机参数包括安装尺寸信息、最大励磁转矩、容许转矩、瞬时最大转矩、电磁制动。

采用永磁吸附式的爬壁机器人，首先必须保证安装在机器人本体上的磁吸附模块能够可靠地吸附于定子膛内壁，同时在机器人移动过程中不至于发生滑落的情况。因此，磁吸附力是研究机器人系统综合性能的重要参数。而磁吸附力的计算依赖于气隙的磁感应强度。因此研究永磁吸附机构在整个区域内磁感应强度分布是分析本方案所设计的机器人能否可靠吸附的关键所在。

本方案在设计超薄爬壁机器人磁吸附力结构时，对机器人磁力进行仿真分析，设计了"极性相反，顶部导磁"的磁吸附力结构单元，通过数值计算的有限元法对机器人变磁力单元进行分析，得到机器人本体的磁感应强度分布及磁吸附力。

图 2-16 描述了爬壁机器人运动时的磁场随机器人运动高度变化曲线。对称的磁吸附单元的磁极性相反，在顶部使用导磁板增强了两者与定子膛吸附面的磁回路，使大部分磁力线通过吸附单元与壁面之间的气隙，加大了吸附单元和定子膛内壁之间磁吸附力。而在磁体两侧仅有少量磁力线通过，并且磁体两侧有铝板隔离，使两侧的磁场大大衰减，极大地减小了磁场对位于机器人本体中间的传感器的影响。变磁力吸附单元的顶部使用阻磁材料覆盖，减小吸附单元顶部的磁力。有限元仿真和现场试验结果均表明，磁场对传感器基本没有影响。

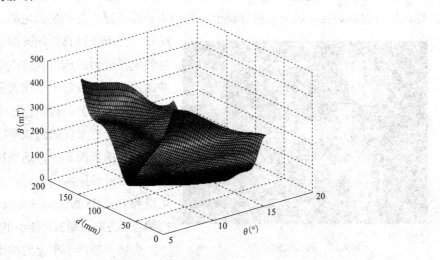

图 2-16 磁场随高度变化曲线

本方案设计的吸附单元内嵌的两块永磁体呈对称分布，磁感应强度分布特征为：场强朝向定子腔内壁的一面的大于另一面；磁吸附单元与壁面接触的两端最大，最大达到0.612T。水平方向上看，自磁吸附单元中心出磁感应强度向两边逐渐增大直至两端，当逐渐远离磁吸附单元时，磁感应强度又趋于减小至0。

由磁场变化图可以看出，即使在吸附力最小时，爬壁机器人依旧能可靠吸附，不会产生滑落现象。

2.5.3　传感器搭载结构

当定子槽楔固定得非常紧密时，槽楔与整个定子槽可以看作是一个整体，在施加一定的冲击载荷后，槽楔不会发生自身的振动；当定子槽楔发生松动后，松动处的槽楔与槽不再是一个紧密结合的整体，在冲击载荷的作用下，槽楔的松动部分必然会产生局部振动，因而形成具有特定频率的声波，其本质为薄板声谐振子的振动问题。结合定子槽楔材料、宽度以及厚度参数，基于薄板理论可以建立薄板声谐振子模型，进而计算出定子槽楔松动后的主特征频率。此外，槽楔的松紧程度和主特征频率成分的幅值有关，相比而言，松动槽楔辐射出的声学信号主特征频率成分的谱峰幅值比较大，而紧固槽楔辐射出的声学信号主特征频率成分谱峰幅值较小。基于槽楔频率分析技术，在机器人小车上搭载冲击源装置来进行定子槽楔松紧度检测。冲击源主要包含冲击锤、连动杆、直流线圈、空气耦合腔体和声学传感器五个部分，调研后选定北京声望声电技术有限公司MK411型自由场声学传感器可满足实际需求，将传感器安装在冲击源装置中的空气耦合腔内来接收冲击锤激励各个定子槽楔不同部位所产生的声学响应信号，该耦合腔体对外界噪声具有屏蔽效果，避免了现场环境对检测结果的影响。利用所开发的机器人小车上搭载冲击锤和声学传感器进入发电机内部腔体后，由定子端部向中部方向行进，小车行每行进一段预先设定的距离后，在该标号槽楔的相应位置进行多次连续敲击测试，冲击锤在敲击前的高度可以上下垂直调节，利用直流线圈通电时产生的电磁力来控制冲击锤

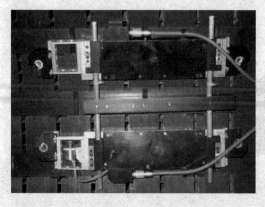

图2-17　测试智能小车

动作，由于流过直流线圈的电流可调，所产生的电磁吸力随该电流的改变而改变，因此冲击锤敲击电机定子槽楔表面时所产生的冲击力也可以调节，检测过程中应控制每次敲击的力度一致来保障测试精度。

设置槽楔的长度，远端控制单元可以控制小车行驶该距离后自动停止，并进行测试，可以和ELCID测试同时完成，记录槽号、槽楔编号及方向。测试智能小车如图2-17所示。

安装在智能小车上的冲击传感器探头如图2-18所示，冲击源装置示意图如图2-19所示。

图 2-18　探头

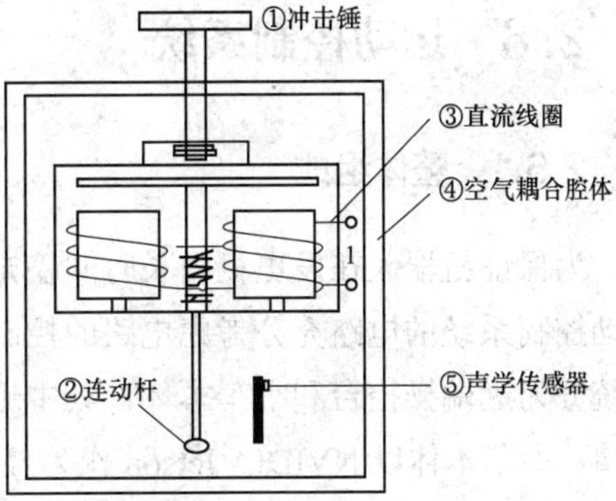

①冲击锤

③直流线圈

④空气耦合腔体

②连动杆

⑤声学传感器

图 2-19　冲击源装置示意图

　　利用所开发的机器人小车可以对整个大电机内所有槽楔进行检测，而不仅仅局限于带有测量孔的槽楔，整个检测系统结构如图 2-20 所示。小车搭载冲击锤按照规定线路行进并敲击定子槽楔表面，利用声学传感器采集槽楔受到连续冲击载荷所辐射出的声音信号，经过隔直、滤波、放大等一系列调理操作后，通过美国国家虚拟仪器公司 NI9234 四通道数据采集卡传输至工况平台进行处理，最后结合薄板声谐振子模型的计算结果，分析所拾取的声学响应信号频域谱图中是否存在槽楔松动后的主特征频率成分。此外，通过现有测量标准确定待测电机机型松动槽楔和紧固槽楔主特征频率成分的临界阈值 M 和 N，当主特征频率成分幅值 $A > N$ 时，判定为紧固状态；当主特征频率成分幅值 $A < M$ 时，判定为松空状态；当主特征频率成分幅值 A 处于 $M < A < N$ 时，判定为中等松动状态；由此可进一步实现定子槽楔不同服役状态的量化判定。利用所开发的机器人小车进行定子槽楔松紧度检测，整个测试过程都与技术人员状态无关，所有硬件均由软件控制调节，操作简便直观，减少了人为主观因素的干扰，并且可以反复查询数据记录，以便实时各个槽楔的松动规律，为发电机组状态监测及故障诊断提供更加丰富且直观的参考信息。

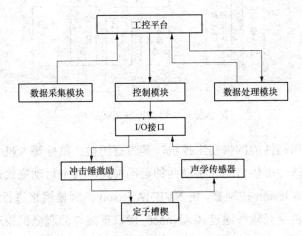

图 2-20　定子槽楔松紧度检测系统结构

2.6 运动控制系统

2.6.1 整体组成

为保证机器人在发电机内长时间稳定地行走，需要可靠的运动控制系统作为支撑。运动控制系统的电路充分考虑电路的控制稳定性、抗干扰性以及模块化性能。运动控制系统分为远端操控台和小车本体，其中远端操作台以工控机作为核心，并配有人机交互接口，小车本体以 NVIDIA Jetson 作为控制核心，并包括 USB 转 CANopen 模块、I/O 模块、伺服电机、编码器、金属检测传感器、惯性导航单元等。机器人控制系统结构如图 2-21 所示。

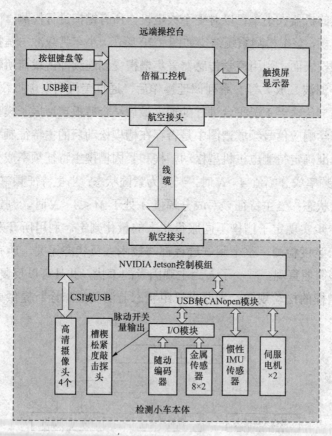

图 2-21 机器人控制系统结构

远端控制台采用高性能的倍福工控机，其带有键盘、鼠标等人机交互设备，并运行人机交互软件，该软件提供自动和手动两种运动模式，其中自动模式是工控机通过以太网接口连接 NVIDIA Jetson 控制器，由 NVIDIA Jetson 控制模组来进行自动运动控制；手动模式是工控机人机交互软件通过 CANopen 接口直接与伺服电机驱动器进行通信，该模式用于 NVIDIA Jetson 死机或者小车卡住等突发情况。

金属检测传感器采用欧姆龙电感式接近传感器，并通过 I/O 模块、USB 转 CANopen 模块传输给工控机。随动编码器是一个随动的非行走驱动轮，用于给 ELCID 等检测单元提供精准的位移状态，随动编码器也是通过 I/O 模块、USB 转 CANopen 模块传输给工控机。

惯性测量单元（inertial measurement unit，IMU）、伺服电机均通过 CANopen 模块传输给工控机。

I/O 模块输出继电器控制信号，用于给槽楔松紧度敲击探头 个电源信号，敲击探头为电磁铁，I/O 模块输出继电器信号后，电磁铁会得电闭合，产生敲击力。

小车携带各类检测传感器，用于完成检测作业。包括视觉检查的高清摄像头、定子铁芯 ELCID 元件、测试槽楔松紧度的加速度敲击探头、击振波测量仪、电极发光探测器和 WTD 探测器、声音听诊器等。

2.6.2 纠偏方案

机器人径向方向行走纠偏利用金属硅钢片来进行导航纠偏，机器人本体前方为金属探测传感器，采用 8～16 个工业级金属感应传感器并列排布在机器人本体前进方向一侧，金属感应传感器在正下方是硅钢片和非金属会呈现不同的状态，利用该状态来判断机器人本体偏离径向方向的程度，从而控制行走电机进行动态纠偏。自动纠偏原理如图 2-22 所示。

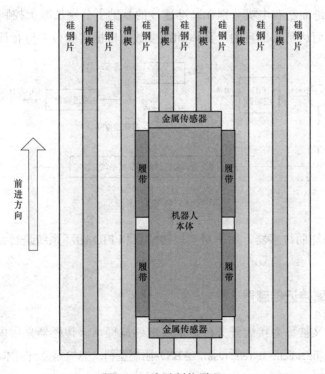

图 2-22　自动纠偏原理

金属传感器对金属敏感，可以感应定子硅钢片。安装在智能小车前方，是由多个单金属传感器在小车前方一字排开放置。

小车宽度尺寸为 150mm，故并列安装 8 个金属接近传感器（单个宽度 18mm），接近开关并列按照示意图如图 2-23 所示。

图 2-23　接近开关并列安装示意图

小车行进过程中，硅钢片位于金属接近传感器下方。下方硅钢片输出逻辑 1，下方为其他材料，则返回逻辑 0，以此来判断小车相对于硅钢片位置。

采用加权平均法计算硅钢片的位置，每个不同的传感器具有不同的权重。计算方法是将所有传感器的加权值和逻辑状态值相乘，并进行相加，最终得到 ±7 之间的数值，0 表示硅钢片位于小车正中心。

自我矫正具体方式：矫正闭环模型如图 2-24 所示。采用左右电机差速方式行进。纠偏控制模型采用 PID 模型。给定值为 0，金属传感器反馈为偏差。经过 PID 控制器输出控制量 $u(k)$，进而左右电机分别在基准速度的基础上分别加减上控制量，从而得到差速输出速度。从而达到纠偏目的。具体 PID 参数值根据实际效果进行调整。

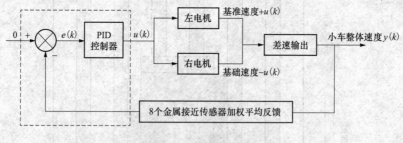

图 2-24　矫正闭环模型

IMU 是作为辅助传感器，用于对金属传感器和 PID 闭环系统进行参数补偿等功能，目前作为备用。

2.6.3　金属接近传感器

金属传感器又被称为接近开关，是基于电感原理，该传感器采用丙烯腈-丁二烯-苯乙烯（acrylonitrile-butadiene-styrene resin，ABS）阻燃塑料，能检测金属物体，感应距离4mm。初步采用欧姆龙 TL-W1R5MB1 电感式接近开关，单个尺寸为 22.4mm×7.8mm×5.5mm。

2.6.4 随动编码器选型

随动编码器采用欧姆龙增量式编码器。增量式旋转编码器采用欧姆龙光电式旋转编码器。光电式旋转编码器通过光电转换，可将输出轴的角位移、角速度等机械量转换成相应的电脉冲以数字量输出。它分为单路输出和双路输出两种。单路输出是指旋转编码器的输出是一组脉冲，而双路输出的旋转编码器输出两组 A/B 相位差 90°的脉冲，通过这两组脉冲不仅可以测量转速，还可以判断编码器的旋转方向。本项目采用带有 A、B 和 Z 过零脉冲三输出的编码器。欧姆龙增量式编码器实物如图 2-25 所示。

图 2-25　欧姆龙增量式编码器实物

2.6.5 I/O 模块

增量式编码器和金属传感器输出为开关量，该开关量是无法被 NVIDIA Jetson 控制器读取，需要采用 I/O 模块作为媒介，本项目采用思泰（SYSTEC）CANopen IO-X1 16DI/8DO 模块，其实物图见图 2-26。该模块是具有高密度工业级 I/O 和紧凑特点的高性价比 CANopen 远程 I/O 扩展模块。即插即用，包括所有接口、插头和线缆。扩展的内部诊断历程确保了它能够安全可靠地工作。

图 2-26　思泰（SYSTEC）
CANopen IO-X1 16DI/8DO 模块

2.6.6 伺服电机选型

采用 FAULHABER 微型伺服电机作为驱动电机，其选型具体型号为 FAULHABER 2232S024BX4 CSD/COD。

该伺服电机通过 CANopen 接口、USB 转 CANopen 模块连接到 NVIDIA Jetson 控制器。

2.6.7 IMU 选型

IMU 是辅助纠偏系统来进行直线纠偏和槽楔更换功能的。本项目采用霍尼韦尔 HGUIDE i300 惯性导航模块作为辅助导航传感器，该传感器是一款高性能的微机电系统（micro electromechanical system，MEMS）惯性测量单元，具备工业级的标准通信接口和宽电压范围，包含 MENS 级别的陀螺和加速度计，能够适应严苛的使用要求。该模块提供 RS422 和 CAN 接口。

2.6.8 工控机选型

工控机采用德国倍福公司产品，具体型号为 C6930-0060（intel core i5），其运行人机交互软件，可进行运动控制和实时检测。

该工控机针对工业现场设计，工作温度 0～55℃。IP 等级为 IP20。运行 Windows 10 系统，并搭载 i7-6700TE 处理器，DDR4 内存 16GB，固态硬盘 480GB。

远端操控台与前端检测小车本体和检测传感器模组通过线缆进行连接。远端操控台运行检测小车人机交互软件系统，主要包括任务规划模块、信息处理模块、检测小车运动控制、机器人与检测模块组态试验数据分析、检测信号采集专家诊断系统等。

2.7 工作验证与评价

2.7.1 数据采集

任务规划模块可预设机器人在膛内行走方式（包括路径设置、步序调整、快慢控制等）、设定局部细节检查方式、设置机器人在转定子体表面跨越前进的同时做图像及信号增强识别等操作；远程控制模块设置槽楔长度、可以远端控制小车行驶一定距离后自动停止并进行测试。

信息处理模块内含参研机型的转定子（包括转子护环）检测数据库及可做数据采集、图像处理、故障诊断、趋势分析的系统软件，将能够"展示"转子和定子的槽楔、沟槽、转子通风孔等形貌，可以自动记录槽楔号、槽楔编号和方向等，便于历次检测结果比较。视频检查原理如图 2-27 所示。

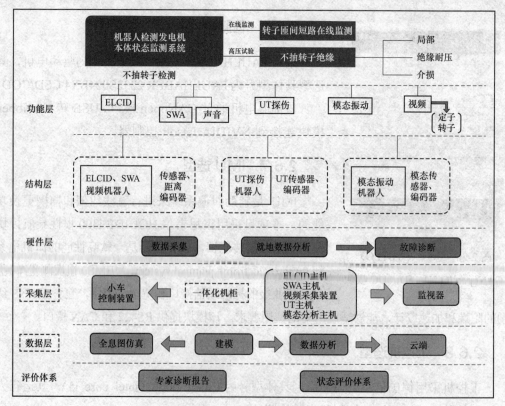

图 2-27 视频检查原理

2.7.2 信号诊断

1. 数据集

直行小车视频检测包含六类常见的定转子缺陷，分别是：①转子表面有被电流击伤痕迹；②动平衡螺栓错位；③励磁绕组通风孔堵塞；④转子绕组绝缘破损；⑤定子铁芯叠片移位；⑥定子铁芯内部叠片变色以及无缺陷定转子图像。

对于定转子缺陷样本不平衡问题可采用数据增强进行弥补，训练集中每一类缺陷图片数量可取 1200 张，无缺陷图片数量取 2400 张，总共 9600 张。测试集为非训练图片，其中每一类缺陷图片数量设置为 300 张，无缺陷图片数量为 600 张，总共 2400 张。

将训练样本和测试样本各种缺陷类型标记上对应的标签用于算法模型的训练和验证，将各故障类别与相应的标签对应见表 2-5。

表 2-5 定转子缺陷图像数据集标签

故障类型	训练样本数	测试样本数	标签
正常状态	2400	600	0
转子表面有被电流击伤痕迹	1200	300	1
动平衡螺栓错位	1200	300	2
励磁绕组通风孔堵塞	1200	300	3
转子绕组绝缘破损	1200	300	4
定子铁芯叠片移位	1200	300	5
定子铁芯内部叠片变色	1200	300	6

2. 实验平台及训练超参数

（1）软件环境。操作系统为 Windows10，编程语言为 Python，开源框架为 Pytorch。预训练模型为 Pytorch 官方的 ResNet101 模型。

（2）硬件环境。Intel Core i7 –9750H cpu@2.60GHz 处理器，16GB 运行内存，显卡型号为 NVIDIA GeFoce GTX1660 Ti 等硬件设备。

（3）训练参数设置见表 2-6。

表 2-6 训 练 参 数 设 置

迭代次数	150
Batch_size	32
基础学习率	0.01
损失函数	Softmax Cross Entropy loss
学习衰减率	Reduce LR ON
策略	Plateau
衰减常数	0.1

3. 建立模型

选取 Res-Net101 作为深度卷积神经网络模型进行训练，其他 Res-Net 结构与 Res-Net101 结构类似，Res-Net101 网络共由四个大的 BottleNeck 组成。另外在网络的最前端和最后端分别是由 1 个 7×7 的卷积层、maxpool 层以及平均池化层组成。

以 ResNet101 模型作为网络的预先训练模型，其中卷积层作为模型的特征提取器，将最后一个池化层的特性连接到一个平均池化层，最后经压平（Flatten）层将数据压平数组结构，通过全连接层（FC_1）传递到 Softmax 输出层，最终得到每个故障类别的概率值，其中概率最大的类别会被视为识别结果。先保持卷积层的权值不变，用来提取深层特征，只训练模型最后的全连层，之后对最后几个卷积层的权值进行微调，采用较低的学习率，以避免模型由于过于剧烈的参数变化而导致它原有的信息丢失，影响预先训练的特征提取。卷积神经网络（convolutional neural networks，CNN）的结构参数见表 2-7。

表 2-7　　　　　　　　　　　　CNN 模型的结构参数

层号	层类别	核的大小/步长/个数	备注
1	卷积层 1	7×7/2/16	Relu
2	池化层 1	2×2/1/16	最大池化
3	卷积层 2	3×3/2/64	Relu
4	池化层 2	2×2/1/64	最大池化
5	卷积层 3	3×3/2/256	Relu
6	池化层 3	2×2/1/256	最大池化
7	卷积层 4	2×1/1/512	Relu
8	池化层 4	2×1/1/512	最大池化
9	池化层 5	7×7/1/512	平均池化
10	Flatten 层	256	—
11	全连接层	256	Relu
12	输出层	7	Softmax

4. 图像识别基本思路

直行小车视觉检测系统图像识别基本思路如图 2-28 所示，具体流程如下：

（1）数据预处理。大修期间现场采集发电机定转子缺陷图像数据作为源域。直行小车视频检测系统采集定转子缺陷图像数据作为目标域。对于定转子缺陷样本不平衡问题可采用数据增强进行弥补，对源域数据（离线数据）和目标域数据（在线数据）进行数据预处理（归一化、标签化），构建定转子缺陷图像数据集。

（2）源域 CNN 模型离线训练。在离线训练过程中，将处理好的源域数据置入搭建好的 CNN 模型进行训练，不同通道数据经过多条卷积-池化-全连接网络并行训练，最终由 Flatten 层合并为单通道数据，经 Softmax 函数误差反向传播以优化模型，当模型达到收敛时，保存源域模型参数。

（3）目标域在线诊断。在线诊断过程中，步骤 2 中保存的模型参数置入目标域 CNN，当目标域数据输入网络模型时，通过 CNN 进行特征提取，最终输出故障诊断结果。在 CNN 中，标签化的数据直接导入模型进行训练，可通过卷积-池化层交替自动提取原始数据中潜在的非线性特征，并于全连接层完成自适应特征学习，免去了传统方法中人工挖掘特征的过程，实现了端到端的信息处理。

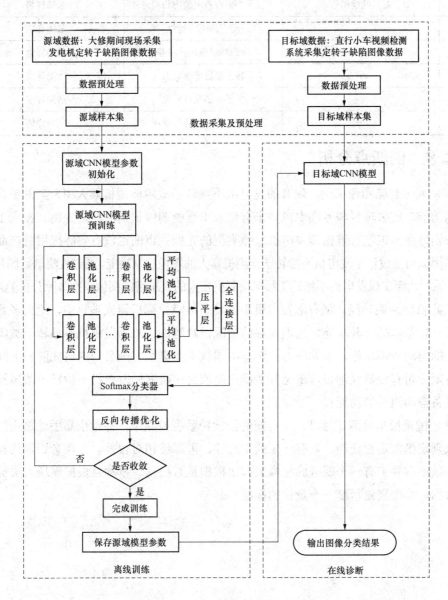

图 2-28 直行小车视觉检测系统图像识别基本思路

5. 诊断结果

深度学习多分类问题，常以混淆矩阵表示分类结果，若每种缺陷故障类型有 800 个测试样本，将数据随机打乱，作为未知数据置入模型中，得到每份验证集的识别结果，并将结果与真实标签进行对比。

诊断结果在人机交互界面以诊断报告的形式呈现，见表 2-8。

表 2-8　　　　　　　　　　诊 断 报 告

序号	缺陷故障位置	缺陷故障类型	是否查看故障处图片
1	对应的槽楔号	转子表面有被电流击伤痕迹	故障详情
2	…	动平衡螺栓错位	故障详情
3	…	励磁绕组通风孔堵塞	故障详情
4	…	转子绕组绝缘破损	故障详情
5	…	定子铁芯叠片移位	故障详情
6	…	定子铁芯内部叠片变色	故障详情

2.8　创新点分析

（1）人工智能图像识别。现有的发电机不抽转子故障检测机器人中，全部不具备图像识别功能，过去项目和专利中也并未有过人工智能图像识别故障的先例。在人工智能图像识别方面，也没有过检测发电机故障类型的先例。市面也没有实际应用的产品。

本团队自主设计了发电机不抽转子检测机器人的图像识别功能，通过收集缺陷图片进行模型训练，从而实现发电机不抽转子故障检测机器人的人工智能图像识别故障分析的功能。

（2）自动纠偏功能。现有的发电机不抽转子故障检测机器人项目中，绝大多数机器人都只具备基本的行驶功能，出现偏移的情况很难解决，对于发电机不抽转子故障检测机器人的自动纠偏功能，华北电力大学与中国核工业集团有限公司的研究院和上海恺诺实业有限公司有该研究项目，未见其他研究院或公司研究的发电机不抽转子故障检测机器人具备自动纠偏的功能。

（3）槽楔松紧度测试标准。在传统的槽楔松紧度检测中，都是依靠手动敲击，人耳识别来判定槽楔是否松动，具有一定的主观性，可靠性相对较差。在声音识别的槽楔松紧度测试中，并未有一个明确的标准来判定槽楔是否松动。本项目根据现场人员提供的力学数据，给槽楔松紧度一个量化的标准。

3

输电线路巡线机器人

3.1 项目目标

X 射线检测是工业领域无损检测应用最为广泛的。X 射线从被发现至今已逾百年，百年来 X 射线不仅在机械、航空、卫生等领域得到了广泛应用，更在 X 射线机小型化、可移动化和图像采集方式两个方面有了长足的发展。目前，X 射线机已发展为便携式 X 射线机、移动式 X 射线机和固定式 X 射线机，从 20 世纪 70 年代开始，变频技术的应用，极大地提高了便携式 X 射线机的管电压，使得便携式 X 射线机的输出管电压可以达到 500kV 甚至更高，便于大型电力设备的现场射线检测。

目前，对气体绝缘封闭组合电器（gas insulated switchgear，GIS）、混合式气体绝缘金属封闭开关设备（hybrid gas insulated metal enclosed switchgear，HGIS）、合闸电阻、导线、金具等设备故障的检测主要是电流电压试验、噪声振动分析、开盖检测、拉力试验、电镜扫描等方法。但这些方法不但费时费力有些不能及时地在设备缺陷发展的初期被发现，对设备的故障诊断不够直观准确。因此，对投入运行前和运行中的电力设备等采取有效的诊断方法，消除安全隐患，对保证设备的安全稳定运行至关重要。

将 X 射线数字成像技术应用于电力金具及导线检测，提供一种直观、便捷的检测方法，对电力金具、导线的材料缺陷、装配缺陷及事故后的烧蚀、断股、开裂等缺陷进行更为详细的检测。再结合传统检测手段，可更准确对金属、导线的质量进行判断，得出更准确的分析结果，为电力金属及导线的检测及失效原因分析提供更为可靠的保障。

该项目的设计目标是针对 500kV 电压等级高压架空输电线路，输电线路巡线机器人需携带 20kg 重的 X 射线探伤机，具有自主爬行和越障能力，具有结构紧凑，重量轻的特点，能够跨越输电线路上的防震锤和间隔棒等障碍物，具有焦距调整装置，实现成像板及射线机焦距的可控制调整，并自动获取焦距数据；焦距的调整需要将重达 20kg 的 X 射线探伤机上下移动，方便控制焦距的大小。能够在人工控制下完成巡检任务，提高巡线质量和自动化水平。

3.2 国内外研究概况

3.2.1 国外研究水平的现状和发展趋势

输电线路机器人的研究始于 20 世纪 90 年代，一些发达国家如美国和加拿大等率先对巡线机器人进行了研究，并取得了较多的研究成果。由于发达国家市场的需求，巡线机器人的研究从开始到二十一世纪涌现出了比较成熟的机器人技术，其中比较突出的是对铁塔之间线路段巡线机器人的结构设计和控制系统设计，这项技术有些已经有所较大范围的实际应用。在这些实际应用的机器人技术中，主要包括加拿大、美国、日本以及泰国的研发团队，如加拿大科学家 Sawada 等人在 1988 年研制的弧形导轨自主越障机器人，日本法政大学在 1990 年 Hideo Nakamura 等人研发了一款巡检机器人，泰国 S.Peungsungwal 等人在 2001 年于泰国国王科技大学设计研发的自给电巡检机器人和日本 Sato 公司基于单体小车的输电线路探测机器人等。针对不同国家设计研制的机器人，本文对其结构和设计思路进行逐一介绍。

1988 年加拿大人研发设计了弧形手臂巡检机器人，就其结构而言，该机器人的设计主要是采用了弧形的导轨进行自由越障。机器人工作中如遇到障碍物，首先伸出其弧形导轨，并将其悬挂在障碍物两边的导线；然后机器人顺着导轨进行跨越，待完成跨越障碍物就抱紧导线；之后巡线机器人将弧形导轨收起，回到越障前的状态。该设计越障方式能够保证比较高的准确率，但是它有一个耗能大的致命缺点，因为巡线机器人本身自重就不是很小，加上附属越障的近百公斤级导轨，完成提升越障的耗能可想而知。而控制方面，该设计采用了两种控制方式即粗略和精确两类。粗略控制方式是指将输电线路杆塔的高度、距离、障碍物的数量等数据预先编程输入到处理器中。而精确的控制方式则采用传感器实时进行检测与处理，自行计算障碍物大小及越障策略。根据控制策略可以知道，在采用精确控制方式下，机器人可以通过传感器检测到输电线路的实际损伤状况，并通过模数转换将测量数据保存。

跟加拿大导轨式机器人不同的是，美国 TRC 公司在 1989 年设计研发的是悬臂式巡检机器人，该设计的原理是仿真人的攀爬动作。其工作过程与人攀爬一致，在机器人工作遇到障碍物时，机器人将类似人的手臂张开，一条手臂绕过障碍物到达另一端，待稳定后另外一条手臂放松完成障碍物的跨越。由于是仿人攀爬过程，该机器人采用的是传感器实时监测并进行数据处理，后控制手臂进行越障。所以机器人除了设计中考虑的长距离巡检优点外，还可以通过传感器实时感知输电线路上的各种损伤情况。

日本法政大学在 1990 年 Hideo Nakamura 等人研发了一款蛇形巡检机器人，它是专门针对列车馈电电缆的。该机器人在机械结构上采用小车结构，为保证运行的可控性，小车采用的是对称的布置形式，6 对小车对称并有关联。对于每个小车的设计也包括两部分，一部分用于控制行走，另一部分用于控制转弯，两者均通过旋转电机进行实现，并且每个小车都有自保的磁锁机构，通过永久磁铁的吸附力将对称小车夹紧电缆。

机器人同时运用了基于头部决策的控制策略，小车机器人在工作中遇到障碍物时，控制磁锁的电磁铁通过电流控制打开磁锁，电机旋转改变对称小车的关节角，如图 3-1 所示，在已经跨越障碍物的小车，电机控制关节进行恢复，回到正常行走的状态。

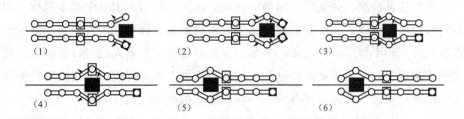

图 3-1　蛇形巡检机器人避障策略图

在机器人发展的过程中，耗电的问题一直困扰着机器人的发展。2001年泰国国王科技大学设计研发的白给电巡检机器人。之所以把该机器人放在研究现状中，主要是因为该设计通过电磁感应的基本原理获取输电导线的电流，对于有电流负荷的线路，巡线机器人的巡线长度将不受电能的影响。在这项技术突破之外，该研发团队针对巡线机器人的视觉方面传感器检测单一的问题，采用了摄像头来解决，通过图像处理与识别进行障碍物和线路的损伤检测。当然，由于泰国本身的机器人技术的瓶颈，美中不足的地方在于机器人本身的越障能力显得不足，不能实现铁塔的跨越。

针对输电线路的探测，日本 Sato 公司开发了基于单体小车的输电线路探测机器人，该机器人如图 3-2 所示。如果从越障的角度而言，其实它算不上机器人，因为它不具有越障的功能，而且控制是采用人为的手动控制方式，但是对于线路的损伤检测可靠度很高。该探测机器人将采集到的数据、图像等实时监测信息进行存储，工作人员可以通过回放进而对输电线路损伤状况确认，也因为

图 3-2　巡线机器人

这个原因，该机器人在 1993 年赢得了 Shibusawa 大奖。

除此之外，遥控类的小车进行输电线路的巡检也进入到人们的视线中。在加拿大的魁北克水电研究院，HQ LineROVer 遥控小车的研发在 2000 年被 Serge Montambault 等人提起。项目研究初始，该小车被用来完成输电线路上的除冰工作，后来遥控小车的功能不断扩展，还可以完成导线的视觉检测、维修等任务。研发出的第三代原型机各方面性能优异，质量仅 25kg，体积小，通信距离长达 1km，爬坡斜度大，而且该原型机采用模块化的结构，搭载不同的传感器能完成不同的工作任务，例如视觉和红外检测、输电线路导线损伤检测、输电线路导线维修和输电线路导线除污除冰等工作。最初，该机器人在 315kV 等级输电线路上进行了巡检，但是仅仅局限于巡视，之后该研究院针对这个越障的问题，在 2008 年开发出了改进版巡线机器人。

新版机器人命名为 Linescout，较之前的版本，它在沿用轮式行进的技术上，添加了

摄像头以增加视觉检测，并采用了精确的控制方法，该机器人由三个基本机构（驱动、夹紧和关节机构）组成。其中驱动部分主要是对机器人的行进轮进行控制，夹紧部主要是对机器人线夹和手臂部分的夹紧，关节部分主要是完成机器人的越障做准备，通过控制前述两两部分的转动与滑动实现越障。但是该机器人在远程控制、人机工程操作接口和防高压电磁辐射影响等方面还有待进一步研究，机械结构也较繁琐。

2008 年，日本开发出新型巡线机器人，如图 3-3 所示，跟之前描述的蛇形机器人一致，该机器人也采用轮子行进机构，并命名为 Expliner 巡线机器人。该机器人能同时能搭在两条输电线路导线上，机器人设计有三根杆式操作器，通过三根杆式操作器的配合完成机器人的重心调整，进而完成越障动作。但是由于该机器人同时搭在两条输电线路导线上，所以对两条导线的平行度要求较高，下坡时越障能力较差。

图 3-3　Expliner 巡线机器人

3.2.2　国内对本项目的研究情况

在 20 世纪 90 年代末，随着国内电力行业的发展，输电线路的需求使得国内也开展了巡线机器人的研究，并先后取得了一定的研究成果。在 863 计划的支持下，山东大学、武汉大学、沈自研究所和汉阳供电公司等对架空输电线巡检机器人开展了研究。国内大学对输电线路巡检机器人的研究，较早的有武汉大学、山东大学、清华大学和华中科技大学等，其中比较成功的属山东大学和武汉大学。

在国家电网有限公司和国家高技术研究发展计划（863 计划）的大力支持下，中国科学院沈阳自动化研究所对 500kV 地线巡检机器人和巡线机器人自主越障等方面进行了规划和研究工作。该所研发了一套基于地面基站的巡线机器人运行系统，该系统的实现克服了众多的技术困难，比如在高压远距离下通信、数据传输和控制时效性等难题。该巡检机器人能够在输电线路地线上行走过程中利用自身携带的传感器检测输电线路的绝缘子等输电线路设备的实际损伤状况，并实现自主越障和与地面基站的通信。在国网辽宁省电力有限公司超高压分公司的大力支持下，对该机器人进行了超高压带电行走试验，试验的效果良好。中国科学院沈阳自动化研究所对该机器人的研发，为今后在巡线机器人电源、远程通信、机械结构与控制和数据处理等方面的研究提供了重要经验。

武汉大学开展巡线机器人的研究工作较早，成功研制出了遥控操作小车和蠕动爬行机器人，并应用于直线杆塔段的输电线路上。后来在国家 863 计划的持续资助下，成功研制出了应用在 220kV 输电线路导线上的巡检机器人，并在巡线机器人机械机构、控制系统、电能在线补给和系统集成等关键技术上取得了阶段性的突破，积累了不少研究经验。所开发的巡检机器人系统，以巡检机器人为载体，搭载摄像机、红外热成像或其他仪器，能够沿输电线路行走并跨越杆塔，对输电线路导线和电力金具进行巡检巡视。地面基站能够实时接收巡检的图像和数据，实时监控巡检机器人的运行状态。后台管理系统能对巡检的线路和巡检图像和数据进行管理。所开发的巡线机器人已在数个供电公司的 220～500kV 带电线路上通过了实际运行。

同时，由山东大学和中国科学院自动化研究所合作进行了"110kV 输电线路自动巡检机器人"的研究项目，取得了不少研究成果，包括：在机械结构上，设计了三臂悬挂式移动机器人结构；在控制系统上，采用远程遥控和自动控制的混合控制系统，完成了典型输电线路障碍的越障；还实现了绝缘子开裂、损坏的视觉检查。并且提出了三轮臂式机器人结构，并通过软件仿真验证了机械结构的可行性。文献设计的巡线机器人通过动力学分析，仿真出了在线缆上的爬行动作，由此推算出其平稳行走的驱动力条件。首次提出了采用四个轮臂机构，分别跨越左右两个输电线路的机械结构。文献提出基于仿生学原理的巡线机器人模型，为巡线机器人的越障问题提供了新的思路和设计方法。

总结国内外已获得的研究成果不难得出以下结论，发达国家无越障功能的输电线路巡检机器人技术比较先进，包括机械结构和控制等方面，一些已进入实用生产阶段，如日本、美国等公司开发的巡检机器人。但是这些机器人自动化程度较低，一般需人为控制，巡检范围仅限于两个铁塔之间输电线路，检测路程短。国内对具有自动巡检机器人的研究做了不少工作，近几年来也取得不少研究成果。自动巡检机器人能够自主跨越输电线路导线上的金具、线塔等障碍物，可完成长距离、长时间的线路检测任务。

3.3 项目简介

X 射线作为无损检测最常用的一种方法，主要依靠材料对 X 射线的吸收和衰减程度的差异来判断是否有损伤，可以在不损伤机械整体和零件的情况下，通过光、声、热、磁和电等能量在材料上的反射反馈情况来检测机械内部的零部件是否存在内部或外部的缺陷，然后根据缺陷的特征信息进行有效评价，实现对材料内部结构的详细分析。

该项目旨在设计一种 500kV 输电线路巡线机器人，该机器人将使用 X 射线技术来检查电力输送线路，以提高电力输送的效率、可靠性和安全性，从而大大提高电力输送线路巡视的效率和准确性，减少人员风险，降低人力成本和意外伤害等风险，为电力输送系统提供更加稳定的安全保障，确保它们在未来数十年内持续运行。

该项目根据 500kV 输电线路巡线机器人的工作任务要求，对机器人进行了理论设计和仿真。设计了一种能够搭载 X 射线探伤机的输电线路巡线机器人，对该机器人的行走机构、夹紧机构和越障机构等进行了详细的设计与计算，并通过仿真进行验证，使得巡线机器人对输电线路接续管、耐张线夹等设备进行检测，解决了人工检测效率低、危险系数大的问题。

3.4　工作原理

3.4.1　巡线机器人工作环境

由于所设计输电线路巡线机器人是在 500kV 高压输电线路上运行，所以针对机器人的运行工况包括输电线路铁塔、电力金具以及导线有必要进行初步的研究。为后续的巡线机器人结构设计提供可靠依据，保证设计完的巡线机器人能够在实际工况下运行。

1. 巡线机器人跨越障碍环境

（1）杆塔。杆塔用于支持导线和避雷线，以使导线之间、导线与避雷线之间、导线与地面及交叉跨越物之间保持一定的安全距离，保证线路安全运行。

杆塔按其在线路上的用途可分为：直线杆塔、转角杆塔、耐张杆塔、终端杆塔、跨越杆塔和换位杆塔等。杆塔按使用的材料可分为木杆、钢筋混凝土杆和铁塔三种。现有的高压和超高压输电线路（110、220、330、500kV）都是通过杆塔，由一个地点连接到另一个地点。杆塔之间的距离大致在 200～1000m，杆塔高度大概在 30～50m，杆塔的最上面分别安装一根架空地线，下面则是高压输电线路，为连接地点，保护输电线路，主要安装间隔棒、防震锤、接续管等电力设施对于架空地线的连接安装和保护是必要的。但是巡线机器人进行巡检时，就要跨越这些障碍物，因此有必要对输电线路上的电力金具进行研究，只有确定了障碍物的大概形状尺寸以及在高压输电线路上的位姿和位置，才能设计并确定输电线路巡线机器人的越障方式及其结构形式。杆塔结构如图 3-4 所示。

（a）　　　　　　　　　　　　　　（b）

图 3-4　杆塔结构

（a）同塔双回耐张塔；（b）单回路直线塔

本文主要针对500kV的高压输电线路的四分裂输电导线的障碍环境进行研究并设计出能够在该输电线路环境下巡线的机器人。

（2）间隔棒。长距离、高电压输电线每相导线采用两根及以上的分裂导线。500kV输电线采用三分裂或四分裂导线，电压高于500kV的输电线路采用更多分裂的导线。间隔棒的作用是保持导线线束间距不变，降低表面电位梯度，甚至在短路情况下，导线线束间不至于产生电磁力，引起相互吸引碰撞，所以在档距中安装了一定数量的间隔棒。安装间隔棒对微风振动和次档距的振荡可起到了抑制作用。

间隔棒分为阻尼型和非阻尼型间隔棒，阻尼型间隔棒利用橡胶来消耗掉导线的振动能量，抑制导线的振动，因此适用于各类地区。但是考虑到经济性，在不经常发生振动的地区采用非阻尼型间隔棒。间隔棒结构如图3-5所示。

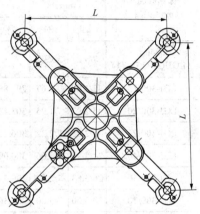

图3-5　间隔棒结构图

（3）防震锤。防震锤，作用是消除线路振动。架空输电线路由于受到风、冰等气候条件的影响，线路容易产生振动。若振动频率高，振幅小容易引起材料疲劳破坏；若振动频率低，振幅大容易引起相间短路。防震锤加装在线路塔杆悬点处，可以吸收振动能量，降低导线摆动频率，进而防止线路摆动。防震锤结构如图3-6所示。

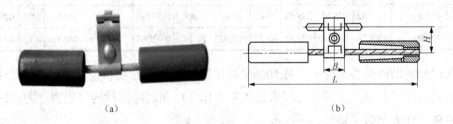

（a）　　　　　　　　　　　　　　　（b）

图3-6　防震锤

（a）实物图；（b）结构示意图

（4）接续管。输电线路导线为钢芯铝绞线，由专门厂家按照相关国家标准生产，长度是一定的，因此在架设线路时需要将其连接起来。接续管实际上是将两根钢芯铝绞线连接在一起的接头，一般采用爆炸方法或高压挤压而成。

2. 输电线路导线

在实际的输电线路工程中，钢芯铝绞线使用最普遍，所设计的巡线机器人也是以钢芯铝绞线为基础进行研究的。

钢芯铝绞线是由铝线和钢线绞合而成的，它内部是钢芯，外部是铝线，铝线通过绞合方式缠绕起来；钢芯的作用是增加强度，铝绞线的作用是传送电能。

　　钢芯铝绞线架设方便，维护也方便，线路造价相对较低、传输容量大，在跨越江河时容易敷设，在山谷等特殊地理条件下也容易敷设，钢芯铝绞线导电性能良好，机械强度也高。在各种电压等级的架空输配电线路中得到了广泛使用。本书所研究的 500kV 常用钢芯铝绞线物理参数见表 3-1。

表 3-1 　　　　　　　　　500kV 常用输电线路常用钢芯铝绞线物理参数及载流量

标称截面积（mm² 铝/钢）	根数/直径（mm）		计算截面（mm²）			外径（mm）	最大直流电阻（Ω）	计算拉断力（N）	计算质量（kg/km）	计算载流量（A）		
	铝	钢	铝	钢	总计					70℃	80℃	90℃
240（LGJJGB1179-74）	7/3.2	30/3.2				22.4		1111				
LGJ-300/15	42/3.00	7/1.67	296.88	15.33	312.21	23.01	0.09724	68060	939.8	495	615	711
LGJ-300/20	45/2.93	7/1.95	303.42	20.91	324.33	23.43	0.0952	75680	1002	502	624	722
LGJ-300/25	48/2.85	7/2.22	306.21	27.1	333.31	23.76	0.09433	83410	1058	505	628	726
LGJ-300/40	24/3.99	7/2.66	300.09	38.9	338.99	23.94	0.09641	92220	1133	503	628	728
LGJ-300/50	26/3.83	7/2.98	299.54	48.82	248.36	24.26	0.09636	103400	1210	504	629	730
LGJ-300/70	30/3.60	7/3.60	305.36	71.25	376.61	25.2	0.09463	128000	1402	512	641	745
LGJ-400/20	42/3.51	7/1.95	406.4	20.91	427.31	26.91	0.07104	88850	1286	595	746	864
LGJ-400/25	45/3.33	7/2.22	391.91	27.31	419.01	26.64	0.0737	95940	1295	584	730	845
LGJ-400/35	48/3.22	7/2.50	390.88	34.36	425.24	26.82	0.07389	103900	1349	583	729	844
LGJ-400/50	54/3.07	7/3.07	399.73	51.82	451.55	27.63	0.07232	1123400	1511	592	741	857
LGJ-400/65	26/4.42	7/3.44	398.94	65.06	464	28	0.07236	135200	1611	504	629	730
LGJ-400/95	30/4.16	19/2.50	407.75	93.27	501.02	29.14	0.07087	171300	1860	512	641	745

　　在前期的调研准备工作中，对 500kV 高压输电线路上导线和金具的类型、尺寸以及安装形式进行了分析，了解了巡线机器人的工作环境和越障跨越的障碍物，为巡线机器人的整体工作方案做了铺垫。

3.4.2　巡线机器人的工作原理

　　巡线机器人服务于输电线路导线金具的无损检测，代替人工操作，提高工作效率。巡线机器人完成塔间的工作过程为：首先通过绝缘臂车或人工攀爬的方式将巡线机器人挂在输电线路上。调节好机械臂后，夹紧装置运转使驱动轮和从动轮相向运动完成对输电线的夹紧，驱动电机的运转使巡线机器人开始沿输电线路行走。当机器人遇到障碍物时，前端的驱动轮和从动轮将会在夹紧电机反转的带动下分离，直到间隙超过障碍物，中间和后端的驱动电机继续运转，直至中间驱动轮也遇到了障碍物。接下来，前端的夹紧电机将会将输电线夹紧，而中间的夹紧电机将会反转，使得中间的驱动轮和从动轮再次分离超过障碍物的间隙，前端和后端驱动电机运转前进直至后端驱动轮也遇到了障碍物，再次重复上述操作。这一过程中，机器人始终处于运动状态，有效地避开障碍物，继续执行巡视任务。

3.4.3 巡线机器人驱动电机力矩计算与选型

1. 巡线机器人整体结构尺寸及其基本参数

由于巡线机器人是在距离地面 40～70m 的高压输电线路上自主行走完成线路的巡检任务，所以保证巡线机器人的安全至关重要。因为高压导线要承担巡线机器人的全部重量，所以要保证巡线机器人的整体重量在允许范围之内，否则将会破坏导线。在进行整体设计时应设法将巡线机器人的重量降低到最小，包括优化结构设计和采用密度小强度高的原材料。根据电力建设部门提供的数据，高压导线至少能够承受 100kg 的质量，携带射线机的巡线机器人的整体质量为 65kg。所研究的巡线机器人是在两个铁塔之间巡线，不涉及跳线的问题，但是要考虑防震锤、间隔棒、接续管等障碍。巡线机器人相邻两个驱动装置的距离应大于障碍物的长度。因防震锤的长度尺寸为 500mm，因此相邻两个驱动装置的距离设计为 600mm，三个驱动装置总体尺寸为 1300mm。这些数值在以后的设计和实验中还要进一步验证修改。

2. 巡线机器人行走电机力矩与功率计算

已知巡线机器人整体质量 $G = mg = 65 \times 9.8 = 637\text{N}$，三驱动装置重量相同，$G_1 = G_2 = G_3 = 212\text{N}$，巡线机器人最大爬坡角度 $\alpha = 30°$，设计行走速度 $v = 1200\text{m/h}$，合 0.33m/s。其中驱动轮半径 $r = 34\text{mm}$，驱动轮采用强度高、弹性好的聚氨酯材料制作而成，驱动轮与导线摩擦系数 $\mu = 0.18$。驱动装置之间的距离 $L = 600\text{mm}$。

（1）行走电机力矩计算。下面根据巡线机器人在不同的工作状态进行机器人的受力分析：

1）当巡线机器人在水平线路上进行越障时，前端驱动装置或后端驱动装置抬起，此时机器人的受力分析如图 3-7 所示。

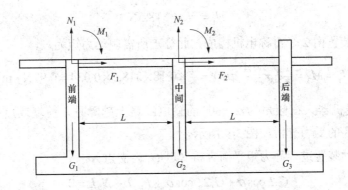

图 3-7 巡线机器人挂线受力分析图

对前端驱动装置进行静力矩平衡分析（以 G_1 为支点）：

$$G_2L + G_3 2L = N_2 L \tag{3-1}$$

对中间驱动装置进行静力矩平衡分析（以 G_2 为支点）：

$$N_1 L + G_3 L - G_1 L = 0 \tag{3-2}$$

整体受力平衡分析为

$$N_1 + N_2 = G_1 + G_2 + G_3 = G \tag{3-3}$$

将已知数代入式（3-1）～式（3-3）得

$$N_1 = 0\text{N}$$

$$N_2 = 637\text{N}$$

因为驱动装置由 2 个对称电机构成，此行走所需最大驱动力矩 M_2 为

$$M_2 = \frac{1}{2}F_2 r = \frac{1}{2}\mu N_2 r = \frac{1}{2} \times 0.18 \times 637 \times 0.034 = 1.95\text{N} \cdot \text{m} \tag{3-4}$$

2）当巡线机器人在两个铁塔中间部分越障时，相当于在水平位置上。中间机械臂进行越障，此时机器人的受力分析如图 3-8 所示。

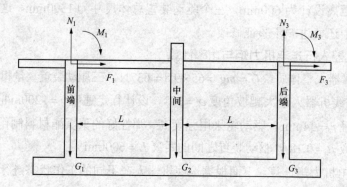

图 3-8　巡线机器人在线受力分析图

由于前后端驱动装置对称，所以得出

$$N_1 = N_3 = 318.5\text{N}$$

因为驱动装置由 2 个对称电机构成，此行走所需驱动力矩为

$$M_1 = M_3 = \frac{1}{2}F_3 r = \frac{1}{2}\mu N_3 r = \frac{1}{2} \times 0.18 \times 318.5 \times 0.034 = 0.97\text{N} \cdot \text{m} \tag{3-5}$$

3）当巡线机器人在倾角为 $\alpha = 30°$ 的输电线路上越障时，前端或后端驱动装置抬起，此时机器人的受力分析如图 3-9 所示。

对前端驱动装置进行静力矩平衡分析（以 G_1 为支点）：

$$G_2 L\cos\alpha + G_3 2L\cos\alpha + F_{N2}L - N_2 L = 0 \tag{3-6}$$

对中间驱动装置进行静力矩平衡分析（以 G_2 为支点）：

$$G_3 L\cos\alpha + N_1 L - G_1 L\cos\alpha - F_{N1}L = 0 \tag{3-7}$$

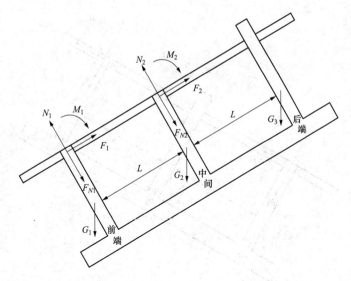

图 3-9 巡线机器人在线受力分析图

上述两式可化简为

$$\begin{cases} N_1 = F_{N1} \\ N_2 = F_{N2} + \dfrac{\sqrt{3}}{2}G \end{cases} \tag{3-8}$$

整体受力平衡分析为

$$\begin{cases} N_1 + N_2 = F_{N1} + F_{N2} + G\cos\alpha \\ F_1 + F_2 = G\sin\alpha \\ F_1 = \mu N_1 \\ F_2 = \mu N_2 \end{cases} \tag{3-9}$$

取 $N_1 = N_2$，并将已知数据代入式（3-8）和式（3-9）得出

$$\begin{cases} N_1 = N_2 = 884.7\text{N} \\ F_1 = F_2 = 159.3\text{N} \\ F_{N1} = F_{N2} = 608.9\text{N} \end{cases} \tag{3-10}$$

因为驱动装置由 2 个对称电机构成，此行走所需驱动力矩为

$$M_1 = M_2 = \frac{1}{2}F_2 r = \frac{1}{2} \times 159.2 \times 0.034 = 2.71\text{N} \cdot \text{m}$$

4）当巡线机器人在倾角为 $\alpha = 30°$ 的输电线路上越障时，中间驱动装置抬起，此时机器人的受力分析如图 3-10 所示。

对前端驱动装置进行静力矩平衡分析（以 G_1 为支点）：

$$G_2 L\cos\alpha + G_3 2L\cos\alpha + F_{N3} 2L - N_3 2L = 0 \tag{3-11}$$

对后端驱动装置进行静力矩平衡分析（以 G_3 为支点）：

$$G_1 2L\cos\alpha + G_2 L\cos\alpha + F_{N1} 2L - N_1 2L = 0 \tag{3-12}$$

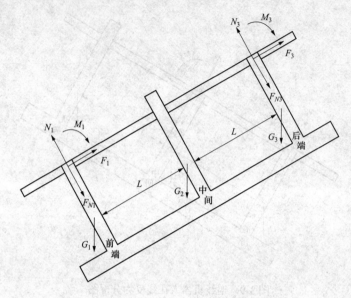

图 3-10 巡线机器人在线受力分析图

上述两式可化简为

$$
\begin{cases}
N_3 = F_{N3} + \dfrac{G\cos\alpha}{2} \\[2mm]
N_1 = F_{N1} + \dfrac{G\cos\alpha}{2}
\end{cases}
\tag{3-13}
$$

整体受力平衡分析与前端驱动装置抬起相同，取 $N_1 = N_2$，并将已知数据代入得出

$$
\begin{cases}
N_1 = N_3 = 884.7\text{N} \\
F_1 = F_3 = 159.3\text{N} \\
F_{N1} = F_{N3} = 608.9\text{N}
\end{cases}
\tag{3-14}
$$

因为驱动装置由 2 个对称电机构成，此行走所需驱动力矩为

$$
M_1 = M_3 = \frac{1}{2}F_3 r = \frac{1}{2}\times 159.2\times 0.034 = 2.71\text{N}\cdot\text{m}
\tag{3-15}
$$

（2）行走电机功率计算。根据上述 4 种越障状态分析容易得出当巡线机器人在倾角为 $\alpha = 30°$ 的输电线路上越障时，行走电机输出功率最大。

巡线机器人行走速度为 $v = 0.33\,\text{m/s}$，计算出行走电机转速为

$$
N = \frac{v}{2\pi r}\times 60 \approx 93\text{r/min}
\tag{3-16}
$$

行走电机功率的计算公式为

$$
P = \frac{TN}{9549\eta_1}\times 10^{-3}
\tag{3-17}
$$

式中：T 为行走电机输出转矩，$\text{N}\cdot\text{m}$；N 为转速，r/min；η_1 是传动效率。

取 $\eta_1 = 0.9$，得出行走电机驱动功率为：$P = 29.3\text{W}$。

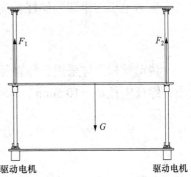

（3）巡线机器人升降电机力矩与功率计算。巡线机器人需搭载 X 射线探伤机，用来检测输电线路导线及金具的缺陷。根据前文所述 X 射线探伤机自重 20kg，平台本身质量 13kg，总质量 $G = 33 \times 9.8 \approx 323$N，检测平台上升与下降采用 2 个驱动电机梯形丝杠传动，梯形丝杠传动效率 $\eta = 0.5$，保险系数 $K = 1.3$。采用 2 台电机驱动。平台上升速度设计为 $v = 20$mm/s，合 0.02m/s，检测平台受力分析如图 3-11 所示。

图 3-11　检测平台受力分析图

可知：$F_1 = F_2 = \dfrac{G}{2} = 161.5$N

升降电机转矩即为螺旋传动转矩，故升降电机转矩为

$$T = F_1 \frac{d_2}{2} \tan(\psi + \rho) \qquad (3\text{-}18)$$

式中：F_1 为轴向载荷，N；d_2 为螺杆中径，cm；ψ 为螺旋升角，rad；ρ 为当量摩擦角，rad。

传动丝杠采用公称直径 $d = 12$mm，导程 $L = 3$mm 的梯形丝杠，查阅相关资料得出：螺杆中径 $d_2 = 10.5$mm，摩擦系数 $\mu = 0.2$，牙型角 $\alpha = 30°$。

$$\psi = \arctan \frac{L}{\pi d_2} = 5.19° \qquad (3\text{-}19)$$

$$\rho = \arctan \frac{\mu}{\cos \dfrac{\alpha}{2}} = 11.70° \qquad (3\text{-}20)$$

将以上数据代入式（3-18）中得出：$T = 0.26$N·m

升降电机额定转速为

$$n = \frac{v}{L} = 6.67r/s = 400\text{r}/\min \qquad (3\text{-}21)$$

升降电机功率的计算公式为

$$P = \frac{1.3 \times F_1 \times v}{\eta_1} = 8.40\text{W} \qquad (3\text{-}22)$$

驱动电机可以选用瑞士 maxon RE25 电机，工作电压：24V；减速后转速：400r/min；减速比：24:1；连续输出扭矩 0.6N·m，额定功率：20W；符合设计要求。

（4）巡线机器人夹紧电机力矩计算与选型。夹紧电机驱动正反丝杠完成驱动轮和从动轮的相对移动，驱动轮和从动轮承受的压力即为丝杠的轴向力。由以上计算分析易知，当巡线机器人由刚挂在输电线路上到夹紧导线时，驱动装置的夹紧电机做工最多，分析此时夹紧电机的驱动力矩。由于夹紧装置是对称的，所以丝杠的轴向力 F 为

$$F = \frac{1}{2} N_1 = 318.5\text{N}$$

夹紧电机转矩即为丝杠传动转矩，故夹紧电机转矩为

$$T = F\frac{d_2}{2}\tan(\psi + \rho) \tag{3-23}$$

传动丝杠同样采用公称直径 $d = 12\text{mm}$，导程 $L = 3\text{mm}$ 的梯形丝杠，查阅相关资料得出：螺杆中径 $d_2 = 10.5\text{mm}$，摩擦系数 $\mu = 0.2$，牙型角 $\alpha = 30°$。

$$\psi = \arctan\frac{L}{\pi d_2} = 5.19° \tag{3-24}$$

$$\rho = \arctan\frac{\mu}{\cos\dfrac{\alpha}{2}} = 11.70° \tag{3-25}$$

将以上数据代入式（3-23）中得出：$T = 0.51\text{N} \cdot \text{m}$

夹紧电机采用带抱闸器的 57 两相混合式步进电机。垂直载重 20kg，扭矩的大小 $2.0\text{N} \cdot \text{m}$。

通过以上分析，对该机器人的驱动装置、夹紧装置和升降装置三部分机械结构进行了初步设计。根据设计尺寸及其他基本参数对巡线机器人驱动电机、夹紧电机和升降电机的受力分别进行了理论计算，为电机的选型提供了参考依据。

3.5　结构设计

整个装置包含行走机构与包裹机构。行走机构的动力分别来自两台独立电机，机构可靠性强，依靠电机提供的动力带动两个滑轮转动，利用滑轮与导线间的摩擦实现机器人行走，原理简单，适用性高；滑轮采用包胶工艺来增加其与线缆间的摩擦力，运行效果好。包裹机构主要由夹紧机械手和移动机械手组成。整体装置在仿真试验及实地运行试验中都表现出了极高的适应性与可靠性，包裹效果达到了设计目标且符合国家的相关技术标准。

3.5.1　方案要求

本文的设计目标是针对 500kV 电压等级，导线规格为 LGJ-240 的四分裂高压架空输电线路，输电线路巡线机器人需携带 20kg 重的 X 射线探伤机，具有自主爬行和越障能力，人工控制下能够完成在两个铁塔间完成对间隔棒、防震锤和接续管的跨越，还要具有自动刹车保护的功能，避免从高空跌落下来。

所以，所设计的输电线路巡线机器人工作过程描述如下：

（1）机器人上线。

（2）机器人在接收到地面人员的控制命令后，控制驱动装置的驱动轮和从动轮，使其夹住导线，驱动机器人沿导线行走。

（3）巡线机器人在无障碍段匀速行驶，行驶过程中通过摄像头和 X 射线探伤机检测导线的情况，并将数据实时传输到地面工作基站，工作人员根据传输回来的数据作出该

段线路是否应该进行检修维护的决定。

（4）当机器人行驶到间隔棒等障碍物时，前端驱动装置的夹紧电机顺时针旋转，使前端驱动轮和从动轮分离，直至两轮离开间隔棒；然后中间和后端驱动装置旋转驱动机器人行驶，直至前端驱动装置越过间隔棒，夹紧电机逆时针旋转，使前端驱动轮和从动轮夹紧导线，这样完成了前端驱动装置的越障动作，中间和后端驱动装置依次执行上述动作即可完成整个机器人的越障过程。

（5）在通过X射线探伤机检测导线时，为了保证拍摄图像足够清晰，需要上下移动X射线探伤机，所以应设置了升降台，能够任意调整X射线探伤机的焦距。

该输电线路巡线机器人主要技术指标有：①具有一定的越障能力；②具有一定的爬坡能力；③整体质量不大于65kg。

3.5.2 总体结构

考虑到输电线路具有防震锤、接续管和间隔棒等障碍物并具有一定的坡度，巡线机器人的驱动装置必须动作灵活，工作范围大，能够完成规定的动作。因为携带的X射线探伤机质量高达20kg，所以驱动装置的刚性要足够，巡线机器人整体结构紧凑，选用合适的材料降低整体重量。

考虑国内外的发展经验，结合本项目的特点，我们没有选择传统了巡线机器人的机械结构，设计出了适用于500kV四分裂输电线路用的巡线机器人，其总体结构示意图如图3-12所示。该巡线机器人主要由驱动装置、夹紧装置和升降装置三大部分组成。

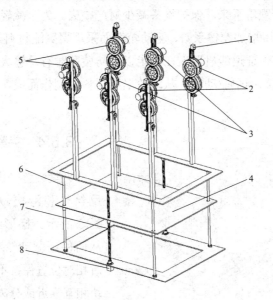

图3-12　巡线机器人总体结构示意图

1—夹紧装置；2—前端驱动装置；3—中间驱动装置；4—升降台；5—后端驱动装置；

6—光杠；7—螺纹螺杆；8—升降电机

3.5.3 驱动装置

驱动装置用于把驱动元件的运动传递到机器人的关节和动作部位。按实现运动的方式，驱动装置可以分为直线驱动装置和旋转驱动装置两种。液压驱动、气压驱动和电气驱动是机器人常用的驱动方式。液压驱动的优点是功率大、结构简单，能直接与被驱动的杆件相连、响应快，但液压元件造价较高，液体容易泄漏，还需要相应的供油系统，体积庞大。气压驱动的能源和结构都比较简单，且价格低廉安全性较高，但是缺点是动力较小，工作稳定性差，有噪声污染。故本机器人采用电机驱动，电机驱动所用能源简单，机构速比大，效率高，速度和位置精度都很高，具有使用方便、噪声低和控制灵活的特点，在机器人中广泛使用。电机可以优先选择步进电机和直流伺服电机。步进电机开环控制得比较多，控制简单，但是功率不大，多用于精度要求不高、功率较小的机器人系统。直流伺服电机易于控制，机械特性比较理想，精度高，额定转速高。

驱动装置是由驱动电机、传动轴、驱动轮和从动轮组成的，其结构如图 3-13 所示。驱动轮内设凹槽与从动轮的凸槽配合防止巡线机器人从输电线路上滑落，驱动轮和从动轮通过相向运动完成夹紧和分离动作。为了保证驱动轮和从动轮与导线良好接触，将二者接触面设计成半圆形形状，当驱动轮和从动轮夹紧导线时，正好形成一个圆与导线截面相吻合。为了降低驱动轮和从动轮的重量，两者均设计了减重孔。

驱动电机采用涡轮蜗杆的结构，涡轮蜗杆的传动机构具有自锁的特点，能够保证巡线机器人在爬坡或者下坡过程中可以在指定位置停车，还可以在导线断裂的情况下，保证巡线机器人不至于跌落下来，保护设备减少财产损失。为了减轻重量驱动轮和从动轮设置减重孔，同时为了增加摩擦系数，驱动轮表面采用聚氨酯材料，该材料具有强度高，弹性好的特点，能够保证巡线机器人在行走以及防坠落时有足够大的摩擦力。在制作材料的选择上，将机械结构中驱动轮、从动轮采用材料铝制作而成，在保证强度的同时大大降低了整体的重量。

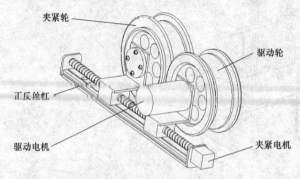

图 3-13　巡线机器人驱动和夹紧装置三维图

3.5.4 夹紧装置

夹紧装置是由夹紧电机、底座、正反丝杠和滑块做成的，其结构如图 3-13 所示。梯形丝杠具有自锁的性能从而保证驱动轮和从动轮在夹紧导线时相对位置保持不变；正反丝杠带动滑块相互靠近或分离，完成夹紧导线和越障的动作；因为伺服电机具有精度高、过载能力强的优点，所以采用伺服电机驱动正反丝杠。为了降低夹紧装置的重量将底座和滑块采用铝块加工而成。

3.5.5 升降装置

巡线机器人需搭载图像检测设备检测输电线路的损伤情况，设置升降装置方便检测设备的移动。升降装置由直流电机、光杠、传动丝杠和平台组成。为了保证平台上升下降过程中平台的稳定性，平台四周设置光杠和滑动直线轴承组合。直流电机后置码盘精确控制平台的位置。将平台设计成镂空的结构既可以方便地面工作人员观察，还可以降低升降装置的重量。

3.6 控制系统

3.6.1 单片机控制系统

绝缘包裹机器人控制系统分为前端传感器、中央控制处理器、末端执行机构和远端操控台，机器人控制系统结构如图 3-14 所示。其中前端传感器包括霍尔传感器、电流传感器、限位开关、编码器以及图像传感器；末端执行机构的电机驱动包括行走电机、升降电机、夹紧电机和输送电机驱动电路设计。

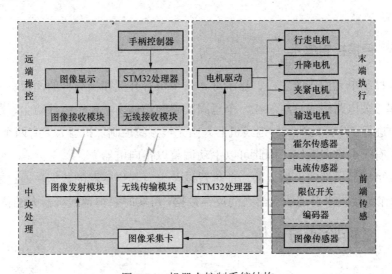

图 3-14 机器人控制系统结构

中央处理器是绝缘包裹机器人机身组件中的重要组成部分。中央处理器主要完成以下功能：

（1）可以实时控制行走电机、夹紧电机和输送电机的运动；

（2）可以通过无线模块与远端操作箱实现实时双向通信；

（3）可以实时测量机身的电压以及电流，并将数据反馈回远端操控箱；

（4）可以实现限位保护，用于机身机械组件的保护；

（5）程序开发人员可以进行调试。

中央处理和远端操控处理器均选用 ST 意法半导体公司生产的 Cortex-M3 系列的 STM32F103C8T6 芯片，该芯片具有运算速度快，处理能力强的特点，完全满足该项目的要求。Cortex-M3 采用了哈佛结构，拥有独立的指令总线和数据总线，可以让取指与数据访问并行不悖。同时还拥有缓启动、过电压保护、电源输入防反接、电源输出过电流保护等多重保护功能，能够胜任巡线机器人机载控制系统主控板的工作。

3.6.2　无线通信

通信系统采用无线局域网传输控制协议/网际协议（transmission control protocol/internet protocol，TCP/IP）协议。WiFi 安装于机器人控制盒上。机器人的接入点是通过在 CPU 盒中安装一个无线 LAN JRL-710AP2 工作站来实现的。10/100 Base T 端口连接到普通网络集线器，从集线器到创立串口通信转换器的局域网线路。在控制单元侧，另一个无线局域网 JRL-710AP2 用于与机器人的无线连接。出口设备通过串行（TTL 级）通信从控制箱操纵杆接收输入命令，并在 LAN TCP/IP 通信中复制输出相同的输入命令。

由于功率使用的限制和天线的角度范围的限制，实现可靠的远程无线通信系统以及图像传输存在一定的困难。利用上述系统，可以在距离机器人 200m 的范围内建立稳定的无线通信。

3.6.3　便携控制单元

便携式控制单元由一个主板、显示屏、一个带有开关和操纵杆的面板、无线通信天线、电池和相关电路组成，组装在一个坚固紧凑的箱体内。整个组件防尘、防溅，并在室外环境中进行了广泛的测试。巡线机器人由无线系统控制，机器人上有两个全向天线，控制单元中有一个定向天线，因此可以手动调整以指向机器人。

显示屏可以显示巡线机器人的当前位置以及来自其传感器的数据，通过摄像头获得的图像。操作员接收来自巡线机器人的反馈数据，可实时获得巡线机器人的位置和方向。

3.7　工作验证与评价

3.7.1　巡线机器人的实体建模与越障运动仿真验证

包裹机构主要由夹紧机械手和移动机械手组成。夹紧机械手在整体装置到达预定位置后夹紧，线缆修补片开口端在机械手作用下合到一起；线缆修补片开口合到一起后，移动机械手夹持着拉锁，将其拉到最右端；拉锁拉到最右端后，夹紧机械手继续夹紧，使修补片开口端紧密贴合；此时移动机械手夹持着拉锁向左拉，将电缆修补片锁住；至此，修补片完全包裹在电缆上。

1. Pro/E 软件概述

随着计算机信息技术的迅速发展，不同行业的设计手段也发生了巨大的变化，从传统的图纸、丁字尺到计算机辅助设计（computer aided design，CAD）辅助设计，从 CAD 二维设计到零件的三维实体设计，Pro/E 设计的优越性能，在实际的工程设计中逐渐体现出来。

Pro/E 作为优秀的三维设计软件，得到越来越广泛的应用，并逐渐成为普及率较高的 CAD/CAM 系统的标准软件之一。它具有高效性、多功能化的优点，所以很多设计人才在追捧使用，在机械、汽车、电子、模具及航空航天等行业中广泛使用。

2. 实体模型建立

运用 Pro/E 的旋转、拉伸、混合、扫描、螺旋扫描、扫描混合、边界混合及可变剖面扫描等基本特征，和孔、壳、肋、拔模、倒圆角及倒角等工程特征，将设计的巡线机器人所有零件逐个建立起模型来，并完成装配。

考虑机器人工作实际情况，不断推敲和改进设计方案，现设计驱动装置高度为750mm，驱动装置间隔为600mm，升降台尺寸为800mm×600mm×500mm。其部分零件图与机器人的整体装配图如图 3-15 所示。

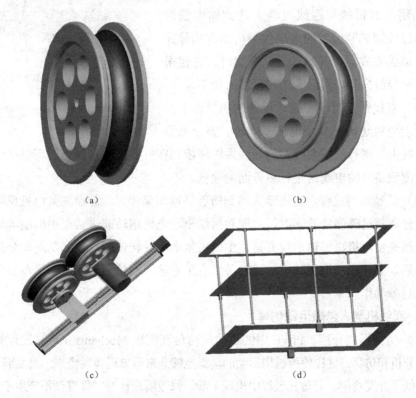

（a）　　　　　　　　　　　　　　（b）

（c）　　　　　　　　　　　　　　（d）

图 3-15　驱动轮组及升降夹紧模型图

（a）驱动轮模型；（b）从动轮模型；（c）驱动和夹紧装置结构图；（d）升降装置夹紧图

由图 3-15 可以看出，驱动轮和从动轮设置了减重孔，中间接触面设计成了半圆形与导线良好接触。两者设置凹凸槽相互配合能够防止驱动装置脱离导线，造成严重后果。

由图 3-15（d）可以看出，平台的上升与下降是通过中心丝杠的传动来完成了的。为了保证平台的稳定性，平台四周设置了光杠和直线轴承组合，增加平台刚性的同时也消除了受力不均匀的影响。

输电线路巡线机器人由驱动装置、夹紧装置和升降装置组成。夹紧装置中正反丝杠的运动带动驱动轮和从动轮直线运动，从而完成驱动轮和从动轮的夹紧和分离的动作，从而完成巡线机器人夹紧导线和越障的功能。升降装置用来改变 X 射线探伤机的焦距，实现焦距的连续调整功能。机器人整体效果如图 3-16 所示。

单击 Pro/E"分析"菜单，选择"模型"→"质量属性"，定义构件密度，最终计算出升降装置的质量为 13kg，整体装配图质量为 45kg，符合设计要求。

3. 巡线机器人的工作过程

（1）上线下线阶段。巡线机器人挂在输电线路上和从输电线路上摘下一般通过人工来完成。首先利用吊装机械将巡线机器人挂到输电线路上。通过控制夹紧装置的运动使得机器人和导线固定，调整完成后，开始行走。下线时，先使得机器人和导线分开，然后人工将机器人摘下。

（2）直线行走阶段。在远程通信的操作下，控制行走电机运转，其余电机不运转。整个机器

图 3-16　整体装配图

人在导线上匀速行驶，实时监测导线周围环境。在机器人的本体上还可以携带红外热像仪等检测设备对输电线路进行多方面的检测。

（3）跨越障碍过程。当机器人遇到防震锤或间隔棒时，前端夹紧电机反转驱动轮和从动轮分离超过障碍物的间隙，中间和后端驱动电机运转前进直至中间驱动轮遇到障碍物。前端夹紧电机再将输电线夹紧，中间夹紧电机反转使驱动轮和从动轮分离超过障碍物的间隙，前端和后端驱动电机运转前进直至后端驱动轮遇到障碍物。重复以上操作即可完成越障动作。

4. 巡线机器人越障运动仿真

（1）仿真模块介绍。Pro/E 中的机构运动仿真模块 Mechanism 可以进行装配模型的运动学分析和仿真，这样使得机构运动的动画能够非常形象地体现出来，大大缩短了开发周期，降低了开发费用。若仿真过程中出现干涉，修改所设计的零件直到不产生干涉为止。

Pro/Mechanism 模块用于运动分析，存在于 Pro/E 安装的软件中，不需要单独安装，使用方便。在 Pro/Mechanism 中创建的机构，可以引入到设计动画中，创建一个动画系列。接头连接、齿轮副、连接限制以及伺服电动机能传输到设计动画中。但是，机构仿真中的建模图元不能传输到设计动画中，包括弹簧、阻尼器、力/转矩负荷和重力等。使用 Pro/E 进行机构仿真的主要目的是对巡线机器人的运动有个宏观的认识，确认哪些零件是运动、哪些零件是固定的以及运动方式等。例如在本巡线机器人中，固定不动的零

件包含机器人底座，其余则是移动零件或转动零件。

创建驱动装置的机构运动仿真步骤如下：

1）使用"约束条件"装配机构中固定不动的零件。

2）使用"连接条件"装配机构中移动的零件。

3）选择"应用程序"→"机构"，进入到机械运动仿真模块。

4）菜单中出现机构选项，新的应用图标出现在右侧工具条中，利用此工具条便可实现机构的仿真。

5）在机构中添加伺服电机，并完成相关设置。

6）进行机构分析，生成仿真动画。

（2）仿真模型。巡线机器人挂线运动仿真如图 3-17 所示。巡线机器人跨越间隔棒障碍运动仿真如图 3-18 所示。

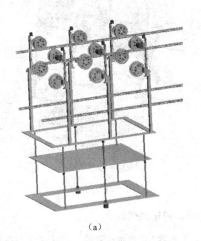 

（a）   （b）

图 3-17　机器人挂线运动仿真

（a）机器人挂在导线上；（b）机器人夹紧导线

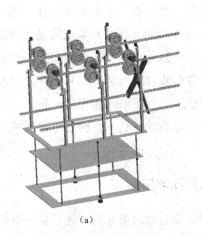 

（a）   （b）

图 3-18　巡线机器人跨越间隔棒障碍运动仿真（一）

（a）前端驱动装置到达障碍；（b）驱动轮和从动轮分离

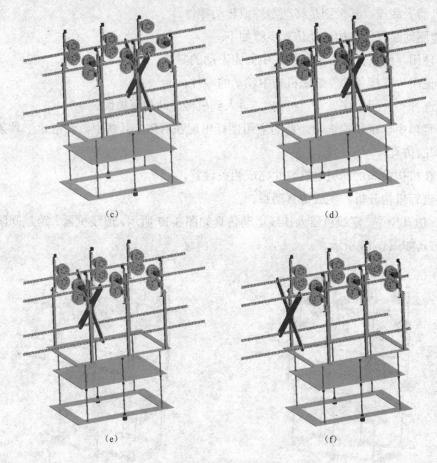

图 3-18　巡线机器人跨越间隔棒障碍运动仿真（二）

（c）机器人前端越过障碍；（d）驱动轮和从动轮夹紧导线；（e）机器人中间越过障碍；（f）机器人后端越过障碍

从上述越障动作仿真图中可以看出，在夹紧机构运动时驱动轮和从动轮相互靠近时，能够夹紧导线使巡线机器人和导线固连为一个整体，两者配合良好。驱动轮和从动轮相互分离时，两者可以避开障碍物，正反丝杠长度足够，夹紧机构设计合理。

利用 Pro/E 软件进行三维参数化建模，首先建立起各个零件的模型，然后组装成了驱动装置、夹紧装置和升降装置，并分析了各个装置的质量分布和零件的装配特征，最后完成了巡线机器人整体的装配，并对机械结构进行了修正和优化，得到了巡线机器人虚拟样机。同时，运用 Mechanism 模块进行了越障动作仿真，验证了巡线机器人的机械结构设计的合理性。

3.7.2　基于 ADAMS 的巡线机器人运动学仿真

运动学仿真指使用仿真软件包反复求解机构运动约束方程，通过积分获得最终的速度（或加速度），从而确定机构运动的位置（和速度）。

机构的运动学仿真是采用运动学仿真软件反复地求解机构的运动方程，然后通过对求解结果进行积分得到系统运动的速度、加速度和受力。最显著的优点是可以采用软件包进行隐式求解机构的位置问题，使用者输入恰当的初始条件，仿真软件可以求得机构在任何时候的位置。本章对巡线机器人穿越障这一典型任务——机械臂夹紧输电线路导线，进行机器人的运动学建模及仿真，通过得到的模型采用分析软件分析机构的运动学特性。

1. ADAMS 多体运动学

（1）坐标系统与自由度。仿真软件机械系统动力学自动分析（automatic dynamic analysis of mechanical systems，ADAMS）将巡线机器人系统分成 4 个组成部分：部件（part）、约束（constraint）、力（force）和自定义的代数—微分方程（user defined algebraic and differential equation）。

在 ADAMS/Solver 求解系统中一般采用两种坐标系：全局坐标系和局部坐标。全局坐标系统（global coordinate system，GCS）固定于参考地面。在 ADAMS/Solver 中，需要参考全局坐标系创建几何体坐标系。在模型中，局部坐标系统用来对关键点和轴的方位进行定位。体坐标系和标记点为局部坐标系的两大类。

ADAMS 中自由度（degree of freedom，DOF）的计算公式为

$$DOF = 6 \times (n-1) - \sum_i n_i \qquad (3\text{-}26)$$

式中：n 为系统的部件数目（包括地面）；n_i 为系统内部各约束限制的自由度数。

（2）多刚体运动学分析方程。

1）约定坐标表示。由笛卡儿坐标系统来确定刚体位置见式（3-27）。

$$\boldsymbol{p} = \begin{bmatrix} x \\ y \\ z \end{bmatrix} \qquad (3\text{-}27)$$

刚体方向由欧拉角以"3-1-3"顺序，即由 ψ、ϕ、θ 确定。

$$\boldsymbol{\varepsilon} = \begin{bmatrix} \psi \\ \phi \\ \theta \end{bmatrix} \qquad (3\text{-}28)$$

由此，ADAMS 中刚体 i 的广义坐标表示为

$$\boldsymbol{q}_i = \begin{bmatrix} p_i \\ \varepsilon_i \end{bmatrix} \qquad (3\text{-}29)$$

刚体动力学方程为

$$K = \frac{1}{2} u^{\mathrm{T}} M u + \frac{1}{2} \overline{\omega}^{\mathrm{T}} \overline{\boldsymbol{J}} \overline{\omega} \qquad (3\text{-}30)$$

式中：$\boldsymbol{M}$ 为广义质量矩阵；$\boldsymbol{J}$ 为广义转动惯量矩阵；K 为动能，J。

2）拉格朗日方程。通过查阅书籍，由拉格朗日运动方程推导得到以下二阶微分方程：

$$\frac{\mathrm{d}}{\mathrm{d}t}\left[\frac{\partial K}{\partial q}\right]-\left(\frac{\partial k}{\partial q}\right)^{\mathrm{T}}+\Phi_q^{\mathrm{T}}\lambda=Q \tag{3-31}$$

选取 ADAMS 坐标为广义坐标，上式变为

$$\frac{\mathrm{d}}{\mathrm{d}t}\begin{bmatrix}\left(\dfrac{\partial K}{\partial u}\right)^{\mathrm{T}}\\[2mm]\left(\dfrac{\partial K}{\partial \zeta}\right)^{\mathrm{T}}\end{bmatrix}-\begin{bmatrix}\left(\dfrac{\partial K}{\partial p}\right)^{\mathrm{T}}\\[2mm]\left(\dfrac{\partial K}{\partial \varepsilon}\right)^{\mathrm{T}}\end{bmatrix}+\begin{bmatrix}\Phi_P^{\mathrm{T}}\lambda\\[2mm]\Phi_\varepsilon^{\mathrm{T}}\lambda\end{bmatrix}=\begin{bmatrix}\left(\Pi^P\right)^{\mathrm{T}}f\\[2mm]\left(\Pi^R\right)^{\mathrm{T}}\overline{n}\end{bmatrix} \tag{3-32}$$

其中，

$$\begin{cases}\dfrac{\mathrm{d}}{\mathrm{d}t}\left(\dfrac{\partial K}{\partial u}\right)^{\mathrm{T}}=Mu\\[3mm]\left(\dfrac{\partial K}{\partial p}\right)^{\mathrm{T}}=0\\[3mm]\Gamma=\dfrac{\partial K}{\partial \zeta}=B^{\mathrm{T}}\overline{J}B\zeta\end{cases} \tag{3-33}$$

将式（3-33）代入式（3-32），可得到如下运动方程：

$$\begin{cases}Mu+\Phi_p^{\Gamma}\lambda=\left(\Pi^p\right)^{\mathrm{T}}f\\[2mm]\Gamma-\dfrac{\partial K}{\partial \varepsilon}+\Phi_\varepsilon^{\mathrm{T}}\lambda=\left(\Pi^R\right)^{\mathrm{T}}\overline{n}\end{cases} \tag{3-34}$$

最后，通过运动微分方程将广义坐标随时间的变量与线、角动量联系起来。将动力学与运动学微分方程合并起来，得到 15 个方程求解机械系统的动力学数值解。具体运动学方程见式（3-35）。

$$\begin{cases}M\dot{u}+\Phi_p^{\mathrm{T}}\lambda-\left(\Pi^p\right)^{\mathrm{T}}f=0\\[2mm]\Gamma-B^{\mathrm{T}}\overline{J}B\zeta=0\\[2mm]\Gamma-\dfrac{\partial K}{\partial \varepsilon}+\Phi_\varepsilon^{\mathrm{!}}\lambda-\left(\Pi^R\right)^{\mathrm{T}}\overline{n}=0\\[2mm]\dot{p}-u=0\\[2mm]\dot{\varepsilon}-\zeta=0\end{cases} \tag{3-35}$$

对系统的运动学、静力学进行分析需求解一系列的非线性代数方程，ADAMS 采用修正的 Newton-Raphson 迭代算法来迅速准确地求解这些代数方程。

ADAMS 数据流程图如图 3-19 所示。

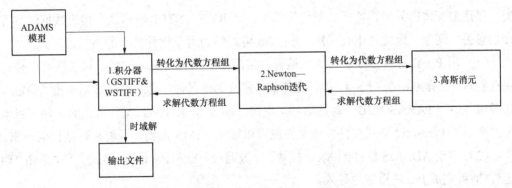

图 3-19　ADAMS 数据流程图

2. 巡线机器人虚拟样机仿真步骤

利用 ADAMS 对模型进行仿真分析，一般要根据下列步骤依次执行：

（1）建造模型；对仿真模型进行建模，包括创建零件、添加约束和施加载荷。

（2）测试模型。

（3）校验模型。

（4）模型的细化。

（5）模型的重新描述。

（6）优化模型。

（7）定制用户自己的环境。

3. 巡线机器人运动学建模

ADAMS 软件环境中可以直接建立几何模型，也支持从 Pro/E 软件中导入几何模型，通过在模型上编辑构件、添加约束、施加载荷和添加驱动进行仿真，计算出系统所需要的速度、角速度、力、力矩等各种参数值，这样在实际设计样机时，得到的参数值可以作为设计参考。

ADAMS 自身具有建立几何模型的功能，但是相比专业的建模软件仍然存在不足，本文运用 Pro/E 软件建立巡线机器人驱动装置、升降装置和夹紧装置的模型，并对其进行了装配，确保系统的精度和准确性。然后将装配模型导成 ADAMS 可以识别的格式，以三维几何建模组件软件 ParaSolid 格式导出为.x_t 文件，然后将.x_t 文件导入到 ADAMS 中进行运动学和动力学仿真。

4. Pro/E 文件导入 ADAMS

由于输电线路巡线机器人是由 6 个机械结构相同的机械臂组成，故本文对机器人的单个机械臂进行仿真分析。模拟巡线机器人挂在导线后通过夹紧电机的旋转带动正反丝杠的旋转，进而带动驱动轮和从动轮相向运动最终完成夹紧导线这一动作过程。

将 Pro/E 中建立的装配模型导入 ADAMS 时，需要选择合适的文件格式使两个软件均可以识别，否则会导致动力学仿真失败。在 Pro/E 和 ADAMS 中，二者均支持 IGES、Parasolid 和 STEP 三种图形文件格式。Parasolid 格式能保证数据在传送过程中信息不丢失，包括装配体的外形、特征、颜色等信息，而 IGES、STEP 等格式在传送数据时均存在信息丢失现象。因此，本文采用 Parasolid 格式作为两个软件共享的格式。

（1）用 Pro/E 打开巡线机器人机械臂的装配图 asm0004.asm 文件，依次选取文件→保存副本，选择抛物面（*.x_t）的保存格式，修改文件名称，输入 shoubi 后单击"确定"。在弹出"输出 PARASOLID"对话框后，单击"确定"，在 Pro/E 文件所在的文件夹目录下便产生了 Parasolid 格式文件，该文件就可以被 ADAMS 识别，并能将数据读取出来。

（2）启动 ADAMS 软件的 View 模块，更改路径，导入 Parasolid 格式文件，单击"确定"，即可完成 Pro/E 模型的导入。

（3）导入完模型后在 ADAMS 界面中暂时显示不出来，单击"View"中的 Model，即可将模型显示出来，再进行下一步的操作。

1）编辑构件。在导入装配体模型后，编辑装配体的属性和构成装配体元素的属性，否则仿真过程会出现错误，在导入的 Parasolid 格式的几何模型后对构件元素属性或构建属性进行编辑，可以在构件上单击鼠标右键，弹出菜单后，选择构件元素的属性或构件的属性进行编辑。

2）添加约束。在将机械臂的模型导入 ADAMS 软件后，应对各个构件之间的相对运动进行约束。考虑机械臂的实际运动情况，在构件之间创建相应的约束关系，保证机械臂滑块能够按照丝杠的方向运动。支架与夹紧机构之间添加固定副（fixed joints）；正反丝杠与底座之间添加旋转副（revolute joints）；正反丝杠与滑块之间添加螺杆副（screw joints），需要注意的是定义螺杆副时滑块的运动方向相反；滑块和底座之间添加滑移副（translation joints）；驱动轮和从动轮与转轴之间添加旋转副（revolute joints）；添加完约束后，该机械臂模型 11 个构件之间的相互关系已定义好。最终添加完约束后如图 3-20 所示。

3）施加载荷。在进行 ADAMS 仿真前，先要对机械臂施加所受载荷，否则仿真就没有意义。涉及该机械臂模型需要考虑的外部载荷有拉力、支持力和重力，对机械臂的下端施加单向力的拉力，对机械臂的驱动轮施加支持力与摩擦力，考虑机械臂本身的重力作用。此外，内部载荷需考虑滑块的摩擦力等。施加完载荷后模型如图 3-21 所示。

图 3-20　添加约束　　　　　　　　图 3-21　施加载荷

4）添加驱动。采用 STEP 函数进行拟合，该函数在 ADAMS 中的表达式为

STEP（x，Begin At，Initial Function Value，End At，Final Function Value）

其中，x：独立变量；

Begin At 或 x_0：独立变量 x 的初值；

End At 或 x_1：独立变量 x 的终值；

Initial Function Value 或 h_0：step 函数的初值；

Final Function Value 或 h_1：step 函数的终值。

定义 STEP 函数的方程式为

$$STEP = \begin{cases} h_0 & :x \leqslant x_0 \\ h_0 + a \times \Delta^2(3-2\Delta) & :x_0 < x < x_1 \\ h_1 & :x \geqslant x_1 \end{cases} \tag{3-36}$$

其中，$a = h_1 - h_0$，$\Delta = (x - x_0)/(x_1 - x_0)$。

可见，STEP 函数具有一阶导数连续、二阶导数在 $x = x_0$ 和 $x = x_1$ 处不连续的性质，如图 3-22 所示。

机械臂驱动关节的运动输入的 STEP 函数为：step（time，0，0，1，9）+step（time，9，0，10，–9）。该函数的意思是：在 0~1s 内加速到 9°/s，在 1~9s 内匀速行驶，在 9~10s 内减速到 0。ADAMS 添加完驱动后如图 3-23 所示。

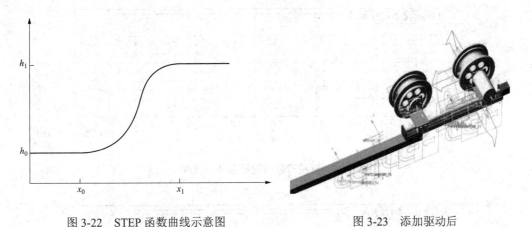

图 3-22　STEP 函数曲线示意图　　　　图 3-23　添加驱动后

3.7.3　ADAMS 机械臂运动学仿真分析

在 ADAMS 中，通过对机械臂零件运动的分析，计算出各个零件位置和速度的变化数据并生成曲线。从机械臂的运动动画可以形象地看出机械臂是如何运动的，仿真曲线图也清楚地反映了零件各个参数的变化过程，如图 3-24~图 3-27 所示，这些图形中，X 轴代表机械臂的前进方向，Y 轴代表竖直方向（机械臂的夹紧方向），Z 轴代表横向。

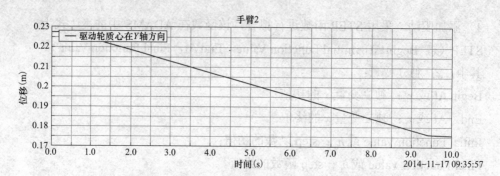

图 3-24　机械臂驱动轮质心在竖直方向（Y）轨迹

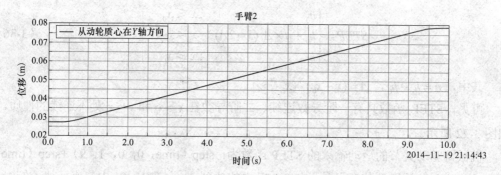

图 3-25　机械臂从动轮质心在竖直方向（Y）轨迹

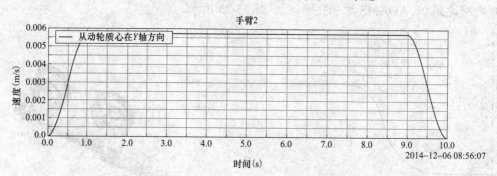

图 3-26　机械臂驱动轮质心移动速度

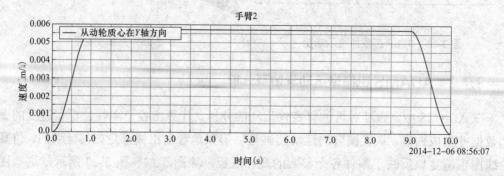

图 3-27　机械臂从动轮质心移动速度

机械臂夹紧电机 STEP 驱动函数如图 3-28 和图 3-29 所示。

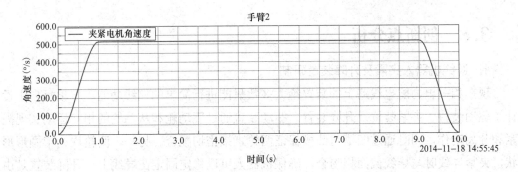

图 3-28 机械臂夹紧电机〔MOTION_1〕角速度时间函数

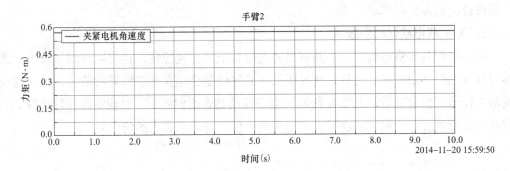

图 3-29 机械臂夹紧电机〔MOTION_1〕力矩时间函数

从图 3-24～图 3-29 可以看出，机械臂驱动轮和从动轮先加速运动，然后变为匀速运动，最后变为减速运动，与 STEP 函数设置规律相符合。驱动轮和从动轮的位置变化均匀，运动平稳，从理论上分析驱动轮受力恒定，载荷没有波动，所以运动结果平稳，仿真结果与理论分析相对应。

在机械臂的夹紧电机先加速、稳定运行最终减速的过程中，夹紧电机的输出转矩没有明显的波动，并且与理论计算值比较接近。验证了机械设计的可行性与合理性。夹紧电机的输出转矩之所以没有明显的波动是因为在模型的设置过程中没有考虑导线舞动等因素，所以在后续的研究过程中可以考虑导线舞动的影响。

运用 ADAMS 对巡线机器人的机械臂进行了仿真与分析，将巡线机器人机械臂的三维实体装配模型导入 ADAMS，使用 Parasolid 格式。然后根据机械臂实际情况添加约束、施加载荷并定义相关运动函数。

利用 ADAMS 对机械臂的实际运动状态进行了仿真分析，得到了巡线机器人工作过程位移、速度和角速度变化曲线，该曲线为巡线机器人控制提供了参考。通过模拟夹紧电机输出力矩曲线，与理论计算结果进行对比。

通过以上工作，在 ADAMS 环境中完整地建立了机械臂的模型，并对机械臂进行了仿真分析，得到了巡线机器人工作过程位移、速度和角速度变化曲线，为巡线机器人控制提供了参考；通过模拟夹紧电机输出力矩曲线，与理论计算结果进行对比，验证了夹紧电机选型的合理。

3.8 创新点分析

1. 巡线机器人夹紧及升降装置研制

现在相关电力配电线路上的装置绝大多数只能进行简单的巡线功能,本项目自主设计了驱动装置、夹紧装置及升降装置。驱动装置通过驱动轮和从动轮的相向运动实现夹紧和分离动作,同时通过凹槽与凸槽保证两轮直接密切配合。另外,两轮均为半圆形形状,夹紧导线时与导线截面相吻合,确保机器人可以稳定固定在导线上。升降装置是由直流电机、光杠、传动丝杠和平台组成,保证平台上升下降过程中平台的稳定性,使得X摄像检测设备平稳移动。

2. X射线自动化检测技术

该装置配备双重控制方式,既可以通过装置上的按键控制,也可以使用远端等无线终端设备通过 WiFi 网络控制,通过图像判断导线是否存在断股等异常情况,并将巡线机器人行走至指定位置,调节X射线机上下移动到合适的距离,对输电线路接续管、耐张线夹等设备进行检测,解决了人工检测效率低、危险系数大的问题。

4

电力机器人机器视觉关键技术研究

4.1 项目背景与目标

4.1.1 电力机器人

电力作为工业发展和社会生活的主要组成部分，国家发展和人民生活离不开电力，这就对电力的发电、输电、变电、配电、用电等多个环节的设备系统可靠性和稳定性、运维工作的准确性和有效性、设备监视的实时性提出了更高标准。机器人技术是一个相对较新的现代技术领域，跨越了传统工程学的边界，尤其是新领域工程，如应用工程，制造工程和知识工程，它的进步和发展在很大程度上改变了人民的生活与各个行业。自1959 年美国科学家恩格伯格制造出全球首台机器人 Unimate 以来，机器人被广泛用来完成对精确度、精确性、可重复性、量产性有严格质量要求的任务。机器人在电力行业的全面应用对电力系统的安全稳定运行具有举足轻重的意义。

《中国制造 2025》（国发〔2015〕28 号）明确将机器人作为重点发展领域；2016 年《机器人产业发展规划（2016~2020 年）》着力推动机器人产业快速健康可持续发展，积极打造面向全球的机器人技术和产业生态体系；2017 年《新一代人工智能发展规划》（国发〔2017〕35 号）指出应研制智能工业机器人、智能服务机器人，实现大规模应用并进入国际市场。2018 年我国电力机器人行业的标准《电力机器人术语》（GB/T 39586—2020）于 2021 年 7 月实施，是电力机器人标准化发展的里程碑，对于电力行业发展和技术路线的规划起到了至关重要的推动作用。这一系列的政策和文件推动了电力机器人的快速发展。

为了适应高复杂环境、多操作场景的需要，电力机器人在电力系统中的应用是十分必要的，不仅能时刻保障电力系统设备处于稳定运行状态，又能开展高效的巡视，检修与维护，提高电力多节点的运维效率和运维水平。电力机器人的主要特点有以下几个方面：

（1）电力机器人的巡视、检修的工作质量不受客观环境条件和人为主观因素影响，无论什么运维环境、什么气象地理条件下，机器人按照既定的巡视检查路线开展巡维工作，有针对性地对设定的发电、输电、变电、配电等应用场景的设备进行巡视和检查，做到客观、全面评价，提高设备巡维水平，为设备安全稳定运行提供保障。

（2）电力机器人可以代替人工处理一些例如火电蒸汽管道泄漏检查、核电反应堆检查、高压输电线检查等一些高危作业场景的工作，同时如变电站巡视检查、线路巡视、设备台账管理等需要消耗大量人力、物资的工作，利用机器人不仅可以避免危险和大量重复性劳动，而且可以保证任务完成质量，避免出现人员的疏忽造成巡视不到位等问题。

（3）电力机器人将图像识别、声音识别、红外测温、可见光检查、激光测振等多功能集成于一体，可以将巡检和检查情况记录并上传至管理系统，同时可以对测试情况进行判断，提高了巡视质量和巡视效果，解决了人工巡视、检查的效果受运维人员技术水平影响，导致对设备缺陷误判、错判等问题。

电力机器人按照应用领域可分为发电、输电、变电、配电电力生产四大领域机器人。按照应用场景不同则可分为电力调度应用、电力巡检应用、电力检测应用和电力维护应用四个方面。

目前电力机器人的理论研究和实践经验都比较丰富，但仍然存在着标准化缺失、功能不完善等方面的诸多问题。随着信息化、精密设备研发、技术标准和技术管理水平的不断提升，机器人的稳定性、可控性不断改善，在电力行业的全面应用和替代人工将会是指日可待。

4.1.2　电力视觉

目前，我国电力系统中"三型两网"和"透明电网"的建设如火如荼，发电、输电和变电智能化建设是其重要内容。随着大量视觉传感器在发输变电中的广泛应用，可以高效、准确地获得设备的状态特征信息，进而完成有效运检，计算机视觉和人工智能技术对图像进行处理可以节省大量的人力与时间，所以深入研究基于计算机视觉与人工智能的电力设备视觉处理技术将有力推动电力系统的安全与可靠发展。我国电力行业非常重视新一代人工智能的发展和应用，《新一代人工智能发展规划》（国发〔2017〕35 号）自 2017 年发布后，国家电网公司制定了"人工智能专项规划"，中国电力科学研究院有限公司（以下简称中国电科院）开始了相关规划的推进工作，并于 2017—2019 年间多次召开人工智能技术在电力领域应用的相关会议。由于新一代人工智能技术呈现出以机器学习方法为基础的人机协同、群智开放、大云物移等特征，在感知智能、计算智能和认知智能方面表现出强处理能力，所以其与电力系统相结合将有助于促进电力生产和电能利用方式的重大改变。计算机视觉是研究"赋予机器自然视觉能力"的学科，其核心问题是研究如何对输入的视觉信息进行组织，对物体和场景进行检测与识别，进而对视觉内容给予解释。计算机视觉横跨感知智能与认知智能。由于其广泛的应用基础和巨大的算法潜力，计算机视觉已成为最热的人工智能领域之一。人工智能和计算机视觉的蓬勃发展为电力领域视觉问题的解决提供了理论和技术基础。

近几年，发输变电环节已有相当数量的视觉获取及处理系统，如利用视觉传感器检测风机叶片和太阳能电池组件故障的系统；输电线路上视频在线监测系统，及利用空中飞行平台或移动平台装载的可见光摄像机或在线式红外热成像仪等进行巡线的巡视系统；变电站内，有以可见光摄像机或在线式红外热成像仪为核心设备的在线监测系统，及利用便携式图像检测仪器进行带电检测的巡视系统等。但目前这些系统需要运行人员长期监视或操控，受人为因素影响较大，智能化程度不高；另外，这些系统都获取了大量图像信息，若对这些海量视频数据采用工作人员主观判读而没有自动视觉分析功能的话，易发生严重的检测漏判或误判情况，难以准确发现设备存在的安全隐患，且极大地增加了检修成本，不能满足新一代电力系统建设的需要。随着计算机视觉技术的不断发展，越来越多的学者开始进行利用计算机视觉对电力领域获取的巡检图片进行图像处理的研究，以期快速、准确地检测出设备存在的缺陷，从而有效地保障电力系统的安全运行。

电力人工智能是人工智能的相关理论、技术和方法与电力系统的物理规律、技术与知识融合创新形成的电力"专用人工智能"。在电力人工智能的框架下，提出电力视觉技术概念。电力视觉技术是一种利用机器学习、模式识别、数字图像处理等技术，结合电力专业领域知识，解决电力系统各环节中视觉问题的电力人工智能技术。

电力视觉主要面向新一代电力系统发展的需求，以输电线路设备的空中飞行平台巡线、发电设备移动平台检测、变电设备的固定视频监控和巡检机器人、输电线路和变电站的卫星遥感监测等所产生的海量多源图像视频大数据为数据源。基于人工智能技术，协调数据驱动和模型驱动，并结合逻辑与推理、先验与知识，研究巡检图像视频的处理、分析及理解的方法，研究相关实际系统，实现电力设备视觉缺陷智能检测，保障电网安全运行。

4.2　国内外研究概况

想要在机器人的视觉系统中准确识别出目标（输电线路部件、缺陷等），关键就是要依靠优秀的目标检测算法。目标检测的性能在很大程度上取决于所提取特征的质量和分类器的鲁棒性，因为图像受光照、视野、遮挡、姿态、目标的反射率以及相机的内在特征等环境的干扰，很难完美地完成目标检测。为了实现鲁棒的检测和识别，用于验证所提取的特征必须不受这些因素的影响。近二十年来，目标检测可分为"传统目标检测"和"基于深度学习的检测"。传统目标检测算法的主线是：目标特征提取→目标识别→目标定位。从前使用的特征工具均为手工设计的，例如 Viola-Jones 算法级联式网络（cascaded form network）、尺度不变特征转换（scale invariant feature transform，SIFT）、方向梯度直方图（histogram of oriented gradient，HOG）、可变型部件模型（deformable part model，DPM）、非极大值抑制（non-maximum suppression，NMS）等通过这些特征对目标进行识别，然后再结合相应的策略对目标进行定位。这些检测方法特征表示方式复杂、耗时，需要手动生成大量样本，计算很难达到实时监测的要求，泛化能力差，窗口冗余，没有很好的鲁棒性，效果不尽理想。依托深度学习算法的发展，以卷积神经为代表的算法正大量被应用，取得了越来越多可喜的成果。以深度学习为基础的目标检测能够理解成：深度特征提取→深度学习分类，其中主要用到的就是 CNN，其准确性有了很大提高，检测时间明显降低。它又可分为两种类型：一种是基于区域选择，如 R-CNN 系列；另一种是基于回归检测，如 YOLO（You Only Look Once）、SSD（Single Shot MultiBox Detector）。它们分别代表着"两阶段检测（two stages detection）"和"一阶段检测（one stages detection）"，前者将检测定义为"由粗到细"的过程，后者将检测定义为"一步到位"。两阶段检测首先由算法生成一系列作为样本的候选框，将检测框定为一个"从粗到细"的过程，再通过卷积神经网络进行样本（sample）分类，这类方法的准确度高一些，但是速度慢，应用起来仍存在差距。一阶段检测不需使用候选区域，直接转化为回归（regression）问题处理，采用了"锚点+分类精修"的实现框架，定义为"一步到位"，这类算法速度快，但是准确性要低一些。没有单独的阶段用于候选生成（proposal generation），通常整张图像视为目标，并将每个区域逐个进行分类。Joseph Redmon 等人于 2015 年提出的 YOLO 算法，就是这种思想的开篇之作。它可以实现端到端检测，在检测精度、效率上有了大幅度的提高，为物体检测算法提供了新的方向。

1. CNN 系列算法

两阶段检测既需要确定类别，又要确定位置。解决这个问题的一个很自然的思路就是，首先在图像中找到若干可能包含目标的候选区域，再对这些候选区域进行类别判断，判断候选区域是否是关注的目标。以这个思路为基础，业界提出了一系列具体的算法。Ross Girshick 等人在 2014 年首次提出将 R-CNN（Regions with CNN features）用于目标检测，这是基于深度学习检测方法的经典之作，从此之后，目标检测进入了令人瞩目的发展途径。随后，又产生了基于 R-CNN 的 Fast R-CNN 及 Faster R-CNN，它们大幅度提升了物体检测的效果。

R-CNN 算法由 Ross Girshick 等人发表在 CVPR 2014，其流程如图 4-1 所示，借助于 CNN 良好的特征提取性能，在不同数据集上，均值平均精度（mean average precision，mAP）都有 20%左右的大幅提升。R-CNN 的想法很清晰，它利用 selective search 提取一组目标作为候选目标，然后将目标函数重新调整成固定长度的特征向量，输入到训练模型中进行特征提取，最后对每个区域利用 SVM 进行目标分类。R-CNN 使用 CNN 提取特征，将 CNN 在分类任务上的优异表现迁移到检测任务上来。

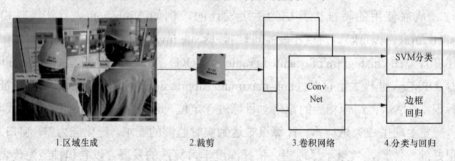

图 4-1 R-CNN 算法流程图

R-CNN 是将 CNN 方法应用于目标检测的一个崭新的思路,具体过程主要包含 4 步:

(1)候选区域生成。定义不同尺寸的滑动窗口,通过滑动获得可能需要的目标图像,每滑动到一个位置就产生一个候选框,使用 Selective Search 算法,对得到的图像进行归一化操作,从图像中裁剪并扭曲成相同大小的候选区域。

(2)特征提取。即对图像像素进行编码,把像素变成一种可以计算、能够表达类别信息的特征向量。R-CNN 使用 CNN 提取特征,将 CNN 使用在检测任务上,用于提升检测算法性能。R-CNN 使用的网络是 AlexNet。

(3)分类器。通过分类器,对特征进行分类计算,得到图像的类别。常规的分类器有两大类:一种是直接分类,比如 SVM;另一种是将弱分类器级联成强分类器,比如 Adaboost。

(4)位置修正。通过 Selective Search 等方法生成的候选框很难做到非常准确地框住目标,总会有一些偏差。为了优化目标的位置,需要基于当前候选框进行校正,计算候选框的中心点坐标在水平和垂直方向需要的偏移量及缩放尺度。

R-CNN 虽然显著提升了检测效果,但仍存在一些亟待解决的问题。首先多个候选区域对图像使用 selective search 算法,速度很慢,内存占用量大;其次,R-CNN 是一个多阶段的训练,每阶段须分别训练,步骤繁琐缓慢且难以优化;再次,CNN 需要固定输入图像的高宽,引发信息遗失精度降低;最后,CNN 特征提取需要从 2000 多个区域中提取,十分耗时。

R-CNN 算法是目标检测领域的里程碑,虽然人们已经探索出了很多性能远好于 R-CNN 的算法,但其中蕴含的思想仍深刻地影响着目标检测技术的发展。

2015 年,Ross Girshick 在 R-CNN 的原理上发表了更快、更强的 Fast R-CNN 算法,其算法吸收了空间金字塔池化网络(spatial pyramid pooling networks,SPPNet)的思想,基于 VGG16 网络,使用了与空间金字塔池化(spatial pyramid pooling,SPP)层类似的感兴趣区域池化层(pooling layer),更加简洁且节省时间和空间,Fast R-CNN 的训练速度快了近 9 倍,mAP 也提升至 68.4%。

Fast R-CNN 通过开发一个流线型的训练过程,采用跨候选区域共享卷积计算的想法。

Fast R-CNN 算法不同于上一代算法,有三个变化:

(1)共享卷积:Fast R-CNN 提取建议框的方法与 R-CNN 一样,也可以使用 selective search 等外部方法。但不同的是,它将整幅待检测图像输入其中进行特征提取,得到最终的 feature map,而不是像 R-CNN 那样一个个的候选区域,优点是计算量大大减少,节省了大量的磁盘空间。

(2)感兴趣区域(region of interest,ROI)池化层,类似于 SPPNet,是仅有一层的"空间金字塔"。ROI 中的感兴趣区域用于表示建议框在特征图上的映射区域。

(3)多任务损失函数:在 Fast R-CNN 中,基础网络 VGG16 后面的结构已经被去掉了，Softmax 函数是 Fast R-CNN 中独立的、全新的结构，在训练时可以使用与 SVM 相同的数据。在此基础上，Softmax 函数本身具有了引入类间竞争的特性，避免了 SVM 速度慢的缺点，因此可以取得比 SVM 更好的效果。

Fast R-CNN 虽然在效率与准确性上都有了显著的增强，但仍然依赖于外部候选区域，这制约了 Fast R-CNN 的速度提升。所以之后不久，在 2015 年神经信息处理系统会议上，提出了 Faster R-CNN，将提取目标候选框的步骤整合到深度网络中。该算法的主要贡献在于使用了候选区域网络（region proposal network，RPN），以及利用了锚点（Anchor）机制，获得了检测速度的显著提高，在 Pascal VOC 2007 数据集上将 mAP 提升至 78.8%，在精度上也有较大的突破，它是第一个接近实时的深度目标检测算法。

Faster R-CNN 简单地看成 RPN+Fast R-CNN，且它们共享一部分卷积层，提取了 300 个建议框，同时对比提取 2000 个建议框。与在 CPU 上进行计算的 selective search 方法相比，能在图形处理器（graphic processing unit，GPU）上进行计算的 RPN 的速度优势非常明显。

图像送入 Faster R-CNN 进行检测，经过 Backbone（如 VGG16）得到特征图，将特征图送入 RPN，生成较好的建议框，即 Proposal，这里用到了强先验的 Anchor，筛选 Proposal 得到 ROI。将建议框和特征图一起送入从 ROI 池化层开始 Fast R-CNN，得到目标检测结果，预测每一个 ROI 的分类，并预测水平和垂直的偏移量以达到位置修正的作用，图 4-2 所示为 Faster R-CNN 的基本流程。

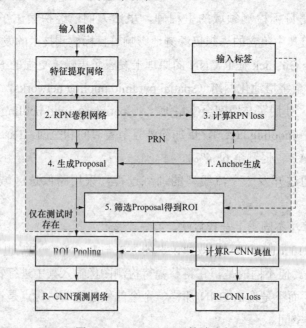

图 4-2 Faster R-CNN 算法流程

因为 Faster R-CNN 算法的实现，基于 CNN 的实时目标检测展现了曙光，它实现了端到端的检测的最佳检测结果，沿着这个路径进一步开展研究，在尽可能不降低精度的前提下，实现提升检测速度提升，于是 YOLO 系列算法应运而生。

2. YOLO 系列算法

（1）YOLOv1 算法。YOLO 是 Joseph Redmon 和 Ali Farhadi 等人于 2015 年提出的一阶段检测算法，其主要思路是用整张图像输入模型，利用卷积神经直接回归目标的坐标和分类概率。

与 R-CNN 系列的两阶段算法不同，YOLO 提供了另外一种思路，不需要进行预测候选框这个步骤，将之转化成一个 Regression 问题，仅需要进行单次卷积神经网络操作，完成端到端的训练，显著提升目标检测算法的速度，达到了其他实时检测系统的 2 倍甚至更高，实现了实时检测的目的。

YOLO 算法的基本思路是直接回归目标框 bounding box 的位置坐标和分类概率，特点是每个回归的目标都基于整张图像的信息，降低在背景中的预测误报，能够很好地区别检测物体和背景区域。与 Faster R-CNN 不同，YOLO 能够利用全局整个图像的特征，但是 YOLO 也比 Faster R-CNN 的定位错误更多。

对于检测图片，YOLOv1 首先将其划分成 S×S 个均匀网格（Grid Cell）。如果目标的中心落在某个网格中，那么就将认为被检测物体归属于该网格，也可以说这个子图像块包含这个目标（其实是包含目标的中心）。在每一个网格中，都会预测 B 个目标框的坐标及框中目标的置信度，它反映的是当前预测框框中目标的概率以及预测框位置的准确程度。可表示为

$$P = P_r(\text{Obj}) \times \text{IoU}_{\text{pre}}^{\text{tr}} \tag{4-1}$$

如果没有框中目标，置信度得分为 0，否则就认为是真实框与预测框的交并比，IoU 是预测框和目标真值框的交并比，反映预测框和真值框的重合度。

对于每一个预测框的信息组成有五部分，(x, y, w, h) 和预测框的置信度。其中 (x, y) 指回归框的中心点相对坐标，w、h 分别为宽度和高度，它们是相对于整个图片来进行预测的，坐标值均进行了归一化处理。置信度指的是预测框框中目标的概率以及预测框与真值框的交并比。与此同时，每个子图像块都会回归 C 个条件概率，表示在框中目标属于某个类别的概率，用 $S×S×(B×5+C)$ 来表示（5 表示 4 个位置参数和 1 个置信度）。分别计算每个框的条件概率值，当该值为所在框中的最大值，且大于预设值时，输出对应的预测框。

YOLOv1 吸取 GoogleNet 架构的网络结构，使用 1×1 卷积进行降维操作，降低了计算量，以减少特征的空间；为了防止模型过拟合，使用了随机失活（dropout）策略，同时在图像尺度和图像色调-饱和度-值（hue-saturation-value，HSV）颜色空间上进行样本的扰动扩充，使得训练的模型具有更好的泛化能力。

YOLOv1 的网络结构并无太多创新之处，以 Pascal VOC 数据集为例，取 S=7、B=2，YOLOv1 将输入图像划分成 7×7 个区域，每个区域需要预测 2 个目标框，数据集有 20 个类别，则最后需要回归的参数数量为 7×7×[2×（4+1）+20]=7×7×30 个特征。YOLOv1

检测原理如图 4-3 所示。

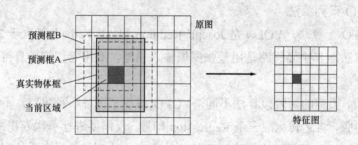

图 4-3　YOLOv1 检测原理

YOLOv1 在每一个区域内预测两个边框，如图 4-3 中的预测框 A 与 B，整个图一共有 7×7×2=98 个预测框（大小与位置各不相同），分别计算框中目标的概率与最大分类概率的乘积，当其大于指定阈值时，将预测框作为目标框输出，再对所有的目标框进行非极大值抑制处理，得到最终的结果。

YOLOv1 也有一些不足之处，主要是：与两阶段目标检测相比，YOLO 产生了更多的定位误差且在精度上落后，且由于默认只有两个边框做预测，网格划分比较粗，并且只能有一个类别，会导致模型对于小目标的效果尤其差；未采用 Anchor 的先验框，在目标的宽高比方面泛化率低；大小物体的损失权重相同，存在物体定位不准确的问题。

（2）YOLOv2 算法。针对 YOLOv1 的不足，2016 年诞生了更加精准（better）、速度更快（faster）、识别的物体类别也更多（stronger）的 YOLOv2 算法，对上一代算法的一些实现细节进行了改进。相比上一代算法，它获得了 10%以上 mAP 的增加，比 FasterR-CNN 等方法表现得更加出色。由于 YOLOv1 产生了大量的定位偏移且召回率相对不高，因此 YOLOv2 算法将注意点关注在提升准确度上。

与 YOLOv1 版本相比，YOLOv2 进行了以下几点改进：

1）批标准化操作。训练时使用了批标准化（BN）的方法，取代了 dropout 方法，增加了模型的泛化能力，抵消了过拟合，使 mAP 有了 2%的提升。

2）使用高分辨率训练集。由于在不同训练过程中分辨率存在差距，使得模型不容易达到最优的效果。因此，YOLOv2 在 224×224 的分类数据集训练卷积层之后，基于 448×448 的分类数据进行了若干轮迭代训练，使得网络更加适配高分辨率的数据。通过这样的训练策略，模型的 mAP 有了 4%的提升。

3）引入 anchor box。YOLOv2 吸收了 Faster R-CNN 中 RPN 网络的优点，使用了锚，缩小了输入尺寸，将原本 448×448 的尺寸改变为 416×416。模型不再需要直接预测物体尺度与坐标，同时去掉了最后的两个卷积层以及一个池化层，并添加了用于在每个特征图的子块上进行预测的卷积层，只需预测与真实物体的偏移程度，降低了预测难度。

4）使用多尺度图像训练。因为算法使用的是全卷积网络，只有卷积层与池化层，所以对输入图像的尺寸没有限制。在训练的时候，在一个尺寸上完成若干次迭代后，可以把样本图像缩放到其他尺寸上继续迭代训练，从而提升网络对多尺度目标检测的性能。

5）使用 DarkNet-19 分类网络。在原始的 DarkNet 网络结构基础上，增加了一个 Pass through 层进行了深浅层特征的融合，使用了批量归一化（batch normalization，BN）层处理梯度消失与爆炸的情况，去掉了全连接层与 Dropout 层，用连续 3×3 卷积替代了上一代中的 7×7 卷积。

总体上来看，YOLOv2 相较于 YOLOv1 有了较大的提升，吸收了其他算法的优点，使用了批标准化操作、高分辨率训练集、anchor box、多尺度图像训练、DarkNet-19 分类网络等方法，在保持极快速度的同时，大幅度提升了准确率。

（3）YOLOv3 算法。针对 YOLOv2 的缺陷，使用多个独立的逻辑分类器代替 Softmax 函数，以及使用类似特征金字塔（feature pyramid networks，FPN）的方法进行多尺寸预测，大幅度增强了检测精度，特别是提高小目标的检测水平，但在算法速度上进行了一定的舍弃。YOLOv3 网络结构图如图 4-4 所示。

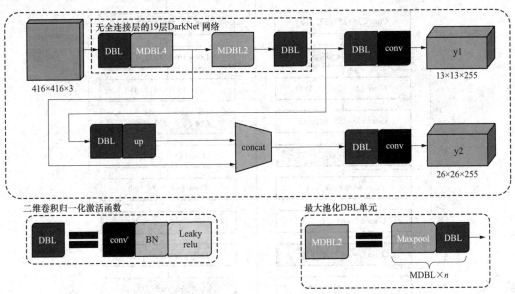

图 4-4　YOLOv3 网络结构图

图 4-4 中，Input 为输入数据；Conv 为卷积层；Res 为残差层，用作跨层连接；Output 为当前输出结果，Route 为特征融合层，Up Sampling 为上采样层；conv Pooling 为卷积层后接池化层。

1）新网络结构 DarkNet-53。YOLOv2 使用 DarkNet-19 基础网络，其模型共有 30 层网络，YOLOv3 吸收如残差网络（residual network）、特征融合、快捷链路（shortcut connections）等优秀思想，提出了 DarkNet-53，其模型共有 106 层网络（网络的加深导致了速度的下降）。DarkNet-53 一共 53 层卷积，除去最后一个全连接层（通过 1×1 卷积实现）总共 52 个卷积用于主体网络。包括 1 个含 32 个过滤器的卷积核，然后是 5 组重复的残差单元，一共是 52 层。每组残差单元进行一次步长为 2 的卷积操作。DarkNet-53

大量使用了残差连接,缓解了训练中梯度消失的问题,使得模型更容易收敛。

2)多尺度预测。图 4-5 为 Darknet-53 特征提取网络结构,从中可以看到,YOLOv3 使用 K-means 聚类的算法,得到了 9 种不同大小宽高的 anchor box,把 anchor box 按大小排列并划分为 3 个尺寸,取代了 YOLOv2 中特征图上的每个单元中预测的 5 个,需要预测的参数数量为 $N×N×3×(4+1+n\_class)$,其中 3 表示 3 个锚,4 表示 4 个坐标,1 表示是否框中目标的置信度,n_class 表示需要回归的类别概率。为了使算法具备更好的多尺度检测能力,借鉴了 FPN 的思想。检测的特征图的位置从上到下分别对应深层、中层与浅层。在网络较浅的位置具有更细节的特征表达能力,有利于对小物体进行定位;对深层的特征图进行上采样,使之与浅层的具有相同的尺寸,进行 concat 操作,构成第 2 个特征图。新的特征图包含了深层和浅层特征,具备更好的多尺度表达能力,这也有别于从浅到深地分别预测的 SSD 方法,YOLOv3 的基础网络更像是 SSD 与 FPN 的结合。

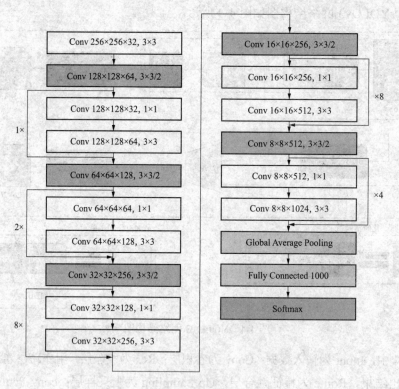

图 4-5 Darknet-53 特征提取网络结构

图 4-5 中,Conv 为卷积层;Global Average Pooling 为全局池化层;Fully Connected 为全连接层;Softmax 为逻辑回归模型。

3)Softmax 改为 Logistic。一个目标可能具有多个类别标签,各个类别之间不一定是互斥的。YOLOv3 采取逻辑回归(Logistic)取代 Softmax 的使用。Softmax 函数输出的多个类别预测之间存在竞争、相互抑制,只能预测一个最突出的类别,而 Logistic 分类器相互独立,可以实现单独对每个类别进行逻辑回归预测。本质上是采用多个二分类器代替一对多分类器，实现了对一个目标多个类别标签的判定。实验证明，Softmax 改为 Logistic 后，准确率不会下降，还可以为一个目标预测多个类别。

（4）YOLOv4 算法。YOLOv4 是 YOLO 系列一个重大的更新，它并没有理论上的创新，而是在原有 YOLO 系列主干架构上，使用了 CNN 算法中新出现的最先进的理论算法，如 CSP、SAT、Mish 函数、Mosaic 数据增强、Dropblock 和 CIoU 以及它们的组合，取得了很好的优化成果。新版本的平均精度（average precision，AP）和 FPS 增加了 10% 和 12%。YOLOv4 实际上就是保留 Darknet 作为骨干网络，然后通过大量的实验挑选出大量有益的算法对网络性能进行改进。YOLOv4 算法有以下三点提升：

1）开发了强大的算法模型，使用单核 GPU 就可以去训练一个目标检测器。

2）使用了一系列拥有最先进技术的算法，实验了它们产生的影响。

3）改进了一些算法架构，使它们能够更高效，更具有普适意义，如 CBN、PAN、SAM 等。

YOLOv4 算法采取了改进 CSP Darknet53 作为特征提取主干网络，保留了 YOLOv3 的 head 部分，同时采用了 SPP 的思想来扩大感受野。YOLOv4 将训练的方法分成了两类：Bag of freebies（BoF）和 Bag of Specials（BoS）。BoF 指能够提高精度却不增加计算时间的技术，比如数据增强、正则化、激活函数、损失函数等方面的改良与应用；而 BoS 指牺牲少部分计算时间，但能够增强其算法准确性的方法，比如改进的激活函数、扩大感受野、注意力机制、特征集成方法等。

YOLOv4 在检测速度与精度方面，表现得特别出色，巧妙使用了多种优化技巧，是现阶段性能最好的检测算法之一。

（5）YOLOv5 算法。YOLOv5 的性能与 YOLOv4 不相伯仲，推理速度可以达到 140FPS，满足实时检测要求。YOLOv5 版本结构比前几代更小，仅为 YOLOv4 的九分之一。通过 Netron 可视化 YOLOv5 的网络结构，可发现其网络结构非常简洁，YOLOv5 包含了 4 个目标检测版本 YOLOv5s、YOLOv5m、YOLOv5l、YOLOv5x，四种模型的网络结构是一样的，区别在于 Ultralytics 通过 depth_multiple、width_multiple 两个参数分别控制模型的深度以及卷积核的数量。

YOLOv5 的结构和 YOLOv4 很相似，但也有一些不同，YOLOv5 网络结构可分为 Input（输入端）、Backbone（骨干网络）、Neck（多尺度特征融合模块）和 Output（输出端）共 4 个部分。

Input 部分包括数据增强、自适应锚框计算、自适应图片缩放等创新点。

1）Mosaic 数据增强。YOLOv5 与 YOLOv4 一样都采用了 Mosaic 数据增强方式，采用随机缩放、随机裁剪、随机排布的方式进行拼接，可以在不增加推理时延的情况下提高模型的性能，这种方式特别对小尺寸物体有比较好的效果。Mosaic 的是参考 CutMix 数据增强的方式，但 CutMix 是将一部分区域用其他数据图像区域的像素值来替代，但只随机使用了两个样本用以混合，而 Mosaic 则利用了 4 个样本，采取随机填充、缩放、裁剪的形式进行混合。

这是由于训练时，小尺寸的物体 AP 一般比中尺寸和大尺寸小很多，而小、中、大尺寸的物体在数据集中的比例并不相同，小尺寸的物体占比要比中、大尺寸的要高的多，且中、大尺寸的物体分布更均衡一些。

为了解决这一问题，采用了 Mosaic 数据增强，增加数据集样本，人为生成了很多小目标，让网络的鲁棒性更好，同时减少 GPU，Mini-batch 大小并不需要很大，只需要一个 GPU 就可以达到比较好的效果。

2）自适应锚框计算。在 YOLO 算法中，针对数据，都会预设尺寸的锚框将目标框住，在这个基础上，与真实锚框进行比对，调整两者差距，更新网络参数。

在前几代 YOLO 算法中，计算预设尺寸的锚框是独立程序运行的，而在 YOLOv5 中是嵌入 YOLOv5l.py 配置文件中的，默认采用的是在 COCO 数据集下 640×640 图像大小下锚定框的尺寸，以后训练时，会自动学习锚框尺寸，采用 k 均值和遗传学习自适应方法来计算出最佳锚框值。

3）自适应图片缩放。在目标检测中，输入图片尺寸各不相同，简单使用 resize 会造成图片的失真，YOLOv5 对此提出了新的方法，在代码中对 letterbox 函数中进行了改进，通过计算图片最适宜的尺寸，增加最少的灰边来补齐缺边，很好地保留了图片的特征，减少计算量，提升推理速度。

Input 部分使用了 Mosaic 数据增强、自适应锚框计算、自适应图片缩放的方式，有效提升了检测速度，达到了比较好的效果。

Backbone 部分作为主干网络，包含 Focus 结构和跨级部分网络（cross stage partial network，CSP）模块。

4）Focus 结构。在上几代 YOLO 算法中，并没有使用 Focus 结构。这其中比较关键是切片操作，如图 4-7 所示，4×4×3 的图像切片后变成 2×2×12 的特征图，再经过一次 32 个卷积核（仅 YOLOv5s 使用，其他三种结构使用的数量有所增加）的卷积操作，最终变成 304×304×32 的特征图。

切片操作在输入图向特征图切转过程中效果很好，得到的图片四张信息没有丢失，通道扩充了四倍，经过卷积操作，最终得到信息完整的二倍下采样特征图。切片操作如图 4-6 所示。

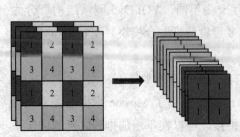

图 4-6　切片操作

5）CSP 结构。YOLOv5 与 YOLOv4 均使用了 CSP 结构，不同之处在 YOLOv4 中只有主干网络使用了 CSP 结构，而 YOLOv5 中设计了两种 CSP 结构。CSP1_X 结构应用于 Backbone 主干网络，用于提取出输入样本中的主要信息，由于 Backbone 网络较深，残差结构的加入使得层和层之间进行反向传播时，梯度值得到增强，有效防止网络加深时所引起的梯度消失，得到的特征粒度更细；另一种 CSP2_X 结构则应用于 Neck 中，相对于单纯的 CBL 将主干网络的输出分成了两个分支，后将其concat，使网络对特征的融合能力得到加强，保留了更丰富的特征信息。CSP 结构主要解决的是推理计算过高的问题，将特征图划分成两部分，然后将它们合并，能够实现更好的梯度组合，同时减少计算量，降低"瓶颈"和内存成本。

Neck 部分使用特征金字塔网络（feature pyramid networks，FPN）和金字塔注意力网络（pyramid attention network，PAN）结构，利用 Backbone 部分提取到的信息，实现提高特征提取能力。

FPN+PAN 结构如图 4-7 所示，由图可知，FPN 是自顶向下的，将高层的特征信息通过上采样的方式进行传递融合，得到进行预测的特征图。除了使用 FPN 外，还使用了自底向上的两个 PAN 结构，通过强强联手，增强特征提取的能力。

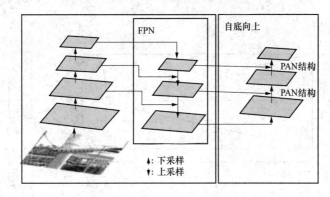

图 4-7　FPN+PAN 结构

Output 部分包括 Bounding box 损失函数和 NMS。

6）Bounding box 损失函数。YOLOv5 中采用 GIoU Loss 做 Bounding box 的损失函数。

GIoU 是源自 IoU 的一种边框预测的损失函数，回归损失只关注（x，y，w，h）对应的"距离"，而距离相同的两个框，实际 IoU 值可能相差很远，所以损失函数在预测边界框时并不是一个好的选择。特别是一旦预测框与真实框不重叠，那么 IoU 都为 0，即在很大的范围内（不相交的区域），损失函数是没有梯度的，因此才有了 GIoULoss（Generalized Intersection over Union）。假如现在有两个任意性质 A、B，找到一个最小的封闭形状 C，让 C 可以把 A、B 包含在内，然后计算 C 中没有覆盖 A 和 B 的面积除以面积 C，然后用 IoU 减去比值。

因此，GIoU Loss 可以表示为

$$\text{GIoU} = \text{IOU} - \frac{|C / A \cup B|}{|C|} \tag{4-2}$$

7）非极大值抑制 NMS。在进行处理的过程中，针对产生数量巨大的目标框指向同一目标，需要抑制那些冗余的框，需要进行 NMS 操作。

YOLOv5 中就采用的是加权 NMS 的方式，该部分用于做出预测，输出 3 个尺度的特征图，用于检测小、中、大物体，每个网格包含 3 个预测框，每个预测框含有物体的置信度和预测框的位置信息。面对数量巨大的目标框筛选，通过采用加权 NMS 操作剔除重复冗余，增加了相交尺度的衡量，找到最佳的物体检测位置，从而完成检测过程。

4.3 基于 ArUco 码视觉定位技术方案

4.3.1 单目相机小孔成像模型

相机成像模型是光学成像模型的简化，分为相机的线性模型和非线性模型两大类。在实际生活中应用的成像模型是透镜成像的非线性模型。最基本的透镜成像原理如图4-8所示。

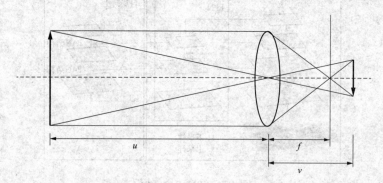

图 4-8 透镜成像原理

图 4-8 中，u 为物距，f 为焦距，v 为相距。根据透镜成像原理，三者满足关系式：

$$\frac{1}{f} = \frac{1}{v} + \frac{1}{u} \tag{4-3}$$

单目相机的镜头可以看成是凸透镜，感光器件就在相机凸透镜的焦点附近，当忽略微小误差时，可以将焦距近似为凸透镜中心到感光元件的距离，得到如图4-9所示的小孔成像模型。

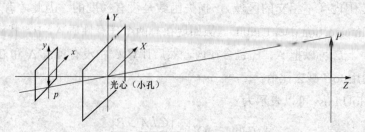

图 4-9 小孔成像模型

为了简化计算，保证方向相同，一般以光心作为原点进行中心对称旋转，即将图像映在光心和物体之间，而三维物体在二维图像中的映射点正好是物体和光心连线与平面的交点。

根据像素坐标系和图像坐标系的定义，可以列得式（4-4）所示的关系：

$$\begin{cases} u = \dfrac{x}{\mathrm{d}x} + u_0 \\ v = \dfrac{y}{\mathrm{d}y} + v_0 \end{cases} \tag{4-4}$$

将其转化为齐次坐标的矩阵表示可得（式4-5）：

$$\begin{bmatrix} u \\ v \\ 1 \end{bmatrix} = \begin{bmatrix} \dfrac{1}{\mathrm{d}x} & 0 & u_0 \\ 0 & \dfrac{1}{\mathrm{d}y} & v_0 \\ 0 & 0 & 1 \end{bmatrix} \begin{bmatrix} x \\ y \\ 1 \end{bmatrix} \tag{4-5}$$

式中：(u_0, v_0) 维持图像坐标系中原点在像素坐标系中的坐标；dx 和 dy 分别为每个像素在图像平面 x 和 y 方向上的物理尺寸。

其中图像坐标系与相机坐标系之间的转换关系见式（4-6）：

$$\begin{cases} x = \dfrac{fX_c}{Z_c} \\ y = \dfrac{fY_c}{Z_c} \end{cases} \tag{4-6}$$

式中：f 为焦距。再次使用齐次坐标的矩阵表示得到式（4-7）：

$$Z_c = \begin{bmatrix} x \\ y \\ 1 \end{bmatrix} = \begin{bmatrix} f & 0 & 0 & 0 \\ 0 & f & 0 & 0 \\ 0 & 0 & 1 & 0 \end{bmatrix} \begin{bmatrix} X_c \\ Y_c \\ Z_c \\ 1 \end{bmatrix} \tag{4-7}$$

又由相机坐标系变换到世界坐标系的定义为式（4-8）：

$$\begin{bmatrix} X_c \\ Y_c \\ Z_c \\ 1 \end{bmatrix} = \begin{bmatrix} R & t \\ 0^{\mathrm{T}} & 1 \end{bmatrix} \begin{bmatrix} X_w \\ Y_w \\ Z_w \\ 1 \end{bmatrix} \tag{4-8}$$

式中：R 为 3×3 的正交旋转矩阵；t 为三维平移矢量。

整合上述关系得到式（4-9）至式（4-13）：

$$Z_c = \begin{bmatrix} u \\ v \\ 1 \end{bmatrix} = KM_t \begin{bmatrix} X_w \\ Y_w \\ Z_w \\ 1 \end{bmatrix} \tag{4-9}$$

其中：

$$a_x = \frac{1}{\mathrm{d}x} \qquad (4-10)$$

$$a_y = \frac{f}{\mathrm{d}y} \qquad (4-11)$$

$$\boldsymbol{K} = \begin{bmatrix} a_x & 0 & u_0 & 0 \\ 0 & a_y & v_0 & 0 \\ 0 & 0 & 1 & 0 \end{bmatrix} \qquad (4-12)$$

$$\boldsymbol{M_t} = \begin{bmatrix} R & t \\ 0^{\mathrm{T}} & 1 \end{bmatrix} \qquad (4-13)$$

在上述公式中图像水平和垂直方向的尺度因子分别是 a_x，a_x，在相机内部参数矩阵 $\boldsymbol{K}$ 中，只有由相机内部结构决定的参数，如焦距、主点坐标等，所以也叫内部参数矩阵。相机外部参数矩阵 $\boldsymbol{M_t}$ 包含了相机坐标系相对于世界坐标系的旋转矩阵和平移矢量，因此成为外参数矩阵。摄像机标定是确定摄像机的内外参数。

4.3.2 畸变模型

由于相机光学系统的加工和装配存在误差，镜头不能完全满足物体与图像的相似三角形关系，所以实际形成在相机像面上的图像会与理想图像有差异，即失真。畸变是成像的几何畸变，是焦平面不同区域放大倍数不同导致的图像畸变。这种失真的程度从图像的中心到图像的边缘逐渐增大，并且主要体现在图像的边缘。为了减少失真，在拍摄图片时应该尽量避免用最宽的角度或者镜头焦距的最远端拍摄。实际的相机成像模型如图 4-10 所示。

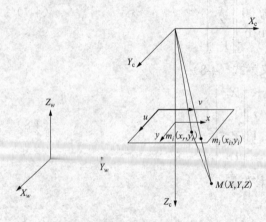

图 4-10　实际相机成像模型

图 4-10 中，m_r（x_r，y_r）是图像平面坐标系中代表实际投影的物理坐标，m_i（x_i，y_i）是理想投影点的像平面坐标系中的物理坐标。相机失真可以包括径向失真、偏心失真和薄棱镜失真。理论上，透镜有径向畸变和切向畸变，但通常径向畸变较大，切向畸变较小。

偏心畸变模型是由多个光学透镜光轴的不完全共线性引起的，由径向畸变和切向畸变组成。薄棱镜畸变是由透镜设计制造缺陷和加工安装造成的。例如，镜头与相机成像平面之间的倾斜角度很小。由于薄棱镜的畸变很小，通常不考虑。

摄像机的畸变可以用非线性模型来表示。由于公式复杂，且大多数应用仅用于摄像机校准，因此仅给出简化的失真模型，其表达式见式（4-14）。

$$\begin{cases} u_i = a_x[x_r + x_r(k_1r^2 + k_2r^4) + p_1x_r(3x_r^2 + y_r^2) + 2p_2x_ry_r] + u_0 \\ v_i = a_y[x_r + x_r(k_1r^2 + k_2r^4) + p_1x_r(3x_r^2 + y_r^2) + 2p_2x_ry_r] + v_0 \end{cases} \tag{4-14}$$

k 和 P 是畸变系数，可以在校准过程中获得以校正摄像机模型。

4.3.3 视觉识别标识设计

姿态估计（pose estimation）广泛应用于无人机定位、机器人导航、无人驾驶等新兴技术领域，在计算机视觉领域发挥着重要作用。为了估计位置和姿态，需要建立三维空间中真实物体与二维图像点之间的映射模型。为了实现这种映射模型的建立，需要对算法的识别目标进行设计和建立。

1. Marker 和字典

利用 OPencv 里面的 ArUco 函数库来实现 ArUco 板块，ArUco 函数库可以用来检测采用二进制计数的 marker 也就是目标标识码。此外，CPP 文件用来存放实现程序功能的代码，头文件#include<Opencv2/arcuco.hpp 就写在里面，这个头文件中包含了全部的与 ArUco 图像标识有关的函数功能。ArUco marker 由一个二进制矩阵和宽黑边构成。每一个 ArUco marker 的 ID 都是由 ArUco 代码库中唯一的二进制数字所决定，这清楚地表明了上述标签代码是基于二进制平方的，它还表明，仅通过 ID 的内部二进制矩阵就可以很容易地验证 ID。同时，由于 ArUco marker 黑色的边界很容易被用来检测和识别，因此，可以大大加快机器人摄像机的识别速度以及处理器程序的处理速度，有效地减少了程序所需要的运行时间，提高了机器人定位检测的效率。此外，marker 的规模与内部矩阵的大小密切相关。例如，由 9 位 ArUco 组成的代码是 3×3，而由 25 位 ArUco 组成的代码变成 5×5。图 4-11 为一个类似二维标识码的样例。

ArUco marker 的二进制编码可以保证每个 ArUco 码的初始角度与检测到的检测角度相结合，可以计算检测到被检测 ArUco 码在三维空间中的位置变化，如旋转、平移等，这是采用 ArUco marker 二进制编码的重要优势。

下面是用于使用 ArUco marker 标识符的字典的简要描述。字典是应用定位器所需的标签的集合。字典实际上是每个符号的二进制代码的链表，它有两个主要属性：①字典的大小，也就是指组成该字典的标记的个数总和，例如如果有 5 个 marker 构成了一个字典，那么这个字典的大小就是 5；②标记的大小，也是指字典中每一个标记的所要占

图 4-11　ArUco marker 样例

用的内存大小，即字典中标记的位数。例如，一个 3×3 的 ArUco 码由 9 位组成，也就是说这个 marker 的大小是 9。

2. ArUco 板块中 marker 字典

在 ArUco 所有的模块中，OpenCV 中有一个描述标签字典的类 Dictionary。除了前面描述的两个主要属性之外，字典还有一个称为 marker 的距离参数。该参数指的是在字典中创建的任意两个标记之间的最小距离，距离参数决定了字典中的容错概率。

通常来说，字典越小（由较少的标记组成字典）和标记（由相对较大的标记组成），字典中标记之间的距离就越大，反之亦然。但是，当标记物的尺寸变大时，由于构成标记物的比特数增加，对标记物的检测就会变得困难，也就是说提取标记物的所有比特信息就会变得更加困难。例如，当一个应用程序只需要实现 10 个标记时，具有 10 个标记的字典是最佳设置。此时，由 10 个标记组成的字典具有最优的内部距离，这也意味着它具有最优的容错率，能够更好地检测和纠正错误。

在 ArUco 模块中选择标记字典的方法，有以下三种：

（1）使用预定义字典。使用预定义的词典是选择词典的最简单、方便和有效的方法。ArUco 已经预定义了很多字典，这些字典具有不同的属性和参数特征，可以根据实际需要选择。

例如如下的指令：

$$cv :: aruco :: Dictionary dictionary$$
$$= cv :: aruco :: getPre definedDinctionary（cv :: aruco :: DICT\_6 \times 6\_250）$$

该指令意味着在系统程序中选择了系统的预定义字典 DICT_6×6_250。这个字典中的标记的大小都是 6×6（36bits），总共 250 个标记。当然，ArUco 在为用户提供大量词典可供选择的同时，也要选择最小的、合适的标签词典。当实际需求中只需要 220 个标记就行时，选择 DICT_6×6_250 就要比选择 DICT_6×6_500 效果更好。选择合适的预定义字典，一是能够满足标记数量的需要，也就是说字典内标记数量不能小于实际需要的标记数量；二是字典越大，内部标记之间的距离也越小，为了获得最优的容错率就要在实际需要的基础上选择尽量小的字典。

（2）使用自动生成的字典。与第一种方法，即使用预定义的字典相比，根据实际应用中需要的标签数量和单个标签的比特数自动生成的字典，可以使字典内部的标签距离在实际条件的限制下达到最优。

例如如下指令：

$$cv :: aruco :: Dictionary dictionary = cv :: aruco :: generateCustomDictionary(500,6)$$

这个指令将会自动生成一个含有 500 个 6×6bits 标记构成的标准字典。

3. ArUco 标识码创建

首先采用系统预定义的字典，选择的方法已在前文中解释，这里选择使用系统预定义字典 DICT_6×6_500，并在这个预定义字典的基础上创建二维标识符，分析以下生成标识符的命令：

$$cv :: aruco::drawMaker(dictionary,25,200,markerImage,1)；$$

第一个参数 dictionary 是指之前创建的 dictionary 对象，是指之前在实际程序中选择的系统预定义字典 DICT_6×6_500。

第二个参数 25 指的是当前标识符的 ID，即标识符在字典中的顺序。指令的特定含义意味着当前选择了预定义的词典 DICT_6×6_500 中的第二十五个标记。需要注意的是，所有指定标识的 ID 参数都有一个确定的取值范围，随着总标记个数而改变。随着在实际应用的不同情况选择不同数量的标记集合组成字典，ID 的取值范围也会随之而改变。指令中选择的词典总数为 500，因此 ID 的取值范围为 0 到 499 之间的整数，如果命令中标记 ID 超过了这个范围则会导致计算机报错。

第三参数 200 指的是生成的标记图像的尺寸。在原句中，这句话的意思是输出图像的像素大小为 200×200。这里应该注意，图像大小参数必须能够存储生成程序中使用的字典的所有位，也就是说在使用 DICT_6×6_500 字典时，该命令无法生成 5×5 或 4×4 的图像（不管标记的边界如何）。另外，需要尽可能满足边界尺寸，加法位与这个参数成正比，这样可以防止标记变形。同时，这个参数必须远大于标记的大小，才能使图像变形不那么明显。

第四个参数 markerImage 是输出的图像文件名。

第五个参数 1 表示了 ArUco 标记码的大小，默认是 1，同样这个参数也是可以根据实际情况的需要再另外设置合适的值。此外，应该注意，边界的大小必须与位数成比例。例如，如果参数是 n（n 是正整数），则边界的宽度必须是 n 的倍数。

4.3.4 位姿估计

机器人的运动实际上是三维立体空间中的刚体运动。所谓的刚体运动就是指物体在运动时没有固定于空间的点，也就是说物体在运动过程中只会有旋转和平移的运动，而不会有坐标系的缩放以及不同坐标轴相对位置之间的变化。刚体运动可以保证某个矢量在不同的坐标系中只会有不同的位置和姿态，而其自身的长度和夹角不会改变。所以机器人的运动过程可以通过旋转和平移的变化，也就是旋转矩阵和平移矢量来清晰地描述。

1. 平移矢量

首先展开叙述平移矢量，图 4-12 为坐标系内坐标变换。

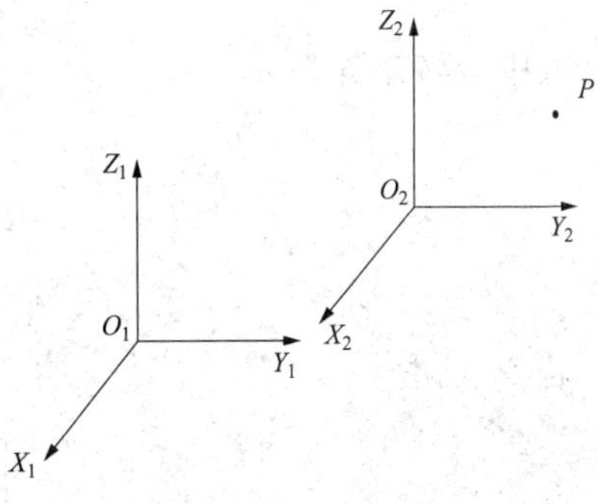

图 4-12 中，坐标系 1 与坐标系 2 两者属于平行但不重合的关系，因此若要将一个空间点从

图 4-12　两平行但不重合坐标系内点坐标变换

坐标系 2 转变为坐标系 1，只需平移变换即可，将平移所得的矢量用 t 表示。若坐标系 2 的原点 O_2 在坐标系 1 中的坐标为 $(X_{O_2}, Y_{O_2}, Z_{O_2})$，空间点 P 在坐标系 2 中的坐标为 (X_2, Y_2, Z_2)，则它在坐标系 1 中的坐标 (X_1, Y_1, Z_1) 见式（4-15）：

$$\begin{cases} X_1 = X_2 + X_{O_2} \\ Y_1 = Y_2 + Y_{O_2} \\ Z_1 = Z_2 + Z_{O_2} \end{cases} \tag{4-15}$$

也就是说，空间中任意一点从坐标系 2 转变为坐标系 1 可以用式（4-16）表示：

$$P_1 = P_2 + t \tag{4-16}$$

式中：P_1 和 P_2 分别为空间点在坐标系 1 和坐标系 2 中的坐标；t 为该点从坐标系 2 变换到坐标系 1 的平移矢量。

从数值的角度分析，t 就是 O_2 在坐标系 1 中的坐标。矢量是带有方向的线段，其大小和方向与在哪一个坐标系中无关，与点是完全不同的概念，只有在某个坐标系下想要衡量描述矢量时，两者才会产生联系，当我们默认矢量的起点就是坐标系原点时，才能用矢量的终点在坐标系中的坐标去表示这个矢量。

总结一下，空间点从坐标系 2 变换到坐标系 1 的平移矢量为 $\overrightarrow{O_1O_2}$，在坐标系 1 中该矢量的值与在坐标系 1 O_2 中的坐标是相等的。

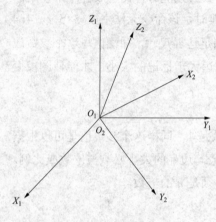

图 4-13　点旋转示意图

2. 旋转矩阵

接下来是旋转矩阵。首先是点旋转，图 4-13 为点旋转的示意图。

从图 4-13 中可以看出，坐标系 1 与坐标系 2 中的原点重合但不平行，因此将某一个空间点从坐标系 2 变换到坐标系 1 中仅需要一个旋转矩阵，用 R 表示。若空间点 P 在坐标系 1 和坐标系 2 中的坐标分别为 $P1$、$P2$，则

$$P_1 = RP_2 \tag{4-17}$$

其中旋转矩阵为

$$\boldsymbol{R} = \begin{pmatrix} r_{11} & r_{12} & r_{13} \\ r_{21} & r_{22} & r_{23} \\ r_{31} & r_{32} & r_{33} \end{pmatrix} \tag{4-18}$$

若令

$$\begin{cases} r_1^T = (r_{11}, r_{21}, r_{31}) \\ r_2^T = (r_{12}, r_{22}, r_{32}) \\ r_3^T = (r_{13}, r_{23}, r_{33}) \end{cases} \tag{4-19}$$

则 $\boldsymbol{R} = (r_1, r_2, r_3)$。在坐标系 2 中取三个特殊点的坐标 $A(1,0,0)$、$B(0,1,0)$、$C(0,0,1)$，并将这三个点分别转换到坐标系 1 中，则可以得到

$$\begin{cases} P_{A1} = RP_A = r_1 \\ P_{B1} = RP_B = r_2 \\ P_{C1} = RP_C = r_3 \end{cases} \tag{4-20}$$

由上可知，一个空间点从坐标系 2 转移到坐标系 1 的旋转矩阵 $\boldsymbol{r}_1$、$\boldsymbol{r}_2$、$\boldsymbol{r}_3$ 分别是坐标系 2 的基底矢量 $\overrightarrow{O_2X_2}$、$\overrightarrow{O_2Y_2}$、$\overrightarrow{O_2Z_2}$ 在坐标系 1 中的表示，同理可证得旋转矩阵 $\boldsymbol{R}$ 的分量 $(r_{11},r_{12},r_{13})^T$、$(r_{21},r_{22},r_{23})^T$、$(r_{31},r_{32},r_{33})^T$ 分别是坐标系 1 的基底矢量 $\overrightarrow{O_1X_1}$、$\overrightarrow{O_1Y_1}$、$\overrightarrow{O_1Y_1}$、$\overrightarrow{O_1Z_1}$ 在坐标系 2 中的表示。

综上所述：空间点从坐标系 2 到坐标系 1 的旋转矩阵 $\boldsymbol{R}$ 的列分量本质上是坐标系 2 的 X 轴、Y 轴和 Z 轴在坐标系 1 中的坐标，$\boldsymbol{R}$ 的行分量本质上是坐标系 1 的 X 轴、Y 轴和 Z 轴在坐标系 2 中的坐标。注意此处也存在矢量坐标的问题，请参考平移矢量部分。

3. 旋转矢量和坐标系旋转

由上已经知道了简单的坐标平移和旋转变换，但是在实际应用中，我们需要将两者综合起来一起考虑。首先我们就需要了解旋转矢量的本质是什么，旋转矢量又被称为轴角，轴指的是坐标系发生旋转所绕的那个轴，它是旋转矢量单位化后的矢量。而角指的是坐标系所旋转的角度，大小为旋转矢量的模。通过罗德里格斯公式、李群李代数等，旋转矩阵和旋转矢量可以相互转化，示例如图 4-14 所示。

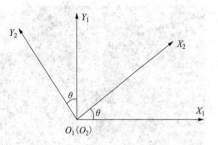

图 4-14 中，坐标系 1 绕矢量（0，0，1）（Z 轴，该矢量在坐标系 1 中）旋转 θ 角，得到坐标系 2。则旋转矢量为 rot_vec（0，0，θ），通过罗德里格斯变换可以得到与之对应的旋转矩阵 $\boldsymbol{rot\_mat}$ 为

图 4-14　实际空间点位置变换示例

$$\boldsymbol{R\_1\_2} = \boldsymbol{rot\_mat} = \begin{pmatrix} \cos\theta & -\sin\theta & 0 \\ \sin\theta & \cos\theta & 0 \\ 0 & 0 & 1 \end{pmatrix} \tag{4-21}$$

4. 罗德里格斯公式（Rodriguez 变换）

Rodriguez 公式是计算机视觉中的经典公式，常用于描述机器人位置和姿态估计的过程，公式见式（4-22）。

$$\boldsymbol{R} = 1 + K\sin\theta + K^2(1-\cos\theta) \tag{4-22}$$

公式可以对旋转矩阵和旋转矢量进行变换，两者都是表示旋转变换的方法。任何旋转都可以用一个确定的旋转轴和旋转角度来表示，也可以用一个方向与旋转轴相同、长度等于旋转角度的确定向量来表示。这个矢量叫作旋转矢量。

5. 机器人位置姿态估计

机器人位置姿态估计主要依靠 OPenCV 实现，采用 estimatePoseSingleMarker 的命令执行，接下来将展开详细描述对取油机器人位置姿态估计的实现过程。

机器人位置姿态估计的前提是以及完成前面所提到的摄像机标定过程，且以及得到了摄像机的内参以及畸变矩阵 cameraMatrix、diCoeffsst，通过 Mat 完成实现程序有关摄像机两个参数矩阵的初始化：

Mat cameraMatrix=（cv::Mat_<float>（3.3）<< f_x,0.0f_x, cy,0.0,0.0,1.0）;

Mat distCoeffs=（cv::Mat_ < float >（5.1）<< k_1,k_2, k_3, p_1, p_2）。

另一方面，需要使用 getPredefinedDictionary 命令选择好预定义的字典。此处需要保证位置姿态估计时选择的预定义字典与之前生成二位标记码时选择的字典完全一致，如此才能保证完成目标检测的准确性。

而后是对 corners 参数的定义。参数 corners 是为检测到的标记角度存储的矢量。对于每个检测到的标记，应该提供四个角参数。所以如果检测到 n 个标记，就会得到一个 $4n$ 维的数组（顺时针默认为正方向）。以上程序的代码运行结果如图 4-15 所示。

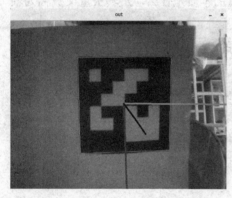

图 4-15　位置姿态估计程序演示结果

函数 estimatePoseSingleMarker 在接收到由摄像机检测到的 ArUco marker 标记信号之后，将为摄像机获取的每一帧图像返回估计结果，即旋转矢量和平移矢量。同时也是将每个 ArUco marker 标记信号在自身坐标系中的点转化为取油机器人所带摄像机下的坐标。本设计中此处设置的标识码坐标系以 ArUco marker 二维平面标识为中心，X、Y 轴在二维标识码所在的平面内，Z 轴垂直于二维标识所在的平面。则可知在这个条件下 ArUco marker 在以它为基准下的坐标系中四个角点的坐标为

（marlerLength/2，markerLength/2，0）;（−marlerLength/2，markerLength/2，0）;
（marlerLength/2，−markerLength/2，0）;（−marlerLength/2，−markerLength/2，0）;

到这里对机器人的位置姿态估计的全部流程已经结束，之后就是使用摄像机的畸变模型和内外参数矩阵进行取油机器人的坐标变换，方便控制系统对机器人行为的控制。外参矩阵实际上是一个用于表示取油机器人所载摄像机相对于目标中二维码标识的位置关系的变换矩阵。

6. 机器人的位置坐标变换和相对位置的求解计算

根据之前的位置姿态估计程序运行的结果得到取油机器人运动的旋转矩阵 $\boldsymbol{R}$ 以及它的平移矢量 $\boldsymbol{t}$，再依照 3.2 节中提到过的空间中某一个特定点在不同坐标系下的坐标转换公式 $a' = Ra + t$，能够将世界坐标系下的某一特定点与摄像机坐标系下的某一特定点形成一对一的映射关系。虽然这个公式在这里看起来能够完成一点在空间中的旋转和平动的变化，但是由于这个公式不是线性的构造，是非线性的，所以可以使油机器人在做油

路口的对接时，位置进行连续变换，此时的应用计算过程非常复杂。例如，如果在某一特定情况下，需要对某点坐标从 a 到 b 再到 c 进行两次变换，这两次变换的旋转矩阵分别为 $\boldsymbol{R}_1$、$\boldsymbol{R}_2$，平移矢量分别为 $\boldsymbol{t}_1$、$\boldsymbol{t}_2$，就可以得到如下变换公式：

$$b = \boldsymbol{R}_1 a + \boldsymbol{t}_1 \tag{4-23}$$

$$c = \boldsymbol{R}_2 b + \boldsymbol{t}_2 \tag{4-24}$$

但是若想要直接用一个式子描述从 a 到 c 的变换，则需要再进行一系列的求解。

显然，$c = \boldsymbol{R}_2(\boldsymbol{R}_1 a + \boldsymbol{t}_1) + \boldsymbol{t}_2$ 在需要连续变换时，这个位置变换公式会形成十分复杂的关系，增加了计算机求解的计算量，也导致求解时间变长，造成对机器人的位置求解程序效果不够理想。因此，需要对坐标变换公式再做简单处理，在原先公式的基础上再做齐次变换并由此引入新的变化矩阵和齐次坐标。齐次坐标就是在原先已有的三维矢量基础上再在末尾加上一维，添加数字 1 之后所成的四维矢量。通过齐次坐标，能够将之前不能合并的旋转矩阵以及平移矢量合并到一个矩阵之中，从而使之前的非线性关系转变为线性关系，方便进行运算，很大程度上减轻了运算量，优化了程序的结构。齐次化的解释公式见式（4-25）：

$$\begin{pmatrix} a_1' \\ a_2' \\ a_3' \end{pmatrix} = \begin{pmatrix} a' \\ 1 \end{pmatrix} = \begin{pmatrix} \boldsymbol{R} & \boldsymbol{t} \\ 0^{\mathrm{T}} & 1 \end{pmatrix} \begin{pmatrix} a \\ 1 \end{pmatrix} = \boldsymbol{T} \begin{pmatrix} a \\ 1 \end{pmatrix} \tag{4-25}$$

通过以上的齐次化变化，实现了将某一点从世界坐标系到摄像机坐标系的线性变换映射。此时若发生之前所提到的连续坐标变换，也不会存在计算量很大的程序运行效果不好的问题。若发生前文所举的由 a 到 b 再到 c 的变换，变换公式也会大大化简，此时的变换公式变成了 $c = \boldsymbol{T}_2 b = \boldsymbol{T}_2 \boldsymbol{T}_1 a$。

将变换公式中的矩阵 $\boldsymbol{T}$ 命名为变换矩阵，它是由 3×3 的旋转矩阵和 3×1 的平移矢量合并而形成的一个 4×4 的矩阵。实际上，这个矩阵就是摄像机的外参矩阵。有了这个外参矩阵，就能够使用机载摄像头将空间中某一特殊点 P_w 的实时位置从世界坐标系变换到相机坐标系下的某一特殊点 P_c，也就是能得到如下变换法则：

$$\begin{pmatrix} x_c \\ y_c \\ z_c \\ 1 \end{pmatrix} = \begin{pmatrix} \boldsymbol{R} & \boldsymbol{t} \\ 0^{\mathrm{T}} & 1 \end{pmatrix} \begin{pmatrix} x_w \\ y_w \\ z_w \\ 1 \end{pmatrix} = \boldsymbol{T} \begin{pmatrix} x_w \\ y_w \\ z_w \\ 1 \end{pmatrix} \tag{4-26}$$

加上 2.1 节提到过的单目相机小孔成像原理，可以推导得到摄像机所在坐标系和所求像素坐标系之间的对应关系：

$$Z \begin{pmatrix} u \\ v \\ 1 \end{pmatrix} = \begin{pmatrix} f_x & 0 & C_x \\ 0 & f_y & C_y \\ 0 & 0 & 1 \end{pmatrix} \begin{pmatrix} X \\ Y \\ Z \end{pmatrix} = KP \tag{4-27}$$

从上面矩阵所表现出来的映射关系里面，$(X, Y, Z)^{\mathrm{T}}$ 是 P 点在摄像机所在坐标系下的坐标，而由于取油机器人在油路口对接过程中处在时刻运动的状态，因此在程序中需要根据机器人机载摄像机所拍摄的实时位置来获取得到世界坐标系下某一点 P 到摄像机所在坐标系下的点 P' 之间的变化关系，最后可以得到：

$$Z_e \begin{pmatrix} u \\ v \\ 1 \end{pmatrix} = \begin{pmatrix} f_x & 0 & u_0 & 0 \\ 0 & f_y & v_0 & 0 \\ 0 & 0 & 1 & 0 \end{pmatrix} \begin{pmatrix} \boldsymbol{R} & \boldsymbol{t} \\ \boldsymbol{0}^{\mathrm{T}} & 1 \end{pmatrix} \begin{pmatrix} x_w \\ y_w \\ z_w \\ 1 \end{pmatrix} \tag{4-28}$$

这里对机载摄像机的内参矩阵采取了一样的齐次化处理方法，以便于简化计算提高程序的计算效率。

4.4 基于机器视觉的电力缺陷识别算法研究

4.4.1 边缘端线路缺陷识别装置

便携式边缘端线路缺陷识别装置可以实现电力作业现场基于深度学习的无人机边缘端智能诊断。在边缘端计算装置中搭载了 YOLOv5 目标识别算法，将无人机的航拍视频流输入到边缘装置中可以进行边缘端实时检测，使得无人机巡检人员在巡检过程中可以实时地掌握巡检过程中存在的缺陷问题，第一时间实时通过人工智能的手段发现问题，上报问题，解决问题，图 4-16 和图 4-17 所示为边缘计算装置原理图。

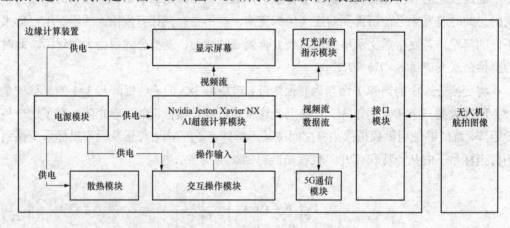

图 4-16 边缘计算装置原理图

边缘计算装置的设备均围绕 Nvidia Jeston Xavier NX 超级计算模块展开设计，根据输电线路的缺陷数据量、巡检中的处理任务量和硬件的成本进行综合优化，选用以下 Nvidia Jeston Xavier NX 配置。

（1）视觉加速器：7 路 VLIW 视觉处理器。

（2）GPU：NVIDIA VoltaTM 架构搭载 384 NVIDIA® CUDA® cores 和 48 Tensor cores。

（3）CPU：6-core NVIDIA Car-mel ARM®v8.2 64-bit CPU 6MB L2+4MB L3。

（4）显存：8GB 128-bit LPDDR4x 51.2GByte/s。

采用 HDMI 接口作为无人机航拍图像的输入端口。同时，选用 USB3.0 作为键盘鼠标的连接端口。选用 Type-c 接口作为程序调试、程序烧录、数据下载与导出的接口。边缘计算装置原理图如图 4-17 所示。

边缘端算法部署平台采用 Ubantu20.04.5 操作平台，使用 Linux version 4.9.20-tegra 的 Linux 内核，数据库采用 Mysql 8.5.26 版本。YOLOv4-tiny 算法的搭建基于 opencv4.5.1，cmake3.6.1，CUDA Toolkit 8.0，tenserflow2.0 等框架，基于 python3.3 开发。

便携式智能诊断设备与主流无人机遥控器兼容，通过 HDMI 传输高清视频，实现诊断设备与无人机巡检影像共享。内部搭载有轻量级目标识别算法，可实现 16 种常见缺陷的快速识别，巡检人员可以获得人工智能（artificial intelligence，AI）算法的实时反馈以重新规划航线。边缘端快速诊断的结果可以显示在诊断装

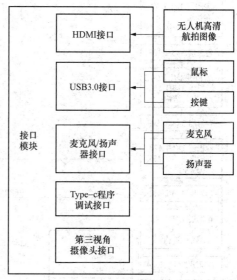

图 4-17　边缘计算装置原理图

置的前端界面中，通过 5G 数据传输模块上传至服务器端，在云端进行缺陷的深度识别分类。

4.4.2　线路缺陷智能识别算法

基于 YOLO 的绝缘设备定位检测算法是智能感知被检测外绝缘设备类型的重要手段和方法，能够达到实时的处理速度。

（1）注意力模型。注意力模型最近几年在深度学习各个领域被广泛使用，无论是图像处理、语音识别还是自然语言处理的各种不同类型的任务中，都很容易遇到注意力模型的身影。视觉注意力机制是人类视觉所特有的大脑信号处理机制。人类视觉通过快速扫描全局图像，获得需要重点关注的目标区域，也就是一般所说的注意力焦点，而后对这一区域投入更多注意力资源，以获取更多所需要关注目标的细节信息，而抑制其他无用信息。人类视觉注意力机制极大地提高了视觉信息处理的效率与准确性。

深度学习中的注意力机制从本质上讲和人类的选择性视觉注意力机制类似，核心目标也是从众多信息中选择出对当前任务目标更关键的信息。通过对具体输电线路缺陷目标识别检测的场景，提升算法对缺陷关键目标信息的注意力，提升深度学习算法对复杂背景噪声干扰的屏蔽效果。加入注意力模块之后的 YOLOv3 模型结构示意图如图 4-18 所示。

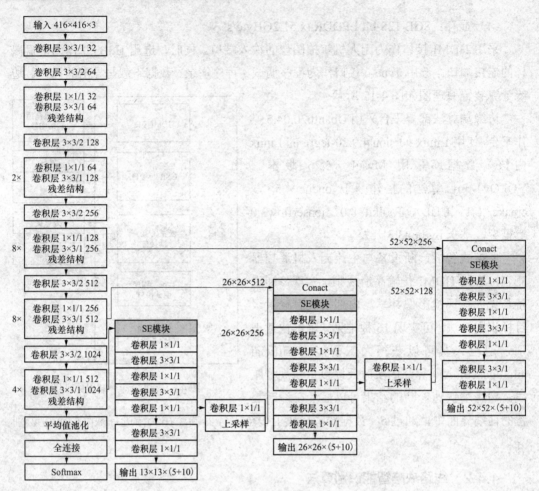

图 4-18　加入注意力模块之后的 YOLOv3 模型结构示意图

算法中注意力机制的实现形式为引入（convolutional block attention module，CBAM）卷积注意力模块。

设输入 F 作为 input feature map 输入特征图，CBAM 主要对其进行以下两个运算：

$$F' = M_c(F) \otimes F \tag{4-29}$$

$$F'' = M_s(F') \otimes F' \tag{4-30}$$

其中等号右边的操作符表示的是 element-wise 的点乘。M_c 表示在 channel 维度上做 attention 提取的操作，M_s 表示的是在 spatial 维度上做 attention 提取的操作。

在 Channel attention module 注意力模块通道中，对输入 feature map 进行维度压缩时，通过 average pooling 平均池化和 max pooling 最大池化两个 pooling 池化函数以后总共可以得到两个一维矢量。global average pooling 全局平均池化对 feature map 特征图上的每一个像素点都有反馈，而 global max pooling 在进行梯度反向传播计算只有 feature map 中响应最大的地方有梯度的反馈，能作为 GAP 的一个补充。F_{avg}^c 和 F_{max}^c 分别代表经过 global average pooling 和 global max pooling 计算后的 feature，W_0 和 W_1 代表的是多层感知机模型中的两层参数，在这部分的计算可以用如下公式表示：

$$M_c(F) = \sigma[MLP(AvgPool)] + MLP[MaxPool]$$
$$= \sigma[W_1(W_0 F_{avg}^c)] + W_1[W_0(F_{max}^c)]$$

(4-31)

在 Spatial attention module 中使用 average pooling 和 max pooling 对输入 feature map 进行通道层面的压缩操作，对输入特征分别在通道维度上做了 mean 和 max 操作，最后得到了两个二维的 feature，将其按通道维度拼接在一起得到一个通道数为 2 的 feature map，使用一个包含单个卷积核的隐藏层对其进行卷积操作，最后得到的 feature 在 spatial 维度上与输入的 feature map 一致。这部分的数学处理可以用式（4-32）表示。

$$M_s(F) = \sigma[f^{7\times7}(AvgPool)(F); MaxPool(F)]$$
$$= \sigma(f^{7\times7}(F_{avg}^s; F_{max}^s)$$

(4-32)

（2）基于 YOLO 的目标识别检测算法。为提升目标检测的速度与精度，提出 YOLO 模型，达到实时检测的目的。RCNN 系列的目标检测模型候选区域较多，十分耗时。YOLO 则直接利用网络对目标所属的类别以及所处位置进行回归，省去了对每一个区域分类的环节，实现了对位置的预测。

相比于基于区域提取+分类器的目标检测框架，YOLO 将目标检测这一任务描述成对目标矩形框位置和大小的回归问题。这样只需要一次网络的前向传播就可以直接预测得到结果，相比于基于区域提取的方法，特点在于训练和测试过程简单，并且能够达到实时的效果。

本项目深度学习模型压缩方法的研究主要完成了以下思路的研究和探索：

（1）更精细模型的设计。目前的很多网络都具有模块化的设计，在深度和宽度上都很大，这也造成了参数的冗余很多，因此有很多关于模型设计的研究，如 SqueezeNet、MobileNet 等，使用更加细致、高效的模型设计实现权值共享，能够很大程度地减少模型尺寸，并且也具有不错的性能。

（2）模型裁剪。结构复杂的网络具有非常好的性能，其参数也存在冗余，因此对于已训练好的模型网络，可以寻找一种有效的评判手段，将不重要的 connection 或者 Filter 进行裁剪来减少模型的冗余。

（3）核的稀疏化。在训练过程中，对权重的更新进行诱导，使其更加稀疏，对于稀疏矩阵，可以使用更加紧致的存储方式，但是使用稀疏矩阵操作在硬件平台上运算效率不高，容易受到带宽的影响，因此加速并不明显。除此之外，量化、Low-rank 分解、迁移学习等方法也有很多研究，并在模型压缩中起到了非常好的效果。

4.4.3　架空输电线路缺陷数据集

虽然中国电科院对架空输电线路常见缺陷做了比较详尽的分类总结，但当前国内外并没有权威公开的输电线路缺陷数据集，因此需要自建架空输电线路缺陷数据集。本课题收集的数据集见第七章相关内容。数据集包含的各故障类型见表 4-1。

表 4-1　　　　　　　　　　　　　　数据集包含的各故障类型

类别	数目
销钉缺失	2658
防震锤锈蚀	1271
鸟巢	587
螺母缺失	392
防震锤滑移	163
异物	156
重锤锈蚀	141
均压环损坏	132

各个类型缺陷的典型图像如图 4-19 所示。

图 4-19　各类缺陷典型图像汇总

（a）均压环损坏；（b）异物；（c）防震锤滑移；（d）螺母缺失；（e）销钉缺失；（f）鸟巢；

（g）防震锤锈蚀；（h）重锤生锈；（i）配件生锈

在收集到缺陷图像时，需要进行人工的框选标注，且标注质量直接影响到识别效果，是数据集制作的前导环节。图像标注需要遵循以下规定：

（1）巡检图像中的所有目标标注应精确到具体部位。

（2）标注目标时，应按最小外接矩形标注，要求标注框要贴合目标边缘，标注框与目标边缘距离误差应不大于 10 像素或 1%。

（3）标注框内目标样本应尽量纯粹，允许有少部分遮挡，但遮挡不许超过目标的 10%。

经过对 3695 张架空输电线路航拍图像的精细标注，共获得了 8 类 5500 处缺陷目标，作为数据集进行基于 YOLO 的检测算法的训练。通过严格精细的标注过程，保证了数据标注的精确性和一致性，并为最终模型的效果奠定了良好的基础。

4.5 基于深度学习的电力作业安全监督技术研究

4.5.1 基于多种智能技术的作业风险管控智能终端设备

设备的硬件主要包括电源管理模块、摄像头模块、核心处理器模块、输入输出接口、超宽带（ultra wide-band，UWB）定位基站模块。其设备整机系统构架图及各模块组装示意图如图 4-20 和图 4-21 所示。

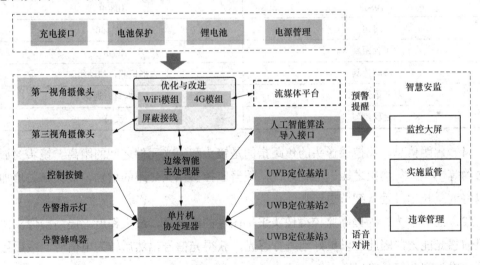

图 4-20　作业风险管控智能终端系统构架图

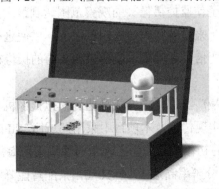

图 4-21　设备整机双层装配效果图

133

第一视角摄像头模块：项目第一视角摄像头作为操作人员的第一视角查看操作流程的视频输入方案，采用 WiFi 区域内局部组网的方案。其选用监控摄像机与普通摄像头最大的区别在于使用效果上的不同。监控摄像机为了应对安防，需要进行远程操控，长时间的不间断的对目标进行监测。在设计之初就决定了它的环境适应能力要高于普通摄像头。监控摄像机上的镜头是一种半导体成像器件，因而具有灵敏度高、抗强光、畸变小、体积小、寿命长、抗震动等优点，其相关参数见表 4-2。

表 4-2　　　　　　　　　　　　　　　　摄 像 头 参 数

可选清晰度	1080P/720P
视场角	1080P，对角 125°，720P：对角 111°
夜视距离	10m
侦测功能	移动侦测
双向语音	双向语音对讲
连接硬盘录像机	支持
1080P	1080P
对角	对角 130°
可视距离	12m
移动侦测	人形检测，移动侦测
双向语音对讲	双向语音通话
远程控制	支持

（1）焦距信息：监控摄像头的焦距指的是镜头和感光元件之间的距离。镜头的放大倍数约等于焦距与物距之比，也就是说，随着监控摄像头焦距的增加，放大倍数增加，可以将近景拉远，远景细节更清晰。

（2）感光能力：为提高监控摄像头采集图像的清晰度，最大程度上提高摄像头内摄像机的感光能力，因此可以更好地进行感光，获得光信号，然后转为电信号，最后经过处理后成为视频信号输出。

（3）摄像头控制：为了使监控摄像头的观察范围达到最大，监控摄像头必须能够进行旋转，方法就是使用云台来安装和固定监控摄像头，以便进行旋转。除此之外，还必须能够实现电动的变焦、变倍。这就要求监控摄像头内的摄像机能够快速、准确地实现自动变焦。

（4）图像传输：使用最广泛的传输方式是通过模拟摄像机、数字硬盘录像机和计算机网络系统的协作工作来实现传输。本项目中采用局域网 WiFi 传输图像和音频信息。

第三视角摄像头模块：初代产品的第三视角摄像头采用海思模组方案，采用了 1/2.7 英寸 CMOS 图像处理器，分辨率高达 1920×1080，搭配智能降噪算法，画质更清晰；采用背光补偿、DWDR（digital wide dynamic range）数字化宽动态技术，即使逆光也能保留更多超清细节，采用两颗高功率红外灯设计，具有光线自适应功能，白天黑夜全自动切换图像模式。具备 1080P 高清晰度，其云台可以实现水平 360°无线循环转动，垂直 105°俯仰转动。二代产品基于萤石 CS-C6C-3H3WFRV 无极巡航系列互联网摄像机进行了部分改造，使其可以支持无网络环境下的云台控制。摄像头参数见表 4-3。

表 4-3   **摄 像 头 参 数**

型号参数	型号	CS-C6C-1C2WFRV
	参数	萤石互联网摄像机·无极云台版
摄像机	传感器类型	1/2.9 逐行扫描 CMOS 图像传感器
	快门	快门自适应
	镜头	4mm，F2.0，水平 80°，对角 94°，垂直 43°
	镜头接口类型	M12
	云台角度	水平 360°×N 循环，垂直向上 105°，向下 15°
	日夜转换模式	ICR 红外滤片式
	数字降噪	3D 数字降噪
	宽动态范围	数字宽动态
压缩标准	视频压缩标准	H.264
	视频压缩码率	网传码率自适应
	音频压缩码率	码率自适应
图像	最大图像尺寸	1920×1080 支持双码流
	图像设置	亮度、对比度、饱和度等（通过萤石工作室客户端调节设置）
网络功能	存储功能	本地存储、云存储（免费试用 1 个月）、支持后端 NVR
	智能告警	移动侦测、人形侦测
	智能跟踪	声源定位、巡航跟踪、人形人脸检测跟踪
	一键配置	AP 热点配置
	支持协议	萤石云私有协议
	接口协议	萤石云私有协议
	通用功能	一键配置、实时视频、云台操控、历史回放、图像镜像、密码保护、隐私保护，其他云平台服务
接口	存储接口	Micro SD 卡（最大 256GB）
	电源接口	Micro USB 接口
	有线网络	一个 RJ45 接口 10（Mbit/s）/100（Mbit/s）自适应以太网口
WiFi 性能指标	无线标准	IEEE802.11b，802.11g，802.11n
	频率范围	2.4～2.4835GHz

续表

WiFi 性能指标	信道带宽	支持 20MHz
	安全	64/128-bit WEP，WPA/WPA2，WPA-PSK/WPA2-PSK
一般规范	工作温度和湿度	−10～45℃，湿度小于 95%（无凝结）
	电源	DC 5V/2A
	红外照射距离	10m（因环境而异）
	尺寸（mm）	90mm×90mm×118.2mm
	质量	306g（裸机）

电池模块：采用具备电源管理的锂电池电源解决方案，电池容量为 6000mAh，如图 4-22 所示。在不接外接电源供电的情况下，整个系统持续工作时间可以持续 5h 以上。

图 4-22 锂电池模组

本电池模块具备以下特点：

（1）循环寿命长：锂离子电池以 1C 倍率进行充、放电，其循环寿命大于等于 500 次，第 500 次时的电容量，大于标称容量 70%。而铅酸电池即使以 0.5C 放电，以 0.15C 以充电，其循环寿命小于等于 350 次，电容量小于等于 60%。

（2）低温度放电性能好：锂离子电池可在 −25℃时正常工作，其电容量可达标称容量的 70%，而铅酸电池在−10℃时的电容量的 50%，在 −25℃时不能正常工作。

（3）荷电保持能力强：将充满电的锂离子电池组，放置两个月后，其电容量大于等于 80%，而铅酸电池放置两个月，仅为标称容量的 40%～50%。

电容触摸显示屏模块：电容触摸模块起到视频流显示、调整云台、信息交互等作用内容，同时电容触摸屏能很好地感应轻微及快速触摸，防刮擦，不怕尘埃、水及污垢影响，适合恶劣环境下使用有自动识别高清度及信号源，即插即用支持 Firefly 系列开源主板、PS3、PS4、Xbox860、Mac mini 等。

网络通信方案：目前网络通信方案为第一视角摄像头与第三视角摄像头设备内部通信以及与安全监督平台通信的两种通信方案。首先，第一视角摄像头通过无线网络直接与数据处理模块进行通信，通过 RTSP 协议进行音视频数据传输；其次，第三视角摄像头通过有线连接与数据处理模块进行通信，对音视频设备进行采集并通过 RTSP 协议进行音视频数据传输，同时通过远端控制模块使用网络控制协议与数据处理模块进行数据交互以实现远端控制、语音下发等功能。

数据处理模块通过 4G 使用 RTP&HTTP 协议与通信服务器进行网络通信，以实现数据的传输。整体工作流程如图 4-23 所示。

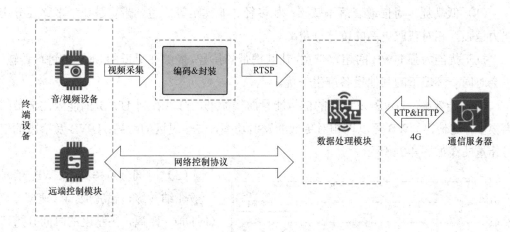

图 4-23　数据处理模块工作流程

4.5.2　基于 UWB 的电子围栏

UWB 定位技术原理：UWB 是一种新型的无线载波通信技术，利用纳秒至微秒级的非正弦波窄脉冲传输数据。根据美国联邦通信委员会的规范，UWB 的工作频带为 $3.1 \sim 10.6 \text{GHz}$，系统 -10dB 带宽与系统中心频率之比大于 20%或系统带宽至少为 500MHz。UWB 信号的发生可通过发射时间极短（如 2ns）的窄脉冲（如二次高斯脉冲）通过微分或混频等变频方式调制到 UWB 工作频段上实现。有人称 UWB 为无线电领域的一次革命性进展，认为它将成为未来短距离无线通信的主流技术。总体来说，UWB 在早期被用来应用在近距离高速数据传输，近年来国外开始利用其亚纳秒级超窄脉冲来做近距离精确室内定位。UWB 室内定位精度能够达到厘米级。

目前的室内定位技术主要有：红外线室内定位技术、超声波室内定位技术、蓝牙室内定位技术、射频指纹技术、超宽带技术、WiFi 技术和 ZigBee 技术。

红外线室内定位因光线不能穿透障碍物，当障碍物遮挡时，定位效果便很差，只能短距离定位。超声波室内定位技术是由一个主测距器和几个应答器组成，定位精度较高，但易受多径效应和障碍物的干扰，且设备成本高。蓝牙定位的优点是其设备的体积小，易于集成，定位时不受视距的影响，缺点是设备造价昂贵，抗噪能力差，稳定性不高。射频指纹定位技术是利用射频的方式来进行传输数据达到定位的目的。其可以快速获得定位精度信息，且成本低、体积小。但是因为它的作用距离近，不具有通信能力，而且难以与其他系统相融。WiFi 室内定位技术可以实现大范围的复杂的室内定位，易于安装，需要基站的数量少，系统的总精度高，但容易受到别的信号的干扰，且定位器的能耗较高。不同于 GPS，UWB 定位主要应用于室内高精度定位，用于获取人或物的位置信息。

UWB 的主要优势如下：

（1）低功耗：对信道衰落不敏感：如多径、非视距等信道，带宽越宽，多路径分辨能力越强，相对获取更高的位置分辨率。

抗干扰能力强 UWB 的超宽带宽，让其携带的信号，能够在更低的 SNR 下进行传输，不会对同一环境下的其他设备产生干扰。

（2）能效高。UWB 及窄带的信号能量曲线如下，可以看到 UWB 的能效比窄带的高很多，这使得 UWB 可以以相对更低的发射功率，传输更远的距离；UWB 及窄带的信号能量曲线如图 4-24 所示。

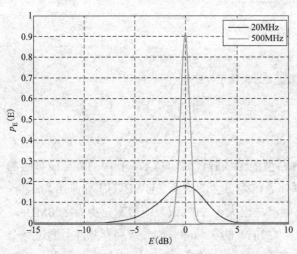

图 4-24　UWB 及窄带的信号能量曲线

（3）时间分辨率高。UWB 信号一般在纳秒级传输完成，V（速度）$\times T$（时间）=距离，高精度的时间分辨率支持更高精度的定位。

（4）穿透性较强（能在穿透一堵砖墙的环境进行定位）。美国联邦通信委员会（Federal Communications Commission，FCC）里，UWB 的频带分配为 3.1～10.6GHz，共 7.5GHz 的频带；辐射功率方面，限定了远低于 BLE/WiFi 的级别，-41.3dBm 而频谱方面，可以看到 UWB 的宽多了，如图 4-25 所示。

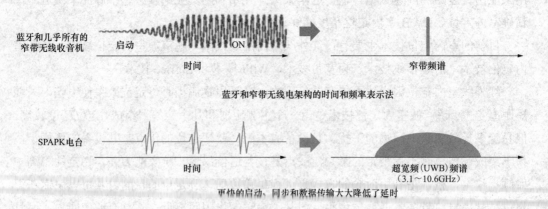

图 4-25　BLE 及 UWB 信号频谱对比

UWB 基站采用的是工作频段为 5～6GH 的 UWB 室内型微基站，其解算频率、扫描频率均可控，扫描半径约为 30m。UWB 设备采用短脉冲监听器测量短脉冲到达时间，可以精确至纳秒。

UWB 标签采用的是普通型卡片式标签，其工作频段由基站决定，可自定义每秒发送的 UWB 脉冲数据包次数，范围是 10～100 次/s。每个标签发送 UWB 脉冲数据包所需的时间极短，各标签的数据包几乎不会发生碰撞，当一个范围内存在多个标签时不会影响各自的定位。

在空间内存在遮挡时，定位的精度会收到干扰。遮挡对 UWB 定位的影响主要分以下几种情形：

1）实体墙：一堵实体墙的这种遮挡将使得 UWB 信号衰减 60%～70%，定位精度误差上升 30cm 左右，两堵或者两堵以上的实体墙遮挡，将使得 UWB 无法定位。

2）钢板：钢铁对 UWB 脉冲信号吸收很严重，将使得 UWB 无法定位。

3）玻璃：玻璃遮挡对 UWB 定位精度有较大影响。

4）木板或纸板：一般厚度 10cm 左右的木板或纸板对 UWB 定位精度没太大影响。

5）电线杆或树木：电线杆或者树木遮挡时需要看它们之间距离基站或者标签的距离，和基站和标签的相对距离比较是否很小，比如，基站和定位标签距离 50m，电线杆或者树木正好在两者中间，25m 处，这种遮挡就无大的影响，如离基站或者标签距离很近，小于 1m，影响就很大。

（1）AOA 定位算法。AOA 定位方法，主要是测量信号移动台和基站之间的到达角度，以基站为起点形成的射线必经过移动台，两条射线的交点即为移动台的位置。该方法只需两个基站就可以确定估计位置，其定位示意图如图 4-26 所示，知道了基站 1 到设备之间连线与基准方向的夹角 α_1，就可以画出一条射线 L_1；同样知道了基站 2 到设备之间连线与基准方向的夹角 α_2，就可以画出一条射线 L_2。那么 L_1 与 L_2 的交点就是设备的位置。这就是 AOA 定位的基本数学原理。

AOA 的经典算法：MUSIC/root-MUSIC 和 ESPRIT。

AOA 定位通过两直线相交确定位置，不可能有多个交点，避免了定位的模糊性。但是为了测量电磁波的入射角度，接收机必须配备方向性强的天线阵列。天线阵列根据移动台发送的信号来确定入射角度。两个基站的入射角分别为 α_1、

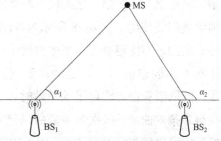

图 4-26　AOA 定位算法示意图

α_2，以各基站为起点，入射角方向构造直线的交点，即为 MS 的位置。假设 MS 位的置坐标为 (x, y)，N 个 BS 的位置坐标为 (x_i, y_i)，根据其几何意义，满足式（4-33）：

$$\tan\alpha_i = \frac{y - y_i}{x - x_i} \tag{4-33}$$

（2）TOA 定位算法。TOA 定位方法，主要是根据测量接收信号在基站和移动台之间的到达时间，然后转换为距离，从而进行定位。该方法至少需要三个基站，才能计算目标的位置，其定位算法示意图如图 4-27 所示。

超宽带定位技术具有穿透力强、抗多径效果好、安全性高、系统复杂度低、能提供精确定位精度等优点，但其射频频段工作在 6～7Ghz，设计难度大，软件复杂，商用场合受限。

三个基站测得与 MS 的距离分别为 r_1、r_2、r_3，以各自基站为圆心测量距离为半径，绘制三个圆，其交点即为 MS 的位置。当三个基站都是 LOS 基站时，一般可以根据最小二乘（least square，LS）算法计算 MS 的估计位置。假设 MS 位的置坐标为 (x, y) (x, y) (x, y)，N 个 BS 的位置坐标为 (x_i, y_i)，根据其几何意义，则它们之间满足的关系是

$$(x_i - x)^2 + (y_i - y)^2 = r_i^2, i = 1, 2, 3, \cdots, N \qquad (4-34)$$

基于这几种定位算法的特点以及本系统的自身情况，基于到达时间（time of arrival，TOA）的测距技术，主要是通过计算无线电波在两个站点之间的传播时间，再根据无线电波在空气中的传播速度计算得出两个站点之间的距离。所以，无线信号传播时间的精准测量是测距的重要环节。目前较为广泛采用的 TOA 测距技术有单程测距、双程测距、非对称双边双向测距、对称双边双向测距。

图 4-27 TOA 定位算法示意图

（3）TDOA 定位算法。TDOA 算法就是根据信号到达待测目标节点与基站的时间差来进行定位的一种定位算法。它是在基于到达时间 TOA 算法的基础上发展而来，TDOA 定位算法主要是根据到达待测节点到达不同基站的时间差来获得目标节点的坐标，因此不要求基站与待测节点之间保持严格的时钟同步，并且在原来的基础上对系统改动较少，因而被广泛使用。图 4-28 所示为 TDOA 定位原理图，当待测节点与平面内两个定点的距离差为固定值时，其运动轨迹便为双曲线。所以当存在三个以上的基站时，便可以获得多条双曲线，根据多条双曲线建立方程组，便可以解得待测节点的初始位置坐标。

UWB-TDOA 定位方法分为下行 TDOA 定位和上行 TDOA 定位。下行 TDOA 定位指由定位基站发射 UWB 定位信号，定位标签接收 UWB 定位信号的定位方法；上行 TDOA 定位指由定位标签发射 UWB 定位信号，定位基站接收 UWB 定位信号的定位方法。下行 TDOA 定位可以实现跟踪定位和导航定位，上行 TDOA 定位可以实现跟踪定位。

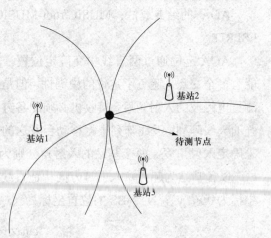

图 4-28 TDOA 定位算法原理示意图

UWB 硬件设计方案：设计一种基于 UWB 技术的定位系统硬件平台，结合适用 UWB

技术的定位方式，能够满足较高精度定位需求，具有低功率、低功耗特性。在同等码速条件下，基于 UWB 技术的定位系统相较于其他通信技术具有更强的抗干扰性，能够通过模块进行无线通信，将定位数据传给中端上位机中。采用 STM32 单片机为主控芯片。该产品集成了陶瓷天线及所有的射频电路、DW1000 外围电路、时钟电路、锂电池充放电管理电路、LIS3DH 超低功耗加速度传感器，并内置一颗 250mAh 可充电锂电池。该模块基于 TWR 双边测距算法，其测距误差小于 10cm；用来定位目标，其定位误小于15cm；并且该模块支持高达 6.8Mbit/s 的数据传输率。该模块作为标签，携带非常方便，并且该模块支持通过 USB 进行 AT 指令设置。其设计实物如图 4-29 所示。

设计系统硬件平台的理念是将超宽带无线定位系统的收发机合为一体，以便在硬件平台上进行自解算与通信最终解算位置。也可通过程序编写将解算功能在上位机中进行，系统整体结构如图所示。本设计中系统硬件结构主要由 4 个结构模块组成：电源管理模块、UWB 射频收发模块、无线通信模块、主控制器模块。

主控制器模块设计：根据项目系统架构设想，解算层需与硬件层合为一体，因此对主控制器的性能有较高要求。主控制器模块采用 STM32F103 系

图 4-29 UWB 定位模组设计实物图

列微处理器，STMicroelectronics 设备 Cortex-M3 芯具有 72MHz CPU 的速度和高达 1MB 的闪存。内嵌 CortexM-M4 内核，所以符合系统工作需求。

由于 STM32F103 主控制器芯片在系统进电时，内部程序运行情况无法确定其状态，易在上电初期产生程序跑飞或致死机状况。因此为保证系统的正常工作，需要分别在程序与硬件上设置系统复位以保证整个系统能够稳定可靠地运行。系统设计初考虑到硬件系统与 PC 机通过串口转接口高速数据交互可能会发生丢包的现象，选择采用 SWD 口作为串口转接口，同时设以 USB 转串行 UART 接口。

UWB 射频收发模块设计：UWB 射频收发模块选用 DecaWave 公司研制的 DW1000，其遵循 IEEE802.15.4-2011 UWB 标准，具有低能耗、低成本的无线收发芯片，可支持高精度定位和同步数据传输，定位精度可达到厘米级。该模块抗多径能力强，具有可编程射频功率输出功能，具有串行外设接口（serial peripheral interface，SPI），可用于连接主控制器。DW1000 具有 6 个 3—5—6.5GHz 射频波段，数据传输速率包括 110kbit/s、850kbit/s、6.8Mbit/s—其睡眠模式电流 IfiA，具有 6mm×6mm 48 引脚 LCC 封装。

UWB 射频收发模块设计的优劣程度在一定程度上决定了本系统的性能指标。UWB 射频收发的稳定性取决于信号到达接收器时的功率，而信号接收功率的高低受多方面影响。现给出信号接收功率的数学模型，见式（4-35）。

$$P_R[\text{dBm}] = P_t[\text{dBm}] + G[\text{dB}] - L[\text{dB}] - 20\log_{10}(4\pi f_c d / c) \tag{4-35}$$

式中：4 为信号接收功率；P 为信号发送功率；C 为发射与接收天线的增益；H 为电路设计、印制电路板（printed circuit Board，PCB）制板的损耗降为信道的中心频率/为发射器与接收器之间的距离；c 为光速。

在系统正常工作中，氏值将高于 UWB 接收器的灵敏度，而两者之间的差值称为链路余量（link margin）。当链路余量数值为 0dB 时，UWB 收发模块将处于理论临界正常工作状态。

根据上述公式显示，设 Pj 为 16dBm，G 为 0dBm，接收器的灵敏度为-102dBm，信道中心频率 4GHz，对分别取 0dB 与 2dB 可得出如图 4-30 所示的设计损耗 Z 对 UWB 收发器通信距离的影响示意图。从图 4-30 中可得出，在理想无损耗情况下临界通信距离约为 120m，在设计损耗为 2dB 时，临界通信距离约为 75m。

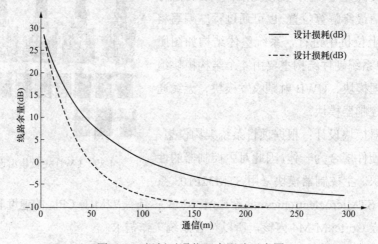

图 4-30 损耗对通信距离影响示意图

因此对 UWB 射频收发模块的设计理念应遵循原厂典型电路设计。MAX2001 通过 SPI 与 STM32 数据交互，由于内置 DW1000 上拉与下拉电阻，因此仅需将两者引脚连接即可。DW1000 支持外部晶振作为其时钟源。

UWB 基站及标签：UWB Mini4sPlus 采用"底板+模块"的架构。底板采用 STM32F103T8U6 单片机为主控芯片，外围电路包括：电源模块、LED 指示模块、锂电池管理模块、LIS3DH 加速度传感器等。Mini4 搭载 Decawave 公司 DWM1000 模块，Mini4sPlus 搭载研创自制 MAX2001 模块（带 PA/LNA），性能更加优秀。Mini4sPlus 既可以作为基站，也可以作为标签，通过 USB 指令进行切换。UWB Mini4sPlus 性能参数见表 4-4。

表 4-4 UWB Mini4sPlus 性能参数

PCB 工艺	4 层板-环氧树脂
通信速率	110kbit/s，850kbit/s，6.8Mbit/s
供电接口	micro-USB（5.0V）/接线柱

工作频率	3.7~4.2GHz（见 1.3.4 节）
通信接口	micro-USB（5.0V）/串口（3.3V TTL）
工作频道	6（见 1.3.2 节）
下载接口	SWD（VCC SDIO SCK GND）
发射功率	−23dBm/MHz
主控制器	STM32F103T8U6（36pin）
最大包长	1023 字节
外部晶振	8MHz
通信距离	500m（无遮挡）@SMA 天线 110K
PCB 尺寸	47mm×26mm
数据抖动	典型±10cm，一般遮挡±30cm

电源管理模块设计：系统工作的稳定性与电源电路的设计密切相关。设计优良的电源电路能够为系统提供干净、稳定的电流，使电子器件与设备的使用寿命增强，并保证其稳定性。本系统中电源电压涵盖了 5、3.3、1.8V 直流电源，系统设计中将使用 USB 串口与 3.3V 电池供电，USB 接口为 5.0V 电压。连接 BQ24073RGTR 电源管理，后经 DC 降压芯片 TPS73601DBVR 将 5V 直流转换为 3.3V 直流。此外，对 STM32 与 MAX2001 供电，由 USB 供电的电源纯净性不确定，需 TPS73601DBVR 做低频滤波电路处理，使用 10μF、100nF 电容做有效滤波。

4.5.3　配网关键标识牌识别算法

标识牌识别技术是采用基于 AI 深度学习的电力设备铭牌识别算法，相比传统方法，有效解决了电力行业设备铭牌类别多、结构不一、拍摄角度不确定等问题。

在标识牌识别的过程中，采用了更为复杂的技术，包括轮廓、切割、直线检测、校正、文字识别、整行识别等多种技术点，通过改进现有的技术问题实现了优化与改进，突出实现了最终的效果和目标。

4.5.4　人员穿戴行为识别

1. YOLOv4 目标识别算法

YOLOv4 的网络结构是基于 Darknet-53 的特征提取结构，具体如图 4-31 所示。

可以将 YOLOv4 的总体结构分为两个部分，分别为主干特征提取网络和预测卷积操作。主干特征提取网络的主要功能是提取目标物体的特征，其实也就是不断卷积的过程。输入 416×416×3（其中 416×416 是图片大小，3 为通道数）的图片，然后对其不断进行下采样的操作，将输入图片的高和宽不断压缩，将通道数不断扩张，从而获得一堆特征层（可表示输入进来的图片的特征）。

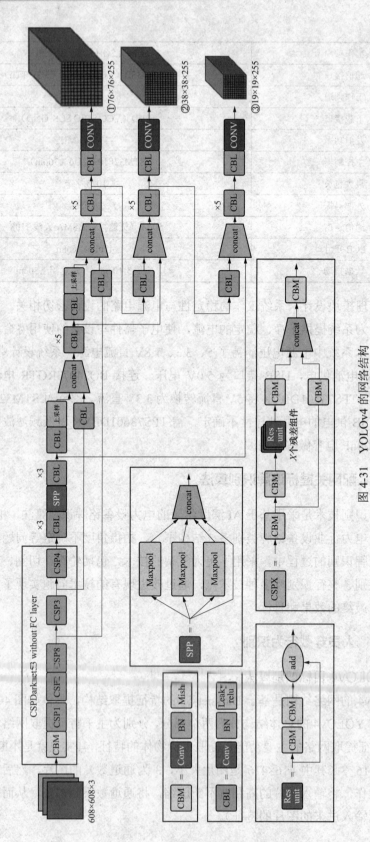

图 4-31　YOLOv4 的网络结构

之后，选取最后三个特征层，输入到第二部分的预测卷积操作，三个特征层的大小分别为：13×13×1024、26×26×512、52×52×256。预测卷积操作是首先将 13×13×1024 的特征层进行五次卷积，将得到的结果分别进行两种处理：一种是在两次卷积后进行分类预测和回归预测，检测图片中是否存在真实物体，若存在真实物体再判断这个物体的种类以及调整先验框；另一种是在进行上采样后将特征层转换为 26×26×256，然后与 26×26×512 的特征层进行堆叠对比，这实际也是构建特征金字塔的过程，利用特征金字塔可进行多尺度特征融合提取更有效的特征。而对堆叠的结果的操作同 13×13×1024 特征层的操作相同。这样的网络结构十分简单，也正是因为这样，YOLO 网络的识别速度极快。又因为检测是以整个图像作为输入，内部数据的联系相对紧密，这样一来就可以降低对背景的错误识别概率，同时网络的适应性较好，在测试集与训练集内的数据不完全相同时依然有较好的识别效果，与同期的识别算法相比，YOLOv4 的准确率能达到两倍以上。

2. 电网违规场景数据集的建立

（1）样本图片的获取。选择了具有一定实际意义的"未佩戴安全帽"为违规施工场景，那么目标识别算法就需要通过学习训练以达到识别出"安全帽"和"头部"的目的。所以首先通过网络平台的图片搜索引擎获取了 1018 张样本图片，图片包含到了人员不佩戴安全帽和人员佩戴安全帽的各个角度，以确保目标识别算法的训练效果。图 4-32 所示为训练数据集采集现场。

图 4-32　构建算法模型训练数据集

（2）图像标注。本项目选择了 Labelimg 软件对样本图片进行标注。标注的标签类型为"head"和"hat"。用 Labelimg 软件标注后会得到标注目标的 PASCAL_VCO 格式的 xml 标记文件。文件中的信息包含图片的大小（宽度、高度、深度）和标记目标边界框的左上角和右下角的坐标，以便得到目标物体的中心点坐标，从而学习并记忆该目标物体的特征，如图 4-33 所示。

图 4-33　图像标注软件标注过程

（3）算法原理。Yolov4 骨干网络作为主干特征提取网络，作用是提取目标的特征。YOLOv4 以 CSPDarkNet53 为特征提取网络，对提取特征进行优化处理。YOLOv4 主要的优化模块为 SPPNet 与 PANet。

SPP 模块在保证处理速度不明显下降的前提下，修改感受域尺寸，将最重要的上下位特征提取出来。PANet 替换 FPN 进行多通道特征融合。依托于自底向上的增强路径，避免了信息的丢失在经过特征拼接后获得的信息既有底层特征也有语义特征。

YOLOv4 采用 CIoU 损失函数，见式（4-36）～见式（4-38），CIoU 可以在矩形框回归问题上获得更好的效果。

$$L_{\text{CIoU}} = 1 - \text{IOU} + \frac{\rho^2(b, b^{\text{gt}})}{c^2} + \alpha v \tag{4-36}$$

$$\alpha = \frac{v}{(1 - \text{IOU}) + v} \tag{4-37}$$

$$v = \frac{4}{\pi^2} \left(\arctan \frac{w^{\text{gt}}}{h^{\text{gt}}} - \arctan \frac{w}{h} \right)^2 \tag{4-38}$$

式中：b 和 b^{gt} 分别表示预测框和真实框的中心点；w、h、w^{gt} 和 h^{gt} 分别为预测框和真实框的宽和高，代表了两个框中心点的欧式距离；c 为两个中心点最小外接矩形的对角线长度。

（4）模型训练。本项目算法模型主要在具备 GPU 计算能力的深度学习服务器平台中进行模型的训练及优化的相关工作，通过将训练好的算法模型在 NVIDIA TX2 边缘端平台进行部署，可以实现布控球设备的智能化拓展。图 4-34 所示为智能计算平台实物图。

图 4-34　深度学习服务器及边缘智能计算平台

3. 电网违规场景识别算法的训练

（1）模型训练。训练结束后的评价指标主要有 loss 曲线、准确率、查全率、mAP 和 F1 分数。将得到的 loss 值画出曲线分析，loss 曲线如图 4-35 所示，横坐标为模型训练批次，纵坐标为模型损失值。

可以看到 loss 曲线随着迭代次数的增加逐渐减小趋于平稳。loss 曲线是评定什么时候结束训练的重要指标，当 loss 的值下降到很小且波动不大时即可终止训练。终止训练后通过分析训练过程可得到不同迭代次数时的准确率，见表 4-5。

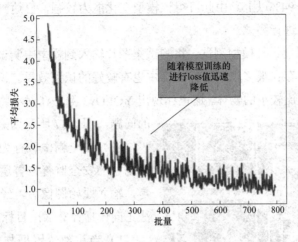

图 4-35 训练 loss 曲线

表 4-5   不同迭代次数时的准确率

迭代次数	20	0	0	0	100
准确率	58.8%	66%	69%	71%	73.8%

随迭代次数增加，准确率和召回率随迭代次数增加都在增大，这不符合前文所述二者相互矛盾的理论。在训练过程中，召回率只能是递增的，因为正例被判断正确的个数只会越来越多，而准确率会随迭代次数增加发生一定震荡，且整体趋势会呈下降趋势。但项目的模型由于数据集的样本数量有限，模型学习量少，迭代次数也不多，模型能准确识别样本的效果较好，还未呈现震荡趋势，因而二者都随迭代次数增加而增大。所以为分析模型的性能指标还是要主要分析观察 F1 分数以及 mAP 的变化趋势，具体如图 4-36 所示。

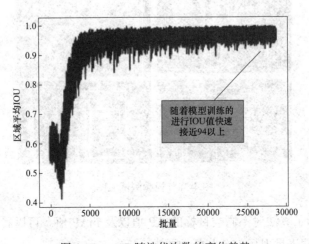

图 4-36 mAP 随迭代次数的变化趋势

从图 4-36 分析可得，mAP 都随着迭代次数的增加而呈上升趋势，在一百次的迭代次数内 mAP 已达 94%以上。由此可得该模型泛化能力较强，已达到训练的预期效果，可以开始对该模型进行测试。

（2）算法逻辑设计及模型测试。将测试集图片输入到模型中测试，得到的准确率达到 95%，对图片中存在很多识别目标的样本也有较好的识别效果。识别效果不好的样本大多都是在图片中比较小的物体，这也体现出 YOLOv3 算法在对小物体的识别效果不好

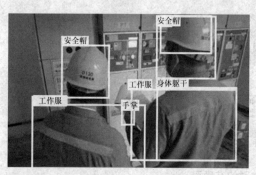

图 4-37 测试效果图

的问题，图 4-37 所示为测试效果图。

（3）安全帽佩戴行为的判断。多施工类型场景的安全监督告警逻辑判定依据及逻辑是，输入原始图像后，经过第三节训练的算法正向传播计算输出目标框坐标信息。

1）当头部位置框与安全帽位置框重叠率超过 50%则认定为头部佩戴安全帽，否则认定为未佩戴安全帽。

2）当身体躯干位置框与工作服位置框重叠率超过 50%认定为身体穿工作服，否则认定为未穿工作服。

3）当手掌位置框与绝缘手套位置框重叠率超过 50%认定为手掌穿戴绝缘手套，否则认定为未穿戴绝缘手套。

4）当判断到未佩戴安全帽、未穿工作服或未穿戴绝缘手套这些不符合安全要求的行为，安全监督系统会发出告警信息。现场收集工人施工场景视频，对视频进行检测，从图 4-38 中，可以看到算法模型能够对工人的头部、安全帽、身体躯干、工作服和手掌等目标进行定位识别，当工人佩戴安全帽时，头部和安全帽的识别框有较大的重叠。当工人穿工作服时，身体躯干和工作服的识别框也有较大的重叠。

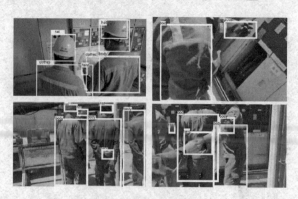

图 4-38 视频测试截图

表 4-6 中展示了算法对不同类目标的 AP 值以及 mAP 值。可以看到算法的 mAP 达到了 91.38%，能够满足现场安全监督的要求。

表 4-6   算法对不同类目标的 **AP** 值

目标	头部	安全帽	身体躯干	工作服	手掌	绝缘手套
AP 值	92.12%	94.85%	91.24%	90.46%	90.14%	89.49%
mAP				91.38%		

4.5.5 人员姿态估计算法

人员操作行为识别主要通过人体姿势估计算法来实现。人体姿势的估计在各种应用中起着至关重要的作用，如手语识别、姿态估计、动作识别、动作量化、安全监查、增强现实等。Mediapip Pose 是一种用于高保真人体姿势估计与跟踪的机器学习 ML 解决方案，从 RGB 视频帧中推断出全身 33 个人体 3D 坐标，可于大多数现代手机、台式机、笔记本计算机、边缘 NVIDIA 设备上实现实时性能，适用于流媒体中 AI 处理的开发与应用。

（1）算法原理。在人体姿势估计领域中，常用的方法是为每个关节生成热图，并为每个坐标细化偏移，或使用基于回归的方法，去试图预测平均坐标值。基于热图的方法，虽然可以以最小的开销扩展到多人，但它使得检测单人的模型比适合在边缘设备或移动终端上进行实时推断的模型要大得多。基于回归的方法虽然计算要求较低，可扩展性更强，但试图预测平均坐标值，往往无法解决潜在的模糊性。利用 stacked hourglass 结构提高预测质量，并使用编解码器网络结构来预测所有关节的热图，并紧跟一个直接回归到所有关节坐标的编码器。热图分支可以在推理过程中被丢弃，使得推理模型足够轻，可以在边缘设备或移动终端上运行。

推理管道的设计过程中，采用检测器和跟踪器配合作为推理策略。在视频流的处理中，由一个轻量级的人体姿态检测器和一个姿态跟踪网络组成，跟踪器预测关键点坐标、当前帧上的人体以及当前帧的准确 ROI 感兴趣区域。当跟踪器发觉当前帧中无人在场时，在下一帧重新运行人体姿态检测器进行人体姿态检测。图 4-39 所示为推理管道的设计结构图。

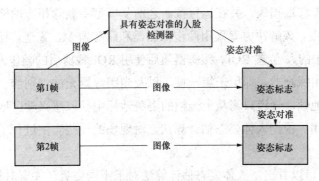

图 4-39   推理管道的设计结构图

（2）人体探测器。为了克服 NMS 算法在高度关节化姿势或自由度高的场景中失败的情况，重点检测相对刚体的身体部分（如人脸或躯干）的边界框上。在许多情况下，神经网络关于人体躯干位置的最强信号是人脸，因此作一强有力假设，在人体姿态估计中，人的头部应该总是可见的。在这一假设上，使用快速人脸检测器作为人体姿态检测器的代理，该检测器还需预测其他特定于人的对齐参数：人的臀部之间的中点，环绕整个人的圆的大小和连接两个中肩和中臀点的线之间的角度，探测原理图见图4-40。

人体姿态检测算法检测人体上的33个点，如图4-41所示，仅在面部、手和脚上使用最少数量的关键点来估计后续模型的旋转、大小和ROI的位置。

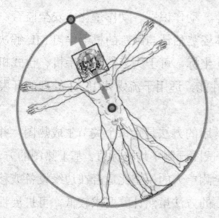

图 4-40 人体探测器原理图

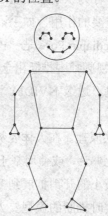

图 4-41 人体姿态检测算法检测点分布

（3）数据集。为了使跟踪算法具有更好的鲁棒性，将数据集局限于这样的情况：要么整个人都是可见的，要么髋部和肩部的关键点可以被确信地标注。为了确保模型支持数据集中不存在的严重遮挡，使用了实质遮挡模拟增强。训练数据集由60000个图像组成，其中一个或几个人在场景中以普通姿势摆姿势，25000个图像中一个人在场景中进行健身锻炼。所有这些图像都是由人类注释的。

（4）神经网络结构。人体姿态估计预测所有33个人关键点的位置，并使用管道的第一阶段对人提供的人进行对齐。采用一种组合热图、偏移量和回归的方法。仅在训练阶段使用热图和偏移量损失，并在运行推断之前从模型中删除相应的输出层。

（5）整体流程。该解决方案采用两步探测器和跟踪器 ML 管道。使用探测器，管道首先定位视频帧中的人/位置 ROI。跟踪器随后使用 ROI 裁剪后的帧作为输入预测姿势地标。根据需要调用探测器，即用于第一帧，以及当跟踪器无法识别前一帧中存在的身体姿势时。对于其他帧，管道只需从上一帧的姿势地标中获取感兴趣区域即可。

（6）实际应用。根据人体姿态估计算法，对现场的一些实例进行了推断，结果如图4-42所示。

由图 4-42 中可以看出，人体姿态估计算法对于不同姿势（如背对相机）、不同完整度（如全身、半身、手臂等）均有很好的鲁棒性和稳定性。

人员操作行为识别技术方案：得到人体姿势关键点的拓扑结构后，根据特定的人体姿势制定自定义分类器，分类器采用最近邻算法（k-nearest neighbors algorithm，K-NN）作为分类指导策略。通过自定义人体姿势分类器，可以对视频帧中的人体进行动作的估计，进而进行量化计数或关键动作检测等应用。

图 4-42　人体姿态估计识别效果

要构建人体姿态分类器，需要收集特定目标动作的图像样本，如电气现场操作人员的停电、验电、接地操作等，并通过人体姿态估计进行姿势预测获得人体姿势关键点的拓扑结构；将特定目标动作对应的姿势坐标转换为适合 K-NN 分类器的表示；执行分类本身，对视频帧中识别到的人体姿态进行动作识别与进一步应用。

为了建立一个良好的分类器，应该收集适当的样品为训练集：大约几百个样本，需要包含每个特定动作的终端状态（例如，停电操作的"开始"和"结束"位置）。收集的样品必须涵盖不同的相机角度、环境条件、体型和运动变化，可在多个电气现场、多位操作人员、多种光照条件等下进行训练样本的收集。

分类器采用 K-NN 作为分类指导策略。用于姿势分类或动作识别的 K-NN 算法需要得到每个特定目标动作样本的特征矢量表示和一个用来计算两个特征矢量之间距离的指标，以找到与视频帧中人体姿态动作示例最近的姿势样本。为了将姿势坐标转换为一个特征矢量，使用预先定义的姿势关节列表之间的成对距离，例如手腕和肩部、脚踝和臀部，以及两个手腕之间的距离。由于算法依赖姿势坐标间的距离，因此所有的姿势需要标准化以在转化为特征矢量前具有相同的躯干大小和垂直躯干方向，人体姿态分类如图 4-43 所示。

为了获得更好的分类结果，K-NN 搜索先后使用两次不同的距离指标：

首先，要筛选出与目标值几乎相同但特征矢量中只有几个不同值的样本（这意味着不同的弯曲关节，因此是其他姿势类），将最小坐标距离用作距离指标。

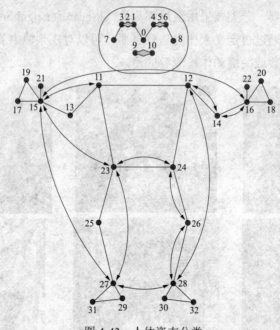

图 4-43　人体姿态分类

然后，使用每个坐标距离的平均值来查找第一次搜索中最近的姿势集群。

我们将指数移动平均值（exponential moving average，EMA）平滑应用于姿势预测或分类中的任何噪声级别。为此，我们不仅搜索最近的姿势集群，还计算每个姿势集群的概率，并将其用于随着时间的推移进行平滑。为了提高鲁棒性和稳定性，算法监控目标姿势类的概率，当目标姿势概率首次超过一定阈值时，进入该姿势类，当概率降至阈值以下，算法将推出该姿势类。为了避免概率在阈值周围波动，用于检测状态推出时的阈值实际上略低于用于检测状态进入时的阈值。

4.5.6　作业人员人脸识别及资质对比算法

人脸识别，是基于人的脸部特征信息进行身份识别的一种生物识别技术。用摄像机或摄像头采集含有人脸的图像或视频流，并自动在图像中检测和跟踪人脸，进而对检测到的人脸进行脸部的一系列相关技术，通常也叫作人像识别、面部识别。

人脸识别主要用于身份识别。由于视频监控正在快速普及，众多的视频监控应用迫切需要一种远距离、用户非配合状态下的快速身份识别技术，以求远距离快速确认人员身份，实现智能预警。人脸识别技术无疑是最佳的选择，采用快速人脸检测技术可以从监控视频图像中实时查找人脸，并与人脸数据库进行实时比对，从而实现快速身份识别。

通过人脸识别及比对，可以实现对现场施工人员的人脸进行识别和比对，实现对现场施工人员的身份进行验证，确保施工人员具备相关施工的许可及资质，杜绝其他人员代替施工等问题。

（1）人脸识别匹配方案。使用世界上最简单高效的开源面部识别库从 Python 或命令行识别和操作面部。使用 dlib 的最先进的面部识别技术和深度学习技术构建。该模型在 Wild 基准中的 Labeled Faces 上的准确性为 99.38%。这也提供了一个简单的 face_recognition 命令行工具，可以从命令行对图像文件夹进行人脸识别。

方案系统配置要求如下：Python 3.3+或 Python 2.7；macOS 或 Linux（Windows 不受官方支持，但可能可以使用）。

（2）人脸识别匹配算法部署方法。首先，构建一个以日期命名的全新文件夹，通过后台软件传回本次施工的对应人员图片包含需要识别每个人的一张图片。每个人应该有一个图像文件，文件根据图片中的人物 ID 命名：通过 face_recognition 的安装将实现对已有照片进行识别照片或充满照片的文件夹中的脸部，通过命令行工具及输入的视频流，可以识别照片或充满照片的文件夹中的脸部图片进行识别和比对，如果视频流中人员与后台传回的施工人员图片比对成功后会回传相关数据信息，以保证现场施工人员信息核对一致。

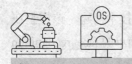

5

继电保护自动测试装置

5.1 项目目标

随着智能变电站技术的推广，变电站的自动化程度不断增加，继电保护装置校验过程中如何把关继电保护装置的可靠性和稳定性并提高校验效率成为验收过程中的重大难题。本项目设计了一种继电保护自动校验方法，分别对继电保护装置的定时限过电流保护、定时限接地保护功能进行校验：控制继电保护测试仪输出电压、电流、频率、相位来模拟电力系统二次侧故障情况，通过继电保护测试仪开入接口测得校验装置的电气量及时间参数，结合数据库后台自动生成实验报告，并判断校验项目的合格与否，对继电保护校验操作过程进行管控。使得验收结果得到客观数据支撑，从而提高检修运维及工程验收准确性及效率。

基于传统继电保护装置校验操作存在有安全隐患，工作量大等诸多不足，校验过程中除了核电站停期时间长，大幅影响经济效益外。诸如：

（1）人工校验效率低。如在核电厂大修保护装置检修，主要过程是根据装置检测要求，通过人工手动方式操作继电保护检测仪检测。

（2）数据价值利用率低。后续的检验数据、测试报告的整理输入靠人工手动完成，耗费时间精力，容易造成数据丢失，且难以依赖计算机或算法进行后续分析。

（3）安全、质量风险。检测设备及项目种类繁多，定值设置、试验参数修改，均需现场手动修改，存在人因出错风险。

（4）经验依赖程度高。检测人员理论水平、实际操作水平各不相同，所需的检测时间差别较大，可能超出预定工期。

上述几点均为当前变电站或电力现场电气设备校验过程中遇到的问题，因此开发一款自动化程度高、人机交互和谐、控制测试仪自动完成继电保护装置校验流程的继电保护自动测试装置。可取代传统人力进行操作，降低了技术工人的劳动强度，保证技术人员人身安全。具有安全高效准确等优点。

开发人机交互和谐的全智能继电保护自动校验装置，满足现场面临不同厂家的各类设备需求，实现继电保护装置检验规范化、标准化、高效化和智能化。进而解决人工测试偏差、检修效率低、数据价值利用率低等痛点。自动检测系统能对保护的规约、检测过程进行编辑，满足不同设备需求，实现校验标准化、自动化，大大降低人因出错风险，提升效率，大幅提高校验精度，减轻检测人员负担。进一步可通过建立基于缺陷样本库的专家智能分析系统，充分挖掘校验数据价值，建立大数据下的预测性维修项目，提升设备可靠性，助力智慧电厂建设。

5.2 国内外研究概况

自动化技术的飞速发展使得继电保护领域中的微机保护已经成为当下电力系统继电保护领域的主要手段也为保护装置自动校验打下坚实基础。但是，继电保护装置的自动化校验系统作为一种新型应用领域的自动化程度较高的操作方式，国内外对其研究历史并不长。总体来看，继电保护自动校验是涉及多领域、多学科交融且具有一定专用性的自动化装置系统。

数字继电保护装置因其灵活、可靠、经济等优点正逐步取代传统的保护装置而被广泛地应用于变电站保护的重要任务，因此，有必要对其可靠性进行定量的评估和系统的研究分析。在这方面，国内外研究文献甚少，只有少数研究者做了一些尝试性的工作：国内的陈明世用软件可靠性影响因素加权法对线路保护装置的高频保护、距离保护、零序保护、重合闸及人机对话等五个项目可靠性进行了评估；晏国华用模糊因素加权法预计保护软件可靠性指标。但由于数字继电保护装置可靠性涉及的因素较多，评估难度较大，所以这些方法都还处于尝试探索阶段，到现在为止还没有成熟通用的方法来定量分析数字继电保护装置的可靠性。

可靠性是指设备在规定的条件下和预定的时间内，完成特定功能的能力。可靠性指标的建立不但要考虑装置本身的功能，还要反映装置特定的工作环境和应用特点。数字继电保护装置是一种特殊的电子设备，在制定可靠性指标时必须考虑误动失效和拒动失效两种失效情况，继电保护装置的失效可造成极为严重的社会影响和巨大的经济损失，因此其可靠性指标要综合考虑电力系统的运行方式、经济损失等因素。

国内外针对高低压配电装置进行继电保护自动校验的研究较少，目前尚没有成熟并且针对性强的产品应用在电气操作的实践中。然而，研发可以进行流程化，规范化的继电保护装置校验系统既可以增加电网安全运行的可靠性，提高设备校验的效率和准确性，也可以减少技术人员的任务量和人为误差，具有重要意义。在这个自动化高度发达的时代背景下，基于控制系统控制算法配合进行保护装置校验是一种必然的趋势。因此对电力系统继电保护自动化校验系统的设计研究是有必要的。相对于传统继电保护装置校验操作存在安全隐患，工作量大等诸多不足，开发一款自动化程度高、人机交互和谐、控制测试仪自动完成继电保护装置校验流程的上位机软件系统。对继电保护校验操作过程，进行流程化、规范化的管控，集文档、设备、数据等信息于一体，结合任务下发、试验执行、过程分析、数据上传，实现信息流、工作流、业务流有机的统一和集成，具有安全高效准确等优点。

5.3 项目简介

国内继电保护厂家已开发研制发变组保护半自动校验装置，无法实现全自动，同时仅针对某电厂的具体配置保护，保护逻辑对其他电厂不通用，不具备推广功能。国内外无继电保护全智能、全覆盖、标准化自动校验先例。无建立基于缺陷样本库的专家智能分析系统和建立大数据下的预测性维修项目的先例。

因此，项目存在的必要性和价值不言而喻。传统继电保护校验：手动操作，大量拆接线，无法直接生成维修报告和与历史数据对比，效率低，人因失误风险高，对人员专业技能依赖程度高。大修停盘继保已为主线，人员通宵校验，疲劳作业，存在人因失误风险。开发全自动校验装置，可以在目前检修工期基础上，节约大修保护校验工期一半以上，为大修主线关键路径和次关键路径节约时间。建立基于缺陷样本库的专家智能分析系统，建立大数据下的预测性维修项目，可填补核电行业空白，为智慧电厂平台提供可直接调用的设备基础数据。

目前项目已经完成适用中压保护装置的自动校验模块的自主研发，并针对中压保护SPACOM串口通信机理及通信命令在硬件层面和软件层面实现适配，可实现定值一键读取、修改，电流保护装置自动校验，电机保护装置及其附加元件自动校验等。通过现场应用，可缩短一半以上的系统二次侧检修时间，为开发智能继电保护自动校验支持系统奠定了数据及技术基础。同时，目前国内电力行业已重视和起步全自动智能校验，研发过程的难点已进行识别，并参照中压保护技术路线制定可行的问题解决方案。

项目以设计一种稳定的继电保护装置自动校验系统为目标，包括测试仪电压、电流的幅值、频率、相位控制以及测试仪开入量动作值、返回值，动作时间信息采集、测试结果自动校验、数据上传等功能；其中电压电流输出控制可以模拟电力系统二次侧的接地故障、相间故障、断线故障等，可以精确测试继电保护装置的过电流保护、距离保护、差动保护、零序保护等状态的动作情况、返回值以及动作时间等，并且能够自动判断校验项目的合格与否，并上传数据生成相应实验报告，保证了校验过程的稳定性和可控性，消除了人为误差并大大减轻技术人员工作任务。本项目节省了大量的人力物力，具有很高的经济效益，市场应用空间也非常广阔。

5.4　工作原理

5.4.1　自动校验平台

基于变电站现有微机保护装置为测试对象，设计可兼容多款型号保护装置接口功能的继电保护装置自动校验系统，装置整体包含三相可控电源输出、以太网接口，AD/DA接口、现场可编程门阵列（field programmable gate array，FPGA）最小系统主控等功能模块；三相可控电源部分主体为三相桥式逆变电路，模拟输出三相正弦交流时，其基本工作方式即180°导电方式，即每个桥臂的导电角度为180°，同一相上下两个桥臂交替导电，各相开始导电的角度依次相差120°，并且，每相可控硅的触发脉冲由内部主控电路输出PWM波控制。通过控制桥臂的导通与否以及导电角度、输出测试电压、多路电压设计，可以实现多种输出方式，满足不同的测试需求。FPGA 最小系统部分中：主控芯片采用 cyclone Ⅳ 系列轻量级 FPGA 芯片 EP4CE6F17C8，其融合高性能、实时性、数字信号处理、低功耗、低电压于一身，同时保持高集成度的特点。实验环境如图 5-1 所示。

外围电路主要包含最小系统部分、外部接口组、控制及交互外设等，其中最小系统部分是芯片运行调试所必需的外围电路；外部接口中以太网接口负责外部的数据交换以及输出控

图 5-1 装置实验环境

制；USB 接口可以外接键盘或从主控装置内部存储中拷贝测得的历史数据；AD/DA 接口负责读取电源部分的模拟量输出并转换为数字量交由显示部分方便操作人员读取数据，同时，主控芯片通过闭环控制逻辑调整 PWM 接口输出，保证测试仪电源输出精度。

另外，核心控制板通过网口和串口通信模块同时与上位机相连，保证上位机可以同时采集到继电保护装置以及测试仪的信息，在发生保护装置误动和拒动失效时，可以通过向保护装置发送查询指令将两侧信息进行同步验证，上位机对多次采集的数据进行融合处理，将经过加工处理的数据输出显示给用户。

5.4.2 装置通信原理

对于整个测试平台而言，硬件装置主要分为三个部分，如图 5-2 所示，包括各个型号的继电保护装置、模拟变电站二次侧故障的继电保护测试仪 ONLLY A460 以及安装 Windows 系统的外接计算机。

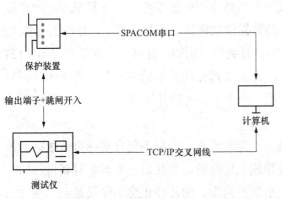

图 5-2 闭环测试原理

（1）串口通信基本原理：硬件上，保护装置与计算机使用 RS232 标准接口，该接口是常用的串行通信接口标准之一，它是由美国电子工业协会联合贝尔系统公司、调制解调器厂家及计算机终端生产厂家于 1970 年共同制定，其全名是"数据终端设备（data terminal equipment，DTE）和数据通信设备（data communication equipment，DCE）之间串行二进制数据交换接口技术标准"。该标准规定采用一个 25 个脚的 DB-25 连接器，对连接器的每个引脚的信号内容加以规定，还对各种信号的电平加以规定。后来 IBM 的 PC 机将 RS232 简化成了 DB-9 连接器，从而成为通用标准。而工业控制的 RS232 口一般只使用 RXD、TXD、GND 三条线。其电路原理图如图 5-3 所示。

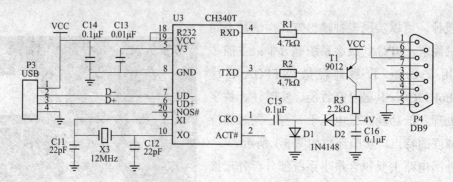

图 5-3　串行接口硬件原理图

　　串口通信（serial communications）的基本实现方式，即串口按位（bit）发送和接收字节的通信方式。串行接口是一种可以将接收来自 CPU 的并行数据字符转换为连续的串行数据流发送出去，同时可将接收的串行数据流转换为并行的数据字符供给 CPU 的器件。一般完成这种功能的电路，我们称为串行接口电路。

　　串口的按位（bit）通信尽管比按字节（byte）的并行通信慢，但是串口可以在使用一根线发送数据的同时用另一根线接收数据。能够实现远距离通信。对于串口而言，通信距离可达 1200m，短距离的数据传输也更加可靠，不易收到外界干扰。串口用于 ASCII 码字符的传输。通信使用 3 根线完成，分别是地线、发送、接收。由于串口通信是异步的，端口能够在一根线上发送数据同时在另一根线上接收数据，其他线用于握手。串口通信最重要的参数是波特率、数据位、停止位和奇偶校验。对于两个进行通信的端口，这些参数必须匹配。

　　其中，数据位用于衡量串口通信中实际有效数据位数的参数，当计算机发送一个信息包，对于包中的每一个字符数据，实际的数据位数往往不会是 8 位的，标准的值是 6、7 和 8 位。如何设置取决于实际需要传送的信息类型。比如，标准的 ASCII 码是 0～127（7 位）。扩展的 ASCII 码是 0～255（8 位）。如果数据使用简单的文本（标准 ASCII 码），那么每个数据包使用 7 位数据。每个包是指一个字节，包括开始/停止位，数据位和奇偶校验位。

　　参数停止位用于表示单个数据包的最后一位的设置，该位不包含实际有效数据，典型的值为 1、1.5、2 位。由于数据是在传输线上定时的，并且每一个设备有其自己的时钟，很可能在通信中两台设备间出现了小小的不同步。因此停止位不仅仅是表示传输的结束，并且提供计算机校正时钟同步的机会。适用于停止位的位数越多，不同时钟同步的容忍程度越大，但是数据传输率同时也越慢。基于实际硬件配置将串口通信的停止位设置为一个合适的大小能够保证数据传输中的同步问题，保证数据交换的顺利进行。

　　奇偶校验位是在串口通信中的一种检错方式，校验位的设置原则上有四种检错方式：偶、奇、高和低。对于偶和奇校验的情况，串口会设置校验位（数据位后面的一位），用一个值确保传输的数据有偶数个或者奇数个逻辑高位。例如，如果数据是 011，对于偶校验，校验位为 0，保证逻辑高的位数是偶数个。如果是奇校验，校验位为 1，这样就有 3 个逻辑高位。高位和低位不真正检查数据，简单置位逻辑高或者逻辑低校验。这样使得接收设备能够知道一个位的状态，有机会判断是否有噪声干扰了通信或者是否传输和接收数据是否不同步。虽然在通信过程中可以不加入校验位，但是校验位可以基于软件的方式对传输数据准确性提供保障，如果有错误出现，可以通过重新发送该数据包或提示用户等方式保证校验过程的顺利进行。

（2）网口通信基本原理：硬件上，测试仪与计算机使用 RJ-45 标准网口，插头有 8 个凹槽和 8 个触点。RJ 是 registered jack 的缩写，意思是"注册的插座"。在 FCC（美国联邦通信委员会标准和规章）中 RJ 是描述公用电信网络的接口，计算机网络的 RJ45 是标准 8 位模块化接口的俗称。RJ45 模块的核心是模块化插孔。镀金的导线或插座孔可维持与模块化的插座弹片间稳定且可靠的电器连接。由于弹片与插孔间的摩擦作用，电接触随着插头的插入而得到进一步加强。插孔主体设计采用整体锁定机制，这样当模块化插头插入时，插头和插孔的界面外可产生最大的拉拔强度。RJ45 模块上的接线模块通过"U"形接线槽来连接双绞线，锁定弹片可以在面板等信息出口装置上固定 RJ45 模块，实现可靠链接。

RJ45 的性能指标同样包括衰减、近端串扰、插入损耗、回波损耗和远端串扰等。在这些性能指标要求中，串扰是设计时考虑的一个重要因素，为了使整个链路有更好的传输性能，在插座中常采用串扰抵消技术，串扰抵消技术能够产生与从插头引入的干扰大小相同、极性相反的串音信号来抵消串扰。如果由模块化插头引入的串音干扰用"++++"表示，插座产生的相反的串音则用"————"表示。当两个串音信号的大小相等，极性相反时，总的耦合串音干扰信号的大小为零，以太网络使用 CSMA/CD（载波监听多路访问及冲突检测）技术，并以 10Mbit/s 的速率运行在多种类型的电缆上。以太网是应用最为广泛的局域网，包括标准的以太网（10Mbit/s）、快速以太网（100Mbit/s）和 10G（10Gbit/s）以太网。

类似于串口的通信模式，以太网卡也可以工作在两种模式下：半双工和全双工。半双工为在同一时间只能传输单一方向的数据。当两个方向的数据同时传输时，就会产生冲突，这会降低以太网的效率。全双工为通信允许数据在两个方向同时（瞬时）进行信号的双向传输，它在能力上相当于两个单工通信方式的结合。

以太网 TCP/IP 是指能够在多个不同网络间实现信息传输的协议簇。TCP/IP 协议不仅仅指的是 TCP 和 IP 两个协议，而是指一个由文件传输协议（file transfer protocol，FTP）、TCP、IP 等协议构成的协议簇，只是因为在 TCP/IP 协议中 TCP 协议和 IP 协议最具代表性，所以被称为 TCP/IP 协议。它是在网络的使用中的最基本的通信协议。TCP/IP 传输协议对互联网中各部分进行通信的标准和方法进行了规定。并且，TCP/IP 传输协议是保证网络数据信息及时、完整传输的两个重要的协议。TCP/IP 传输协议严格来说是一个四层的体系结构，应用层、传输层、网络层和数据链路层都包含其中。其中应用层的主要协议有 Telnet、FTP、SMTP 等，是用来接收来自传输层的数据或者按不同应用要求与方式将数据传输至传输层；传输层的主要协议有 UDP、TCP，是使用者使用平台和计算机信息网内部数据结合的通道，可以实现数据传输与数据共享；网络层的主要协议有 ICMP、IP、IGMP，主要负责网络中数据包的传送等；而网络访问层，也叫网路接口层或数据链路层，主要功能是提供链路管理错误检测、对不同通信媒介有关信息细节问题进行有效处理等。在网络通信的过程中，将发出数据的主机称为源主机，接收数据的主机称为目的主机。当源主机发出数据时，数据在源主机中从上层向下层传送。源主机中的应用进程先将数据交给应用层，应用层加上必要的控制信息就成了报文流，向下传给传输层。传输层将收到的数据单元加上本层的控制信息，形成报文段、数据报，再交给网际层。网际层加上本层的控制信息，形成 IP 数据报，传给网络接口层。网络接口层将网际层交下来的 IP 数据报组装成帧，并以比特流的形式传给网络硬件（即物理层），数据就被发送至目的主机。

当开始数据传输时，它将按如下步骤进行：

（1）监听信道上是否有信号在传输。如果有的话，表明信道处于忙状态，就继续监听，直到信道空闲为止。

（2）若没有监听到任何信号，就传输数据。

（3）传输的时候继续监听，如发现冲突则执行退避算法，随机等待一段时间后，重新执行步骤 1；需要注意的是当冲突发生时，涉及冲突的计算机会发送会返回到监听信道状态，每台计算机一次只允许发送一个包，一个拥塞序列，以警告所有的节点。

（4）若未发现冲突则发送成功，所有计算机在试图再一次发送数据之前，必须在最近一次发送后等待 9.6μs（假设所规定的协议传输速度为 10Mbit/s）。

项目采用以太网芯片中常用的 ENC28J60 型号芯片，其带有行业标准 SPI 的独立以太网控制器。它可作为任何配备有 SPI 的控制器的以太网接口，嵌入式系统连接以太网的芯片。ENC28J60 采用了一系列包过滤机制以对传入数据包进行限制。它还提供了一个内部 DMA 模块，以实现快速数据吞吐和硬件支持的 IP 校验和计算。与主控制器的通信通过两个中断引脚和 SPI 实现，数据传输速率高达 10Mbit/s。两个专用的引脚用于连接 LED，进行网络活动状态指示。

网络层引入了 IP 协议，制定了一套新地址，使得我们能够区分两台主机是否同属一个网络，这套地址就是网络地址，也就是所谓的 IP 地址。IP 协议将这个 32 位的地址分为两部分，前面部分代表网络地址，后面部分表示该主机在局域网中的地址。如果两个 IP 地址在同一个子网内，则网络地址一定相同。为了判断 IP 地址中的网络地址，IP 协议还引入了子网掩码，IP 地址和子网掩码通过按位与运算后就可以得到网络地址。其次，UDP 协议定义了端口，同一个主机上的每个应用程序都需要指定唯一的端口号，并且规定网络中传输的数据包必须加上端口信息，当数据包到达主机以后，就可以根据端口号找到对应的应用程序了。UDP 协议比较简单，容易实现，且数据传输速率高。数据在传输之后，它最终是要满足使用者的需要。计算机网络中的 TCP/IP 传输协议除了能保障数据信息的时新性，还能根据使用者的不同需求，提供与实际相符的数据信息，具有充分的灵活性和可扩展性。

通过搭建基于 STM32 的开发版进行网络模块实验，与计算机进行基本的字符串传输，可以在监视程序中查询到开发版发送至计算机侧的十六进制数据，网口数据捕获如图 5-4 所示。

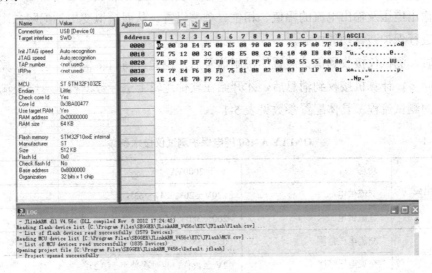

图 5-4　网口数据捕获

为了项目中各设备间通信时对数据信息准确性和传输速度的需求，计算机网络中的 TCP/IP 传输协议对传统的数据传输过程进行了改善，使得网络信息的传输具备时效性特点，更加快速便捷。基于计算机网络的 TCP/IP 协议，数据传输流程主要是建立 TCP/IP 连接、数据发送、数据接收这三个主要环节。这三个环节的无缝连接使得数据信息实现了实时性传输。在 TCP/IP 传输协议的通信中，为保证数据信息到达目的地址，数据的发送端口和数据的接收端口需要向双方发送信息以确认是否能够建立通信连接。建立 TCP/IP 连接站口是数据信息传输的前提条件。在建立了 TCP/IP 连接站口后，就可以进行数据信息的发送。数据信息首先进入发送缓冲区传输层，然后一层一层地进行传输。在发送的过程中，传输层协议会对数据信息进行相应的封装，以便实现完整准确的传输，最终实现设备间高准确性高速率的数据交换。下面分别介绍系统中各设备的具体功能、所测得数据的类型以及详细通信逻辑和步骤。

1. 继电保护测试仪&继电保护装置

测试仪与保护装置通过 2.5mm² 20A 香蕉头专用测试线进行连接,按照逻辑功能可以划分成两个：第一部分是将测试仪按照校验流程设置好幅值、相位、频率的输出电压输出电流接至保护装置 A、B、C 三相和零序接口；第二部分是将保护装置的输出信号的跳闸接口连接至测试仪的开入量接口，当保护装置发生动作时测试仪可以采集到跳闸信号，从而进行保护动作值、动作时间的采集、测试仪输出归零及保护装置复位等工作，方便进行下一项目的测试及保障测试人员操作安全。

2. 继电保护测试仪&外接计算机

继电保护测试仪与外接计算机通过交叉网线进行连接，基于 TCP/IP 通信协议，连接好测试线后，需要在计算机侧设置 IP 地址及端口号从而与测试仪匹配至同一个网段，才能高速通信；通信基础建立后，可以在计算机软件端进行测试仪的输出设置包括三相和零序输出电压及输出电流的幅值、相位、频率设置，从而模拟变电站配网二次侧的故障情况进行保护装置功能校验。

同时，测试仪接收到保护装置的跳闸信号后，也通过网口将信号传递至计算机，实现信息同步，计算机接收到消息后，才开始在软件逻辑上进行数据校验、结果输出及下一阶段的测试流程。具体配置参数见表 5-1。

表 5-1　　　　　　　　　　ONLLY A-460 继电保护测试仪技术参数

供电电源	功耗	小于 2000VA
	交流供电	220V±20%（47～63Hz）
	直流供电	200～380V DC
电压源	交流电压范围	0～125V
	交流电压精度	2V 至量程，相对误差小于 0.2%
	交流电压分辨率	1mV
	总谐波畸变率	2V 至量程，THD%不大于 0.2%
	交流电压功率	单相大于 30VA/相，输出最大功率大于 60VA
	输出时间	连续输出
	直流电压范围	0～350V，−175V～+175V
	直流电压精度	2V 至量程，相对误差小于 0.2%
	直流电压分辨率	1mV
	直流电压功率	在±175V DC，输出功率大于 85W
电流源	交流电流范围	0～35A，可多相并联输出
	交流电流准确度	0.5A 至量程，相对误差小于 0.2%
	交流电流分辨率	1mA
	总谐波畸变率 THD%	0.5A 至量程　总谐波畸变率不大于 0.2%
	交流电流功率	0.5A：最大负载大于 18.0Ω
	交流输出时间	不大于 10A，连续输出
	直流电流范围	0～20A
	直流电流准确度	0.5A 至量程，相对误差小于 0.2%
	直流电流分辨率	1mA
	直流电流功率	单相功率大于 200W，所有电流相可同时带载输出

输出频率	范围：10～1000Hz；分辨率：0.001Hz	
	误差：10Hz＜f≤65Hz，不超过±0.001Hz； 65Hz＜f≤450Hz，不超过±0.01Hz； 450Hz＜f≤1000Hz，不超过±0.02Hz	
相位	范围：±360°；误差：小于 0.2°；分辨率：0.1°	
辅助直流	110/220V DC 可切换，功率大于 100W，精度：0.5%	
时间测量	最大测量时间：1.000×108s	
	计时误差：±1ms（0.001s～1s）；±0.1%（1s～1.000×108s）	
	防抖时间设置范围（软件设置）：0ms～20s	
开入量	八对开入量（电气隔离），可接空节点及带电位节点（0～250V）	

3. 继电保护装置&外接计算机

继电保护装置与外接计算机通过定制串口线进行通信，两侧分别为 DB9 接头接至保护装置、标准 USB-A 接头连接至计算机，适配各种常见类型的通用计算机。

保护装置与外接计算机建立硬件连接后，经过转接头的电平标准转换及高低位处理，可与计算机基于标准串口协议进行通信，可以在计算机软件侧实时读取保护装置的状态，包括：保护装置型号、保护装置当前各相输入的测量电压，测量电流信息、各个保护项目的跳闸信息以及通过改写保护装置内部寄存器数据实现各个功能的闭锁控制等；从而在计算机软件侧控制保护装置的实时状态，令保护装置配合整个校验流程，真正实现全校验流程的自动化。至此完成了项目中所有设备的关联，可以实现设备间的数据通信，实验连接图如图 5-5 所示。

4. 万用表&外接计算机

万用表传输数据的方式是，将测量到的数据存储在万用表中，当旋至 MEM 挡时，万用表向上位机传输存储的数据。本程序用 C#实现，根据厂家提供的通信协议初始化端口，端口打开即连接万用表。

测量功能：交流电压、直流电压、交流电流、直流电流、电阻、电容、通断、二极管、

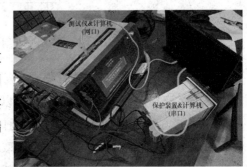

图 5-5 装置试验连接图

频率/占空比测量、温度测量、热电阻测量、峰值测量（PEAK）、交流+直流测量（AC+DC）、交流+频率（AC+Hz）测量、相对值测量（REL %）、最大值、最小值、平均值测量（MAX/MIN/AVG）、可选择手动或自动量程测量、测量数据的显示保持（DIS_HOLD）和自动保持（AUTO_HOLD）功能、仪表内置大容量的数据存储器，可存储多达 1000个（组）现场测量的数据。可记录数据，或传送至用户上位 PC 机。

联机通信功能：仪表使用兼容 USB 接口的隔离串行通信模块与 PC 机通信，通信协

议符合可程控仪器标准指令集（Standard Commands for Programmable Instruments，SCPI）标准。其实验万用表接口原理如图 5-6 所示。

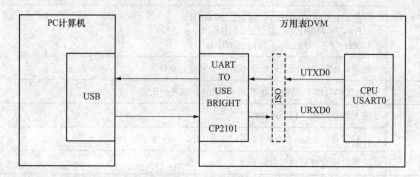

图 5-6　实验万用表接口原理

图 5-6 中，PC 为系统外接计算机，DVM 为万用表，通信模式为主从模式，计算机为主机，万用表为从机。通信方式为全双工 UART TO USB 通信，波特率最高可达 9600bit/s，基于此逻辑图可使计算机与万用表实现点对点连接通信。

具体通信时的数据帧格式如图 5-7 所示。

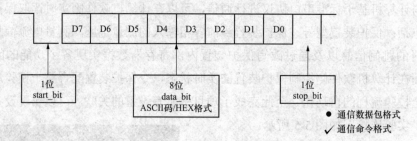

图 5-7　实验万用表通信时的数据帧格式

由图 5-7 可见，数据传输过程中，每个数据包有 1 位起始位，8 位数据位，数据位即所发送字符的 ASCII 码二进制格式，以及 1 位停止位。命令子集中包含联机通信基本命令，即 PC 与仪表进行通信握手联机通信工作，若联机成功，则万用表返回 ACK 应答；仪表输入测量工作通信命令，即实时读取仪表测量数据，若仪表处于输入测量工作，读取当前输入测量工作的测量数据，且仪表返回应答及输入测量数据，若仪表处于记录阅读工作，则返回 NAK 应答；仪表手动记录数据量读取命令，发送此命令时仪表需要处于记录阅读工作，读取仪表手动记录数据量，返回 SC 应答，以及记录数据量，若仪表处于非记录阅读工作状态，则返回 NAK 应答。仪表定时记录数据量读取命令，仪表处于记录阅读工作，仪表收到命令后返回 SD 应答，以及 1 条记录数据单元，若仪表处于非记录阅读工作状态，则返回 NAK 应答。

基于以上数据传输协议，可实现对仪表的远地控制，开放式通信协议，可进行二次开发。通过功能强大的、交互友好的人机界面，用户可方便获取仪表中的多项数据参数。

并可对数据存储进行处理、管理等，获取的数据以图形或表格等形式显示，并通过数据库对每次测试得到的实验数据进行规范化管理。

5. 绝缘电阻表&外接计算机

绝缘电阻表正视图如图 5-8 所示，包含了所有的功能按键及显示组件。绝缘电阻表功能配置图如图 5-9 所示，1 为仪表显示液晶屏，2、17、16、5 为选择按钮，3 为设备应急关机按钮，4 为背光与数据清除按钮，6 为电源开关按钮，7 为比较功能按钮，8 为绝缘电阻测量按钮，9 为电压测量按钮，10 为定时器按钮，11 为低电阻测量按钮，12 为测试使用按钮，13 为步进选择按钮，14 为数据存储按钮，15 为存储数据读取按钮，18 为 LINE 电阻输出插孔，可插入专用测试线进行电阻测量，19 为高压线屏蔽插入口该接口需要插入双头线，20 为接地保护插入口，保证测试过程中操作人员的人身安全，21 为 EARTH 高阻测量插入口，22 为专用双头测试夹插入口。

图 5-8　绝缘电阻表正视图

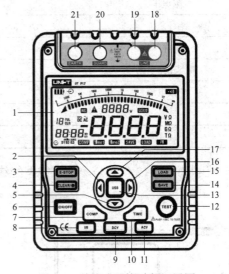

图 5-9　绝缘电阻表功能配置图

绝缘电阻表侧面接口图如图 5-10 所示，绝缘电阻表侧面通信接口见标号 1、2、3，分别为接口活动门、适配器插孔按钮及 USB 插入孔，优利德绝缘电阻表具体技术参数见表 5-2。

图 5-10　绝缘电阻表侧面接口图

1—活动门；2—适配器插孔按钮；3—USB 插入孔

表 5-2   优利德绝缘电阻表技术参数

输出电压	500～2500V
精确度	±2%RDG±3DGT
测量范围	500V：0.0～999MΩ 1000V：0.0～1.99GΩ 2500V：0.0～99.9GΩ 5000V：0.0～1000GΩ
极化指数	有
USB 传输	有
AC/DC 电压测试	30～600V
过载保护	绝缘范围 AC 1200V/10s 电压范围 AC 720V/10s
耐电压	AC 8320V（50/60Hz）/5s
绝缘阻抗	不小于 1000M9/DC 1000V
采样率	0.5～10 次/s
最大短路电流	1.4mA
外接电源	DC 12V，8×2 号电池
质量	约 1027g
尺寸	153×213×95mm

优利德 UT512 仪表是一款智能型绝缘测试仪表，整机电路设计采用微机技术设计为核心，以大规模集成电路和数字电路相组合，配有强大的测量和数据处理软件，完成绝缘电阻、电压、低电阻等参数测量，性能稳定，操作简便。适用于现场电力设备以及供电线路的测量和检修，极适用于电力设备维护和检修过程的使用。进行绝缘电阻测量时需要注意的是，在测试前，确定待测电路没有电存在，且与电源电路完全隔离，不能直接测量带电设备或带电线路的绝缘；在测试时，仪器有危险电压输出，一定要小心操作，确保被测物已夹稳，手已离开测试夹后，再按 TEST 键输出高压，进行绝缘电阻测试。进行绝缘电阻测试时连接方式如图 5-11 所示。

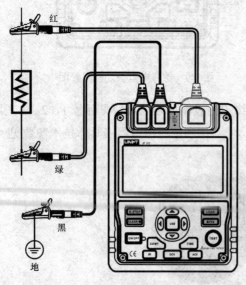

图 5-11　绝缘电阻表连接方式图

此外，在仪器高压输出状态，不能够对仪表的两个表笔进行短路，这样会造成高压反向输入至仪表中，对设备造成损坏。且当仪表在 500V 挡位，测量电阻低于 2MΩ 时、1000V

挡位，测量电阻低于 5MΩ、1500V 挡位，测量电阻低于 8MΩ、2500V 挡位，测量电阻低于 10MΩ 时，测量时持续加压不能超过 10s。常用两种模式对绝缘电阻进行测试。

（1）测量当前绝缘电阻值：按下按 TIME 键选择连续测量模式，在液晶屏上无定时器标志显示，此后按住 TEST 键 1s 能够进行连续测量，输出绝缘电阻测试电压，测试红灯发亮，在液晶屏上高压提示符 0.5s 闪烁。在测试完以后，按下 TEST 键，关闭绝缘电阻测试电压，测试红灯灭且无高压提示符，在液晶屏上保持当前测量的绝缘电阻值，由此得到当前被测设备的绝缘电阻值。

（2）比较模式：按 COMP 键选择比较功能测量模式，在液晶屏显示"COMP"标志符号和电阻比较值，用左右切换按键可设置电阻比较值，范围可从 10MΩ～100GΩ 进行设置。此后按下 TEST 键 2s，当待测设备的绝缘电阻值小于所设初值时，液晶屏显示 NG 标志符号，否则显示 GOOD 标志符号，可以非常便捷测试固定设备的合格与否。

5.4.3 软件系统原理

对于外接计算机的上位机，继电保护自动校验软件主体功能，包括各个装置间的连接、通信、校验逻辑等基于 C#语言及.Net_Winform 平台进行开发，我们所说的.NET 一般指.NET 平台，其还有一个重要的组成部分就是.NET Framework 框架，其中.NET 平台是我们所用到的微软开发服务平台而.NET Framework 框架就是我们使用.NET 平台进行开发时所用到的 API、官方及第三方类库等工具，给我们的开发提供了一系列的环境，工具保证我们在开发过程中.NET 平台能够正常运转。而.NET Framework 框架的使用和运行离不开两个重要组件即公共语言运行库（common language runtime，CLR）和.NET 类库。

.NET 是一种用于构建多种应用的免费开源开发平台，可以使用多种语言，编辑器和库开发 Web 应用、Web API 和微服务、云中的无服务器函数、云原生应用、移动应用、桌面应用、Windows WPF、Windows 窗体、通用 Windows 平台（universal windows platform，UWP）、游戏、物联网（IoT）、机器学习、控制台应用、Windows 服务。.NET 类库在不同应用和应用类型中共享功能，无论构建哪种类型的应用，代码和项目文件框架都可以相互兼容，可以访问每个应用的相同运行时、API 和语言功能。也可以同 Unity、Python 等其他语言和平台协同开发。.NET 是微软的新一代技术平台，为敏捷商务构建互联互通的应用系统，这些系统是基于标准的、联通的、适应变化的、稳定的和高性能的。从技术的角度，一个.NET 应用是一个运行于.NET Framework 之上的应用程序。更精确地说，一个.NET 应用是一个使用.NET Framework 类库来编写，并运行于公共语言运行时 Common Language Runtime 之上的应用程序。

Web Services 是.NET 的核心技术。Web Services 并非由微软开发，同样也不属于微软专有。而是一个开放的标准，和 HTTP、XML、SOAP 一样。他们是一个工业标准而非微软标准，WS-I 是为了促进 Web Services 互通性的联盟组织，最初是由 IBM 和微软所发起，其他成员包括 BEA System、惠普计算机（HP）、甲骨文（Oracle）、英特尔（Intel）

和 SUN 计算机（Sun Microsystem）。正如 Web 是新一代的用户与应用交互的途径，XML 是新一代的程序之间通信的途径一样，Web Services 是新一代的计算机与计算机之间一种通用的数据传输格式，可让不同运算系统更容易进行数据交换。Web Services 有以下几点特性：Web Services 允许应用之间共享数据；Web Services 分散了代码单元；基于 XML 这种 internet 数据交换的通用语言，实现了跨平台、跨操作系统、跨语言。与微软的 ASP 不同，ASP 仍然是一个集中式计算模型的产物，但 Web Services 却迥然不同，它秉承"软件就是服务"的思想，同时顺应分布式计算模式的潮流。其存在形式又与以往软件不同，组件模式小巧、单一，对于开发人员来讲，开发成本较低。我们同样可以使用 Windows 开发客户端来调用运行于 Linux 上面的 Web Services 的方法。该平台的整体框架如图 5-12 所示。

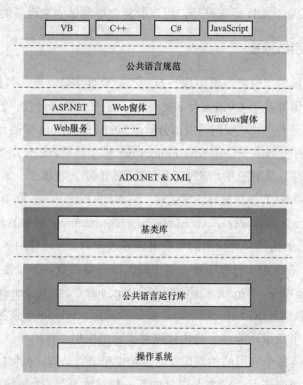

图 5-12　开发平台框架

用户界面（user interface，UI）及主体功能需要 System.Windows.Forms 模块，System.IO.Ports 模块，System.Threading 模块等组件的支持。

5.4.4　实验报告生成

自动测试系统的软件部分由四级界面组成，接线完成后，操作人员进入登录界面，登录完成后进入下一级界面，开始选择待测保护装置类型以及测试项目，进入自动测试子程序，包括试验接线、采样检查、低定值定时限过电流保护校验、高定值定时限过电流保护校验以及定时限接地保护校验等,软件功能检查报告单及窗体如图 5-13 和图 5-14 所示,包含测试服务器创建销毁、测试点数据切换、获取测试结果根节点、测试结果提取、自动计时、开关量状态上传等。其中封装测试数据切换测试点的主要根据保护装置的校验流程,改变可控电源电路的输出量,从而模拟电力系统二次侧的故障状态、调整电气量输出;获取测试结果根节点可以从板载内存中读取当前自动测试的开关量信息,输出电气量赋值、相位等,读取当前输出的电气量,进行分析处理;提取测试结果,开关量状态信息上传部分可将服务器读取到的测试数据上传至数据库,结合数据库后台信息以及时间参数,自动生成实验报告,并判断校验项目的合格与否,对继电保护校验过程进行管控。

注意事项	☐ (1)注意安全使用继保测试仪,仪器应可靠接地,仪器处于运行状态时禁止进行拆接线工作; ☐ (2)注意区分保护装置额定输入电流 I_n 值,特别注意同一装置的相电流与零序电流 I_n 值,如 I_n 为0.2、1、5等,防止输入值过量		
启动加倍	投入 ☐	未投入 ☐	
整定值	$I>>=$___A	$t>>=$___s	
试验记录	动作值（A）	返回值（A）	动作时间（s）
☐ 备注	☐ (1)未整定的值,在表格中填写N/A; ☐ (2)返回系数大于0.9; ☐ (3)测量值误差允许范围±5%,测量时间误差±2%或±25ms		
结论	合格 ☐	不合格 ☐	
试验人/日期:	记录人/日期:		

图 5-13 速断保护功能检查报告

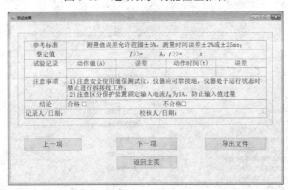

图 5-14 速断保护功能检查显示窗体

5.5 通信逻辑及结构设计加工

5.5.1 TCP/IP 网口连接方式

由于继电保护测试仪是与外接计算机通信的主要设备,其连接方式以及数据传输速度在实际保护装置校验过程中都非常重要，如何实现便捷的连接及高速数据传输，兼容各类型设备是高效进行继电保护校验实验的重中之重。

由图5-14可以看出，继电保护测试仪与外接计算机仅通过一根交叉网线进行连接，同时软件层面可以兼容所有Windows平台的计算机，实现连接便捷性的同时TCP/IP传输协议也保证了数据传输的高速性，使测试仪接收到的跳闸信息或者动作状态可以实时传输至计算机侧，并由上位机软件捕获后呈现给操作人员。

在计算机侧为实现网络连接我们需要进行IP地址和端口号的配置，使测试仪和计算机处在同一个网段，并使测试仪连接到计算机的固定端口，从而完整采集到实验数据。其中，IP地址用于定位一台主机，使得客户端可以区分网络中不同的主机。形式上是一串以点号分隔的数字，具体的格式为：×.×.×.×，由4个整数组成，每个×的范围在0～255。需要注意的是我们的本机地址是固定的127.0.0.1，又称"回环地址（loopback）"。此外，端口（port），为服务号码，此号码介于1～65535。客户端要获取某个服务必须制定一个特定的端口号，因为在一台主机上可能开通了多个服务，客户端请求的只是其中之一，端口号就表示了主机上不用的服务，客户端只有声明所请求的服务号才能请求到所需要的具体服务。比如，在百度的主机119.75.217.109上开启了网页服务（网页服务的端口号为：80）。需要注意的是每台主机系统本身运行时已经占用了一部分端口号，比如系统的FTP服务就占用了主机的21端口，需要注意的是1～1024的端口号基本已经被主机的系统服务所占用，我们自己需要新开服务时，需要避开主机系统服务已经占用的端口号，通常定义2000之后的端口号。

项目中我们使用测试仪默认的IP地址：192.168.253.97，端口号（PORT）设置为2001，便可以和测试仪可靠通信，系统配置界面如图5-15所示。

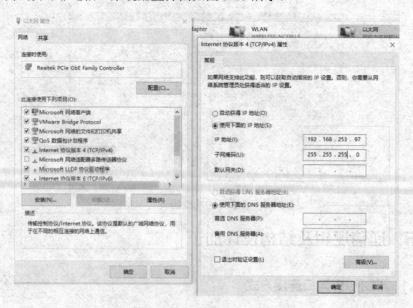

图5-15　计算机网络连接配置界面

计算机侧同时在上位机程序中声明了 strLinkInfo 变量，并在该变量中传入测试仪设备的 IP 地址和端口号，从而选中计算机与测试仪的通信路径。程序开始运行后，自动创建与 ONLLY 测试仪通信的服务程序，捕获到窗口句柄后，调用 OTS_LinkDevice（strLinkInfo）函数令外界计算机与测试仪握手，进行硬件连接，从而实现实时的数据传输，连接成功后在软件交互文本框中显示"连接成功"后，便可以开始测试。上位机测试界面中同样允许用户进行 IP 地址和端口号的更改设置，如果需要进行 IP 地址的更改可直接在上位机界面的 TextBox 中修改后单击"联机"按钮即可。

5.5.2 串口连接方式

继电保护装置是本系统的主要测试对象，虽然采用了高精度的继电保护测试仪，但是为了提升测试的准确性，需要从保护装置侧采集保护启动信号、跳闸信号、启动值、启动时间及开关组整定值等信息进行结果验证，以防止实验过程中出现其他意外情况。

本项目中计算机与保护装置采用基本的串口通信进行信息交换，串口通信的基本原理于上节已完成了详细介绍，但本项目中实验对象为 ABB 公司的 SPA 系列保护装置，为了适配 ABB 保护的通信方式，同时兼容更多其他类型的继电保护装置，我们在基础 RS232 接口的串口通信协议上进行了可叠加形式的改造。

最终，保护装置与计算机的连接可以分为两个部分，第一部分是我们常见的使用 CH340 芯片的 USB 转串口连接线，两侧接头分别为 USB-A 及 DB9 针形接口，在串口方式下，CH340 提供常用的 MODEM 联络信号，用于为计算机扩展异步串口，或者将普通的串口设备直接升级到 USB 总线。兼容 USB V2.0，外围元器件只需要晶体和电容，且计算机端 Windows 操作系统下的串口应用程序完全兼容，无须修改，硬件全双工串口，内置收发缓冲区，支持通信波特率可达到 50～2Mbit/s 的范围。此外，通过外加电平转换器件，可提供 RS232、RS485、RS422 等接口。可以实现通用计算机的 USB 至 TTL 电平转换，实现标准串口通信。

第二部分是为了适配本项目中选用的 ABB 公司 SPA 系列继电保护装置，在基本串口通信协议上进行的电平转换模块，经过前期调研发现变电站及其他电力单位常用的保护装置中有很大一部分是和 ABB 公司同类型的保护，其通信协议与传统的标准串口通信协议并不相同，为了适配此部分保护装置，我们对串口通信进行了升级改造。

经过调研，在 ABB 公司官网发现该型号保护装置生产较早，ABB 官网已声明逐渐放弃产品后续相关更新。保护装置接口虽与常见 DP9 针脚接口一致，但是内部电路与标准 RS232 协议并不匹配，通过在低波特率下，发送简易 ASCII 码，对比相同参数下的标准串口协议通信电平，进行通信测试实验，重要参数分别对应：数据位 7 位、停止位 1 位、奇偶校验位为偶校验，示波器采集到的发送字符"a"的串口低波特率数字信号如图 5-16 所示。

SPA 通信模块测试:

Rxd:0 0111 11011　　0 1011 00011　　0 0101 0000 1　　(5-0v)

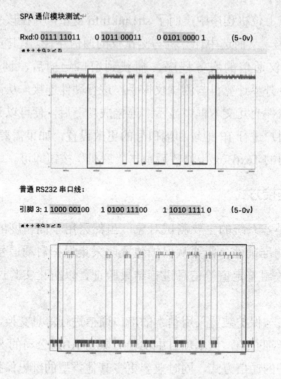

普通 RS232 串口线:

引脚 3: 1 1000 00100　　1 0100 11100　　1 1010 1111 0　　(5-0v)

图 5-16　串口低波特率数字信号

可以发现，实际测试波形与标准 RS232 串口协议的波形高低电平相反，因此可以在 CH340 版的串口线外增加额外的电平转换模块，对发送的数字信号进行电平反转，基本原理图及实物图如图 5-17 及图 5-18 所示。

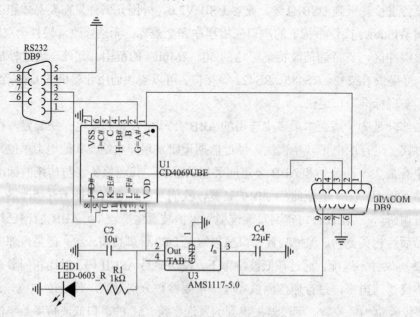

图 5-17　电平转换模块原理图

从图 5-18 可以看出，模块两侧接头分别为 DB9 针的 RS232 标准接头，连接至保护装置一侧的为公头，连接串口线的一侧为母头；主要电平转换芯片信号为 CD4069UBE，同时为了进一步保证信号不会受到传输线过长、电平转换芯片质量及外界干扰等其他因素的影响，在转换接口上增加了电源部分，供电电源直接来自保护装置提供的 8V 电源，经过 AMS1117-5.0 芯片将 8V 的电压降低至 5.0V 给 CD4069 芯片供电，保证了输入输出电平的稳定性，减少电平过高或过低带来的信号不稳定现象。同时，在接头选择上匹配了常用的串口线，可以进行可叠加形式的改造，且不需要增加其他供电电源或者增加其他线材，保障了保护装置测试时的便捷性。

图 5-18　PCB_3D 模型与实物图

5.5.3　保护装置与测试仪连接方式

基于继电保护测试仪的输出参数，测试仪与保护装置通过专用测试线连接，按照逻辑功能可以划分成两个：第一部分是将测试仪按照校验流程设置好幅值、相位、频率的输出电压输出电流接至保护装置 A、B、C 三相和零序接口；第二部分是将保护装置的输出信号的跳闸接口连接至测试仪的开入量接口，当保护装置发生动作时测试仪可以采集到跳闸信号，从而进行保护动作值、动作时间的采集、测试仪输出归零及保护装置复位等工作，从而进行下一项目的测试。测试仪输出即用于模拟电力系统二次侧各种类型的故障情况。

按照设备划分，继电保护装置为待测设备在实验时需要在电流测试端子接入测试仪模拟的故障电流，并将跳闸信号输出继电器的端子连接到测试仪的快速开入量接点，使跳闸信号反馈给测试仪，此外保护装置自带的显示模块可以显示当前的输入电流，当前的继电器状态，并在跳闸时显示跳闸的故障类型。继电保护测试仪是自动校验系统的主体设备，其第一个作用是充当继电保护装置校验时的外接辅助电源，可以人为控制其输出 110V 直流或 110V 交流电压以给继电保护装置供电；其第二个作用是输出 a、b、c 三相电流用于模拟电力系统二次测继电保护装置的真实工作状态。其中电压电流的输出通过控制可以模拟电力系统二次侧的接地故障、相间故障、断线故障等，可以精确测试继电保护装置的过电流保护、距离保护、差动保护、零序保护等状态的动作情况、返回值以及动作时间等状态参数。

至此，测试系统整体三个部分，在硬件上建立了稳定连接，如图 5-19 所示，有了通过软件控制两台设备的基础。

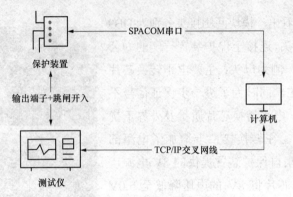

图 5-19 装置硬件连接图

5.5.4 外观设计与实现

考虑到继电保护自动校验工作进行时，可能需要进行人为干预，以及设备移动等操作，提高装置的便携性并增加实体按键方便操作人员进行快捷或应急等操作，我们对测试装置的外观进行了人机工程设计与实现并进行了 3D 建模。此外，考虑装置整体性能以及便携性和移动需求，详细体积尺寸、质量信息为：长：35cm；宽：25cm；高：65cm；质量：19kg；整机功耗不超过 2000VA，工作电源为 AC 220V，频率：47～63Hz。

正面包含人机交互触摸屏，屏幕下方为折叠支架，可以放置无线键盘、外接鼠标、手册等方便实验人员操作，装置右侧为固定螺孔与装置散热风扇出风口，装置整体控制终端如图 5-20 所示。

图 5-20 设备控制终端

装置左侧为可控电源部分主要测试输出端子，按功能可分为两类，第一类为电压、电流输出端子，使测试仪与保护装置通过 2.5mm^2 20A 香蕉头专用测试线进行连接，作用是输出按照校验流程设置好幅值、相位、频率的a、b、c 三相和零序电流用于模拟电力系统二次侧继电保护装置的真实工作状态，其中电压电流的输出通过控制可以模拟电力系统二次侧的接地故障、相间故障、断线故障等。

第二类为将保护装置的输出信号的跳闸接口连接至测试仪的开入量接口端子，可以迅速捕获保护跳闸信号进行实时反馈。当保护装置发生动作时测试仪可以采集到跳闸信号，从而进行保护动作值、动作时间的采集、测试仪输出归零及保护装置复位等工作，并精确测试继电保护装置的过电流保护、距离保护、差动保护、零序保护等状态的动作情况，返回值以及动作时间等状态参数，方便进行下一项目的测试，实验记录及保障测试人员操作安全。设备输出端子如

图 5-21 所示。

装置顶部包含标识（logo）、船型电源开关、应急开关、快捷指示灯、实体快捷键等，并预留了装置主机侧面接口开孔，方便装置外接其他设备如 U 盘、2.4GHz 无线接头、打印机、路由器、蜂鸣器等辅助装置，设备顶部辅助功能设计如图 5-22 所示。

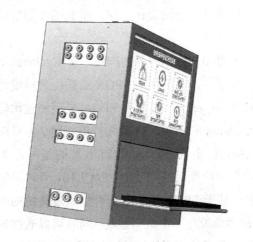

图 5-21　设备输出端子　　　　　　　图 5-22　设备顶部辅助功能

5.6　控制系统

5.6.1　FPGA 控制系统

FPGA 自诞生以来，经历了从配角到主角的过程，由于 FPGA 飞速的发展，凭借其灵活性高、开发周期短、并行计算效率高等优势，使其应用到越来越多的领域中，如通信、消费电子、工业控制以及嵌入式等领域。FPGA 是一种半导体数字集成电路，其内部的大部分电路功能都可以根据需要进行更改。自 Xilinx 公司在 1984 年创造出 FPGA以来，这种可编程逻辑器件凭借性能、上市时间、成本、稳定性和长期维护方面的优势，在通信、医疗、工控和安防等领域占有一席之地。现在，由于云计算、高性能计算和人工智能的繁荣，拥有先天优势的 FPGA 的关注度更是达到了前所未有的高度。Cyclone系列 FPGA 是 Altera 公司推出的低成本、低功耗的系列产品。

相比更常见的单片机系统，FPGA 在结构上为查找表加寄存器结构，大多数使用SRAM 工艺，也包含 Flash、Anti-Fuse 等工艺，可达到比单片机更高的集成度，同时也具有更复杂的布线结构和逻辑实现，更适合于完成时序逻辑。换句话说，单片机系统更适合于触发器有限而乘积项丰富的结构，而 FPGA 更适合于触发器丰富的结构。此外，FPGA 大部分是基于 SRAM 编程，其缺点是编程数据信息在系统断电时丢失，每次上电时，需从器件的外部存储器或计算机中将编程数据写入 SRAM 中。

总体来说，FPGA 和单片机在硬件架构上不同。FPGA 的优点是可进行任意次数的编程，并可在工作中快速编程，实现板级和系统级的动态配置。单片机无论是 MCU 还是 MPU 都是基于控制器和算术逻辑单元进行工作的，而 FPGA 是基于查找表的硬件电路进行工作的，这一点正同于单片机用的是软件设计语言而 FPGA 用的是硬件描述语言一样；其次，FPGA 在芯片容量、组合逻辑、工作速度、设计灵活上远优于单片机；最后，在代码的设计思想上也不一样，单片机使用的是串行的设计思想，而 FPGA 则使用的是并行的设计思想。

Cyclone 系列 FPGA 先后推出了 Cyclone/Ⅰ/Ⅱ/Ⅲ/Ⅳ/Ⅴ等系列产品，而 Cyclone Ⅴ是具有基于 ARM 的硬核处理系统的 Soc FPGA 型号，对于使用 FPGA 的通用逻辑设计开发来说，Cyclone Ⅳ系列 FPGA 是更好的选择。Cyclone Ⅳ系列 FPGA 采用经过优化的低功耗工艺，和前一代相比，拓展了前一代 Cyclone Ⅲ FPGA 低功耗的优势，并且简化了电源分配网络，非常具有性价比。Cyclone Ⅳ系列 FPGA 具有丰富的型号，如 EP4CE6/EP4CE10/EP4CE15 等多种型号，本项目中所选用的型号为 EP4CE10，其内部的逻辑单元达到 10320，完全可以达到项目需求。基于 FPGA 平台我们可以通过传统的原理图输入或硬件描述语言（如 Verilog HDL）自由地设计一个数字系统，同时可以通过软件仿真，事先验证设计的正确性。在 PCB 完成以后，还可以利用现场可编程门阵列（Field Programmable Gate Array，FPGA）的在线修改能力，随时修改设计而不必改动硬件电路。使用 FGPA 来开发数字电路，可以大大缩短设计时间，减少 PCB 面积，提高系统的可靠性。

简化的 FPGA 基本结构由 6 部分组成，分别为可编程输入/输出（I/O）单元、可编程逻辑单元、嵌入式块 RAM、丰富的布线资源、底层嵌入功能单元和内嵌专用硬核等，如图 5-23 所示。

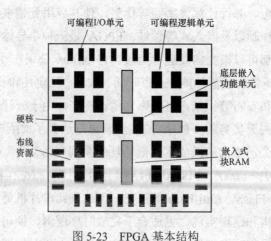

图 5-23 FPGA 基本结构

本装置采用 FPGA 微控制器作为主控芯片，其融高性能、实时性、数字信号处理、低功耗、低电压于一身，同时保持高集成度和开发简易的特点。FPGA 最小系统部分中：主控芯片采用 Cyclone Ⅳ系列轻量级 FPGA 芯片 EP4CE6F17C8 其外围电路主要包含最

小系统部分、外部接口组、控制及交互外设等。以 FPGA 微控制器为核心的系统的基本
框架如图 5-24 所示。

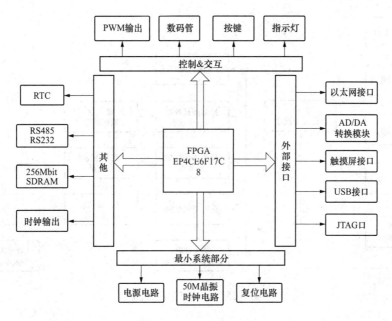

图 5-24 系统基本框图

5.6.2 软件控制系统

1. 自动校验流程

外机计算机是进行继电保护装置自动化校验的时候主要与技术人员交互的设备，安
装于计算机中的测试软件已经按照实际工程中标准的保护继电器校验方法，进行了流程
化和规范化的设计，可以实现使工作人员"一键"完成保护装置特定项目的校验，并在
交互文本框将测试仪返回的保护动作电流、动作时间等测试结果进行显示。

本项目采用的流程化校验算法，充分考虑了实际工况中，通过继电保护装置自身人
为设定的保护定值，并不是电力系统二次测保护系统实际运行状态下的真实值。算法切
实考虑了技术人员实际进行保护校验的操作流程，大大提升了维护人员的工作效率，减
少了人为误差。

当实际工况中，通过继电保护装置设定的保护定值，不是电力系统二次测保护系统
实际运行状态下的真实值时，如果不能在保护装置投入运行前或者定期对保护装置进行
校验，会对电力系统的安全运行产生巨大的隐患，很有可能发生保护拒动或误动的情况，
从而扩大电网故障的影响范围，造成严重不良后果。在保护校验中引入该流程化校验软
件系统后可以有效减少校验过程中因为工作人员操作和维修不良、接线错误、不正确安
装及调试等原因引发的人为误操作问题，消除了人为误差，并能够对继电保护装置状态
做出及时、科学的校验，降低工作人员劳动强度，提高作业效率，同时保障了由于原理

和软件缺陷导致的工作人员人身安全问题。保证了工程应用的可行性、稳定性、通用性以及可维护性，自动校验流程图如图 5-25 所示。

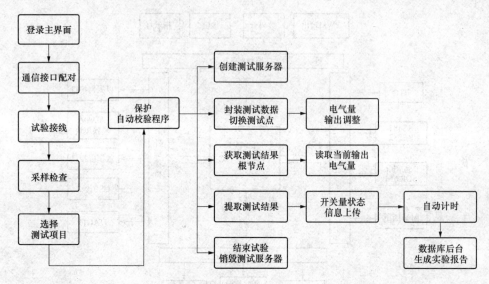

图 5-25 自动校验流程图

首先，测试人员按下"开始测试"按键，服务器激活测试程序，将初始值赋值给定义好的实验参数中，启动测试实验；此时继电保护装置上电，准备开始具体的测试项目，启动主程序循环；等待操作人员按下相应校验项目的测试按键，准备进行测试。其中，每一个测试项目分为两个部分，过电流保护校验项目如下。

（1）"过电流保护校验-step1"校验保护装置电流动作值：服务器会根据选择的继电保护校验项目，调用相应的电压电流测试模块，根据实际校验项目的定值单设定输出电流的初值，由定义好的测试数据对象 m_szTestParam 将测试数据下传到测试仪；其次，在测试函数体中对相应的测试变量进行 0.01A/s 的步进增加，等待到达保护装置的动作值后，保护发出跳闸信号，由测试仪开入接点捕获该信息后返回，测试函数接收到该跳闸信号后退出循环体，并记录当前测试仪的输出电流幅值（精确到 0.01A）。该幅值可能不同于通过保护装置自身设定的保护动作值，却是电力系统二次测保护系统实际运行状态下的真实值，此时系统 UI 界面交互文本框显示相应测试项目的动作电流值。

（2）"过电流保护校验-step2"校验保护装置动作时间：根据"过电流保护校验-1"中得到的保护动作电流值，改变测试数据对象 m_szTestParam 下传的测试参数，使测试仪输出 1.2 倍的保护动作电流，此时测试仪开始计时，上位机轮询测试仪是否接收到保护装置的跳闸信号。当保护装置跳闸时，测试仪计时结束，将测试结果返回到上位机服务器中，此时系统 UI 界面交互文本框显示相应测试项目的保护装置动作时间（精确到 0.001s）得到测试结果，测试结束，存储并上传数据，根据校验项目定值单，生成实验报告，生成校验结果；退出主界面窗口时，退出主循环，销毁测试服务器。

定时限接地保护功能的校验与过电流保护校验原理类似，主校验流程如图5-26所示。

测试过程中，通过主窗口的交互文本框可以看到测试仪采集到的数据，通过相应按钮可以中断实验进程或者调整测试仪的输出电气量，对实验流程进行人为干预调整，最终完成继电保护装置的自动化校验。

2. 回传信号捕获

上一小节的自动校验流程中，核心步骤分为三步，如图5-27所示。

（1）调整保护动作时间为最小（0.05s），保证电流步进提高过程中，需要校验的项目能最先动作；

（2）测试过程中，保护所设置的定值并不一定是实际的保护动作值，通过缓慢抬升动作电流（0.01A 步进）可以有效测得真实的保护动作电流；

（3）上位机执行查询指令，如果测试仪侧已经接收到跳闸信号，则跳出循环过程，记录保护装置的跳闸动作值，并查询动作时间。

基于以上流程，完成代码后发现执行整个动作流程时，多数时候可以完成整个测试流程；但是会出现保护装置已经跳闸，却并未从测试仪查询到跳闸信息的情况。通过多次实验，发现上位机发送指令使测试仪电流递增（发生改变）时，测试仪内存中的数据会清空，

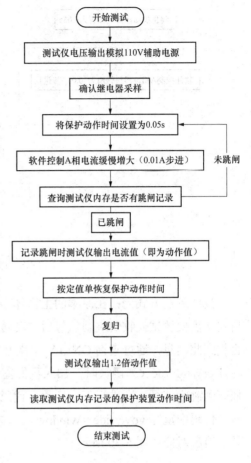

图 5-26　主校验流程

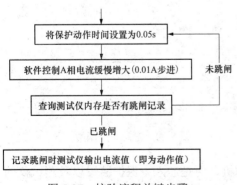

图 5-27　校验流程关键步骤

用于存放电流新值的跳闸信息；且实际测试保护装置的动作值的时候，电流以 0.01A 步进增加，而保护装置的精度并没有这么高，所以当电流达到保护装置动作临界值附近时，保护动作时间十分不稳定，不一定会按最短时间 0.05s 跳闸。而程序实际运行时，计算机执行查询指令直到拿到查询结果实际需要一段时间。所以在保护装置跳闸时，测试仪开入点翻转，此时测试仪应主动向计算机发消息打断软件测试流程，而非计算机主动轮询，基于此，我们对本的流程进行改进，改进后的流

程图主体部分如图 5-28 所示。

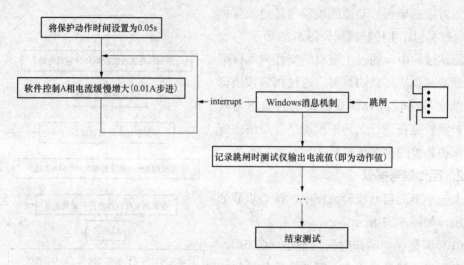

图 5-28　改进后主校验流程

具体解决方式为：在原本的主窗体中重写（override）Windows 窗体消息接收函数，自定义需要测试仪收到跳闸信号后主动传回的指令，并在上位机软件运行时实时检测是否收到此消息，通过查询 ONLLY 二次开发手册，找到不同消息类型的 Hex 编号，在重写 DefWndProc（）函数时，加入我们需要窗体捕获的来自测试仪网口传回的信息。若捕获到跳闸信号，则进行下一步骤，代码中对该消息类型的定义如图 5-29 所示。

代码中重写（override）Windows 窗体消息接收函数对跳闸信息和测试结果上传的部分，消息对应如图 5-30 所示。

图 5-29　消息类型定义　　　　　　　图 5-30　消息接收函数

改进后的流程中执行主体不再只有外接计算机，而是加入了保护装置以及测试仪的配合。最后结合数据库后台自动生成实验报告，并判断校验项目的合格与否，对继电保护校验操作过程进行流程化、规范化的管控，具有安全、高效、准确等优点。

3. 多线程实现

在 Windows 窗体程序中，考虑到项目需求，即需要在校验动作执行过程中等待保护装置的起动、跳闸等状态配合以及从测试仪侧进行信息查询等，这些步骤的执行需要消耗大量的时间，此时要保证程序的正常响应及考虑给予测试人员实时反馈，需要使用多线程技术。即在主进程运行过程中，加入子线程的配合，保证软件的运行资源不被 Windows 系统的垃圾回收（garbage collection）机制清除，即保证软件的稳定及友好交互性能。

进程在计算机概念中被定义为：一个程序在运行时占用的 CPU、内存、硬盘、网络、GPU 等资源的合集，且进程之间不会相互干扰，进程之间的通信相当困难；而线程是程序执行的最小单位，可以被当作响应每一个用户操作的最小执行流，计算机中任何操作都是由线程执行的。线程与进程不同，它可以随时开始也可能随时消亡，在.Net 框架下，这点很难人为地精准控制，主要靠 Windows 系统对线程池对资源的整体配置和切片规划。线程属于进程并且也包含自身的计算机资源，不能脱离进程单独存在，一个进程可以有多个线程。而多线程技术指的就是一个进程在运行过程中，有多个线程并发执行。需要注意的是，以上的概念均属于单纯的计算机概念，而不属于 C#或其他编程语言独有的特性。

在 C#中，具体来说，多线程 Thread 其实是一个微软提供给用户的 API 类库，是.NET Framework 框架对线程对象的一个抽象封装。我们在 C#代码中通过该 Thread 类完成多线程的功能，本质上是通过向 Windows 系统发送请求得到对所需功能的执行资源，在 Windows 系统计算机的任务管理器中的进程栏可以看到，每个程序都是一个单独的进程，而其下又有多个子线程协同工作，其所能统筹的资源量也有明确的标识，进程包含的系统资源如图 5-31 所示。

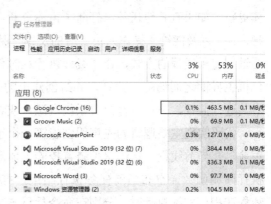

根据多线程的概念，理论上我们只要开启足够多的线程就可以提升运算任务的执行速度，但需要注意的是，线程数量并不是越多越好，线程太多反而会消耗额外的硬件资源。原因是在多线程状态下，系

图 5-31　进程包含的系统资源

统需要对每一个执行任务的子线程进行管理协调，其中也需要消耗计算机的硬件资源，因此如果线程数量过多会起到反作用。

综上，多线程相比同步单线程来说其实是在需求合适的时候，用计算机硬件资源换取处理性能，使计算机可以更快完成计算任务，但开启多线程后执行速度与多启动的线程数量并不是线性的倍数增长关系，在型号 AMD 4800H 8 核心 CPU 不使用显卡资源情景下，分别用同步单线程和异步多线程执行一个完全相同的计算任务，在任务管理器中可以看到资源换性能任务执行情况如图 5-32 所示。

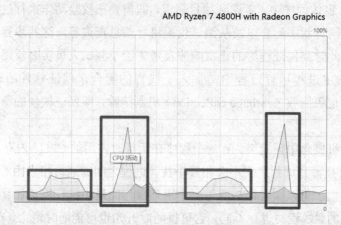

图 5-32　资源换性能任务执行情况

图 5-32 中绿框中为单线程执行，执行时间累计约 13000ms；而在紫色框中可见，开启五个线程异步执行同样的运算任务时，CPU 的利用率出现一个波峰，执行时间累计约 4269ms；单从处理时间计算性能大约只有 3 倍的提升。可以得出结论：虽然使用多线程技术的主要目的是用计算机资源换取处理性能，但是创建的线程数量与实际节省时间并非线性关系，线程并不是越多越好，线程太多会消耗额外的硬件资源会起到反作用。

在我们的项目设计中，对于一个窗体应用程序而言，窗口的拖动、鼠标的点击、按钮的显示效果、窗体中的字符显示等，都是需要占用资源、时间进行处理的事件，即窗体更新。如果有其他任务，打断了窗体更新，则会出现界面卡死。为了保证程序运行的稳定性，以及能给予操作人员实时的反馈，保证友好交互，我们在继电保护校验过程中，通过创建子线程的方式，让子线程执行耗时任务，协调保护装置通信、测试仪通信及上位机主界面之间的配合关系，并给创建出的每一个子线程增加回调（Callback）函数，对其进行监视，防止后台浪费系统资源，或者数据泄露等情况出现。

代码实现主要逻辑为先声明创建第一个子线程执行输出电流递增函数，在该线程结束前阻塞当前线程，保证保护装置校验主体流程的顺序，在第一个子线程运行结束后，执行回调函数，宣布当前任务执行结束，打印测试结果，创建并开启下一个步骤的子线程在程序实际执行时，分别在命令行日志窗中实时进行每一个线程的监视，方便软件的后期维护，其次在主窗体的输出文本框中给予操作人员提示，保证操作人员能掌握继电保护自动校验的实时进度。

5.6.3　数据库

本系统考虑到要对大量数据进行增删改查操作，相对于原有的手动测试来说，运用软件对数据进行维护能使系统更加安全、高效地运行。考虑到本系统的功能要求，因此在数据库中选择使用 MySQL 作为数据库管理系统，运用该数据库有以下几点好处：

（1）MySQL 数据库体积小、速度快、总体拥有成本低，使用的 SQL 语言是用于访问数据库的最常用的标准化语言。

（2）MySQL 支持多线程，能够充分利用 CPU 资源。

（3）具备优化的 SQL 查询算法，能有效地提高查询速度。

（4）提供 TCP/IP、ODBC 和 JDBC 等多种数据库连接途径。

（5）支持大型的数据库，可以处理拥有上千万条记录的大型数据库。

本次开发采用 MySQL 8.0 作为主要开发版本，并运用 Navicat Premium 15 可视化界面作为辅助开发软件，数据库展示如图 5-33 所示。

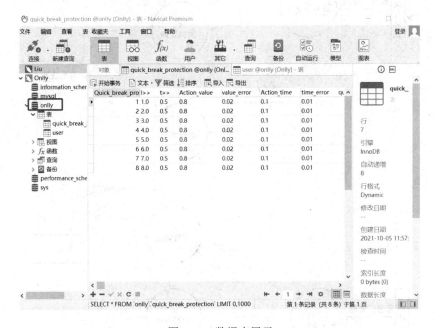

图 5-33　数据库展示

在软件中，需要引用 MySQL 包，对数据库进行开发，引用包示例如图 5-34 所示。

图 5-34　引用包示例

在软件中，对数据库进行操作，功能包括建表、用户登录、密码修改、电流值查询、相关数据存储、查看数据、修改数据等，其中，相关数据流图（data flow diagram，DFD）展示如图 5-35 所示。

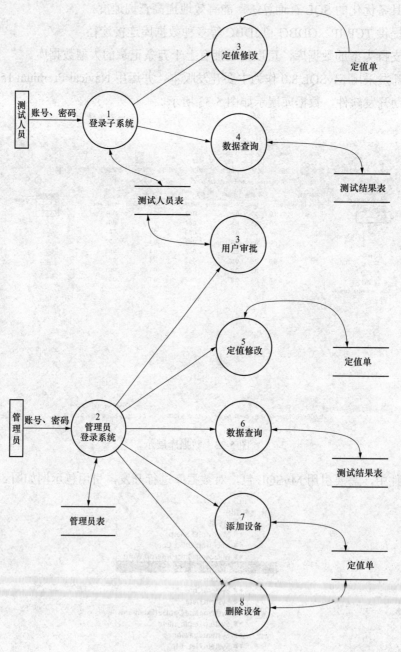

图 5-35　DFD 展示

数据库使用前，需要先确认连接是否成功，对要进行操作的表格若不存在则进行创建。

在登录界面，用户可对已有的用户进行登录，并与数据库中相应的密码进行校验，校验成功则能进入系统，否则提示报错；对不存在的用户可进行注册，该数据会存入数据库中相应的用户表内，为下一次用户登录提供数据。登录注册窗体如图 5-36 所示。

除了最开始需要用 Navicat 对数据库进行创建连接，此后对数据的操作均是运用代码实现，操作人员不可从可视化软件进行数据更改操作，保证数据的安全性与可靠性。此外，通过代码的编写，实现人工可直观从软件中读取需要的数据，并以表格的形式展现出，且能够实现更改表中数据来同步更改数据库内容，实现更好的人机交互。

图 5-36 登录注册窗体

软件测试部分则主要是完成对各个子系统用户交互数据部分的输入安全检查，保证程序逻辑运行正确，尽可能降低因程序产生异常而造成系统崩溃的风险。在此部分，我们期望能保证程序逻辑清晰、运行流畅，保证数据的安全性，且使用户在进行对数据的操作时有相应的指导提示或反馈，防止误操作对数据进行破坏。

5.6.4 UI 设计

UI 设计（或称界面设计）是指对软件的人机交互、操作逻辑、界面美观的整体设计。好的 UI 设计不仅是让软件变得简洁美观，还可以让软件的操作变得舒适简单、自由，充分体现软件的定位和特点。随着"互联网+"时代的发展，人机界面设计工作越来越重要，友好美观的界面会给人带来舒适的视觉享受，拉近人与计算机的距离，提升软件的整体价值。通过构建继电保护自动检测装置的上位机系统，可以简化操作难度，提升继电保护装置校验的智能化水平，提高二次作业的工作效率、准确性和客观性，并且节省人力、保证技术工人的安全。

图 5-37 主界面

本项目中为了保证对继电保护校验操作测试进行流程化、规范化的管控，并具有安全高效准确等优点以及降低技术工人的操作难度；目标是做到在保证测试精度、测试准确性及软件运行稳定性的基础上，呈现给操作人员简洁直观的操作界面和通俗易懂的交互逻辑。

软件整体主要由四层界面组成，第一部分是主界面，主要展示软件名称以及学校 logo，实际效果如图 5-37 所示。

第二部分是登录注册界面，负责对测试人员的身份进行验证，并提供注册通道，测试人员信息以及注册成功后均保存在数据库中，每次进行测试前需要操作人员输入账号密码进行身份验证，保证测试安全，实际效果如图 5-38 所示。

图 5-38　登录界面

第三部分进入设备选择界面，选择需要校验的设备型号，包括：过电流保护装置 SPAJ142C、电动机保护装置 SPAM150C、零序过电压保护装置 SPAU110C、电压保护装置 REU523 等，根据所选定装置类型的不同，切换至不同的操作界面，进行不同类型的项目校验，实际效果如图 5-39 所示。

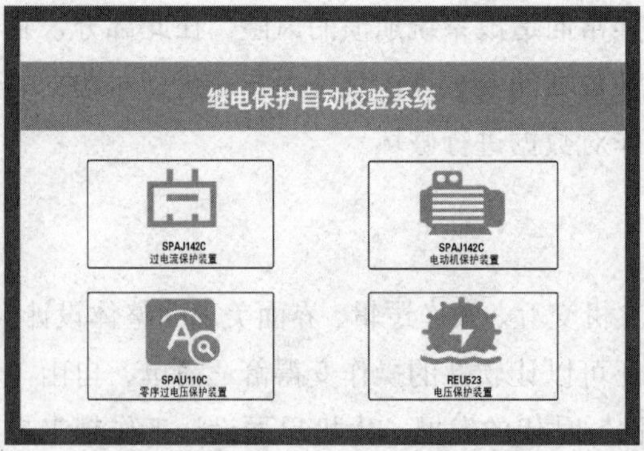

第四部分进入保护测试界面，选择需要校验的设备型号后，系统根据不同的保护装置类型进行不同类型的项目校验，左侧可以选择需要进行校验侧保护项目，选择后可自动进行所选项目的测试，并将测试结果生成至右侧对应的表格当中；且操作人员可以根据实际情况进行数据修改调整，左下角提供所选设备的型号及实时状态，给予测试人员提示信息等，下方进度条可以根据测试情况显示测试进度给予用户实时反馈，实际效果如图 5-40 所示。

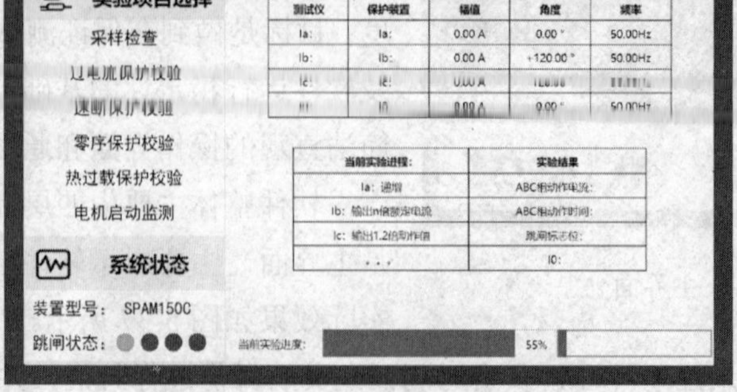

图 5-39　设备选择界面

图 5-40　保护校验界面

综上，本项目中的上位机软件是一款自动化程度高、人机交互和谐、能够控制测试仪自动完成继电保护装置校验流程的上位机软件系统。软件可以实现控制测试仪输出电压、电流、频率、相位模拟电力系统二次侧故障情况；并可通过测试仪开入接口测得校验装置的动作电流、动作时间、返回值等电气量及时间参数等，结合数据库后台自动生成实验报告，并判断校验项目的合格与否，对继电保护校验操作过程进行流程化、规范化的管控，具有安全高效准确等优点。

5.7 工作验证与评价

5.7.1 系统测试

系统搭建完成后针对 ABB SPAM150C 电动机保护装置中的热过载保护单元展开详细测试，验证校验系统可靠性及响应度。

继电器热过载单元可保护电动机避免短时和长时的过载。最大允许的持续负荷取决于整定值 L。通常该整定值取环境温度 40℃下电动机的额定满负荷电流（full load current, FLC）。在上述条件下当电动机电流增加到 $1.05 I_\theta$ 时，热过载单元起动经一定延时后动作。如果电动机运行环境温度长期低于 40℃，整定值 I_θ 可以整定为电动机 FLC 的 $1.05\sim 1.10$ 倍。

短时过载现象主要发生在电动机的启动过程。电动机通常在冷态条件下允许启动两次，热态条件下允许启动一次，因此，根据电动机的启动时间，可以得出决定热过载单元特性的整定值 t。该定值可以很容易从热态的时间/电流曲线图中确定。t 曲线由启动电流与对应的启动时间（加适当余量）选定。利用同样的 t 值，从冷态曲线图中可以查出电动机在冷态条件下允许总的起动时间。根据经验，通常电动机冷态启动两次或热态启动一次的情况下，t 值设定为电动机启动时间的 $1.6\sim 2.0$ 倍。热过载元件反时限跳闸曲线数学模型公式如下：

$$t_{\text{Trip}} = \frac{K_c t_{6x}}{(I / I_\theta)^n - a}$$

安全失速时间取值分别为 2.5、5、10、15、20s 时，热过载元件反时限跳闸曲线（冷曲线）如图 5-41 所示。

热过载预告警信号可以在电动机刚出现热过载时发出警告，提醒运行人员降低电动机的负荷，从而避免不必要的热过载跳闸。预告警信号整定值可单独设定为热过载跳闸值的某一百分数。因此，选用适当的预告警信号整定值可使电动机运行至接近热容量极限值而又避免因长时过载而跳闸。

电动机的每一次启动，启动监视单元都对电动机的热耗进行监视，通常该单元按照 $I^2 t$ 算式来监视的。另外也可以采用定时限过电流的方式进行监视。后者主要适用于非电动机负载的设备。不管采用哪一种方式，都可以将诸如装在电动机转轴上用来区别电动

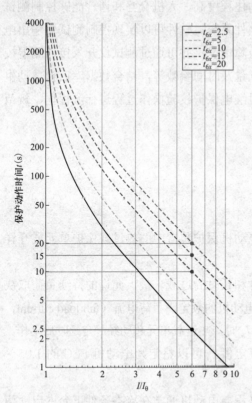

图 5-41　热过载保护反时限动作曲线（冷曲线）

机堵转或正常启动的速度开关信号通过编程引入继电器，以便控制输出的跳闸指令。

高定值过电流保护单元（电流速断），用于保护电动机绕组间短路和馈线电缆的相间短路，其电流整定值可设定为在启动期间自动加倍。故该整定值可以设定得比电动机的启动电流还要低。通常可设定低到电动机启动电流的 0.75 倍。另外还应设定某一适当的动作时间相配合，这样电动机在运行期间发生堵转时，电流速断保护单元能保证可靠动作。

当电动机由接触器控制时，应闭锁高定值过电流保护单元，由熔断器来保护短路故障。无方向接地故障单元检测电动机和馈线回路的接地故障。在中性点直接接地或经低阻抗接地系统中，可将 TA 接成残余电流接线方式获取零序电流，接地故障保护的动作时间通常可以整定得小一些，如 50ms。

在采用接触器控制的回路中，可设定成线电流超过热过载单元中满负荷电流 I_θ 的 4（或 6、8）倍时，将接地故障单元闭锁，这样接触器就不会因不能分断大电流而损坏，故障电流将由后备熔断器来分断。该闭锁功能也用于防止启动期间因回路上的 TA 饱和产生虚假零序电流引起的误动作。为取得较高的灵敏度，接地故障电流动作值一般整定为电动机额定电流的 15%～40%。

在中性点绝缘或经高阻抗接地的网络中，推荐使用贯穿式零序电流互感器；这种互感器的变比可以根据接地故障电流大小及接地故障保护的灵敏度灵活选择。由于继电器输入阻抗很小，因此有可能选用很小变比的电流互感器，相变比为 10/1A 这样小的 KOLMA 型零序电流互感器，但一般推荐使用的零序电流互感器变比最好为 50/1A 或 100/1A 以上。接地故障单元的整定值一般整定为全接地（金属性接地）故障电流值的 5 到 30%，动作时间为 0.5～2s。

根据以上热过载元件工作原理，利用自动校验系统对 SPAM150C 电动机保护进行 2100 次不同倍数 FLC 的热过载测试，每一次测试结束均对保护装置热过载元件的热水平参数进行归零复位，即模拟每次电动机启动前均为冷态，测试结果如图 5-42 所示。

由测试结果可见，A/B/C 三相的动作时间实测曲线基本一致，相间特性误差不大，然而在输入电流较小时动作时间存在较大的负误差，最大时间误差甚至达到负的 4.5s，虽然此时热过载单元的理论动作时间在 30s 左右，但此误差仍然无法忽视。

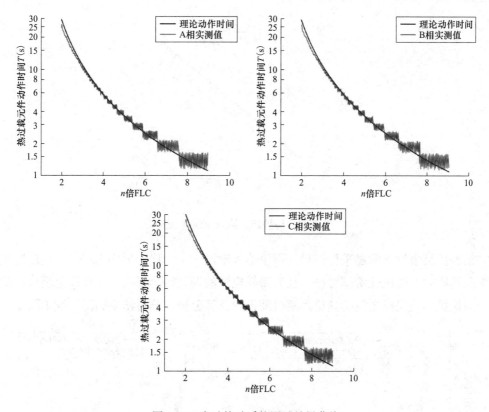

图 5-42　自动校验系统测试结果曲线

在输入激励增大后，动作曲线的绝对误差减小均在±0.5s 以内，然而此时的理论动作时间已经很短，在 3s 以下，0.5s 绝对误差的相对量仍然很高。此外，电力输入激励增大后，动作曲线出现随机性阶梯特性，可见保护装置的输入分辨率在大电流（3.5A 以上）时出现明显降低，输入激励的分辨能力明显下降，在此特性使得该类型保护装置在某些特定场合投入使用时，需要着重注意。

由于保护的热过载元件在大电流时出现了随机性阶梯特性，测试过程对保护装置的采样电流精度也进行了测试，其三相测试结果如图 5-43 所示。

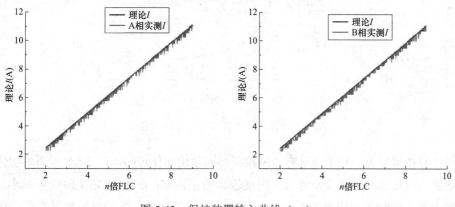

图 5-43　保护装置输入曲线（一）

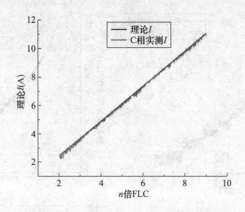

图 5-43　保护装置输入曲线（二）

　　由保护装置输入激励采样结果，不论输入电流大小，保护采样值均未出现热过载元件实际动作时的随机性阶梯特征，且其采样电流的误差较为平均，在允许范围内，故进一步对保护装置采样电流的理论跳闸时间进行计算分析，分析结果如图 5-44 所示。

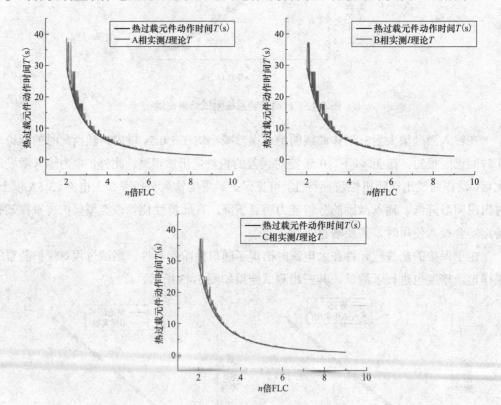

图 5-44　保护输入值理论动作时间曲线

　　由计算结果可见三相电流采样值所推算得的理论动作时间，在 3.5A 以下时动作时间明显高于热过载元件的理论动作值，出现较大的正误差；在 3.5A 以上时误差减小，但也未出现实测动作时间表现出的随机性阶梯特征，由此计算结果与保护装置实测动作时间对比，推测该类型保护装置在电流采样部分精度较高并无缺陷，然而在动作时间元件上，小电流时对动作时间进行了一定程度的负补偿，在大电流时由于时间元件精度问题，在动作时间上出现较大随机性，由此导致了实测动作时间出现阶梯效应。

5.7.2 使用方法及系统分析

将测试仪的辅助直流电源接口连接至保护装置的电源端子，按下电源按钮选择 110V 直流输出，为保护装置供电，如图 5-45 所示。

图 5-45 测试仪辅助电源端子

将测试仪的接地端子可靠接地，实验中将接地线接至铜排，如图 5-46 所示。

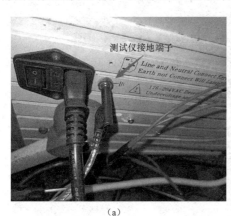
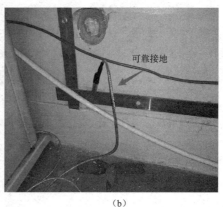

（a） （b）

图 5-46 测试仪接地端子

（a）测试仪器端接地示意；（b）接地网端接地示意

在校验时，按照保护装置接线原理图将测试仪输出端子与保护装置进行连接，并将保护装置的跳闸端口连接至测试仪的开入量端子，完成输入输出电气量接线。将保护装置串口线的 USB-A 接口及测试仪的网口连接至外接计算机，完成接线。

完成接线后，在上位机软件中进行注册登录，注册界面如图 5-47 所示。

完成后进入设备选择界面，选择要自动校验的继电保护装置型号，系统会根据所选设备自动生成校验项目。之后进入校验界面，在该界面，测试人员可以根据继电保护装置的功能选择相应的测试项目，依次进行测试，也可以选择自动测试，在界面中可以看到保护装置的定值单，以及串口通信的各个参数，辅助完成装置测试，定值单查询修改界面如图5-48所示。

图5-47　注册界面提示

图5-48　定值单修改界面

最后，测试结束系统自动生成测试结果，首先将数据按照日期分类存放入数据库中，并将测试结果以表格的形式，显示给用户，也可以将生成的表格进行打印上传等，测试结果表单界面如图5-49所示。

图5-49　测试结果表界面

测试表单中包含了测试的项目，以及测试参考信息、注意事项等，并自动判断测试结果合格与否，最后按照测试人员以及测试时间对表单进行备注，并依据此信息，存入数据库中，保证数据的安全性，且使用户在进行对数据的操作时有相应的指导提示或反馈，防止误操作对数据进行破坏。

5.8　创新点分析

（1）充分考虑继电保护测试现场的实际情况，根据有经验试验人员的实际经验设计定制的继电保护自动校验系统。装置采用 FPGA 微控制器作为主控芯片，其融高性能、实时性、数字信号处理、低功耗、低电压于一身，同时保持高集成度和开发简易的特点。

（2）为了预防继电保护装置测试中人为误操作、减少人为误差及提升校验准确性，选用高精度的继电保护测试仪对保护装置进行测试，直接提升校验的准确性和测试精度。

（3）通过总结分析人工测试的步骤和经验，充分考虑人工测试中维修不良、接线错误、不正确安装及调试、原理和软件缺陷导致的工作人员人身安全、工作任务繁重等问题，确定自动化测试流程及方案，并基于此在计算机端实现自动化测试，直接提升校验效率，减少人工操作强度和难度，缩短变电站设备校验的停工时间。

（4）上位机软件基于 Windows 操作系统，对硬件配置要求低，兼容性强，且可消除由不希望的访问引起的任何安全性风险或潜在问题，确保相关企事业单位的信息安全。

6

高压断路器智能诊断装置

6.1 项目目标

在供电系统中，高压断路器主要起着控制功能和保护作用，它的可靠运行需要依靠运行状态的监测，并通过监测所得信号来判断故障类型，依据不同故障类型来及时排除故障，避免造成大范围故障。早期高压断路器的主要维护手段为预防性检修，以此来保证断路器的工作状态，但这种方式需要大量的人力劳动，并且有可能使断路器运行在危险状态。所以，定期检修并不是高压断路器最好的运行保障方式。

近些年来，传感器技术与计算机技术不断发展，这使得对高压断路器的状态进行自动监测，并在自动监测的基础上进行故障诊断逐渐成为国内外学者的主要研究方向。并且，高压断路器的状态监测与故障诊断的发展是相辅相成的。在国外，经过近 60 年的研究和发展，已经产生了许多运用不同方法对高压断路器进行监测和诊断的成熟产品。国内对于高压断路器状态监测的研究稍晚于国外，但其研究进展非常迅速。

通过本项目研究，实现强电磁环境中多种信号的采集以及无线传输，探索预处理算法的滤波效果，提出了高压断路器操作机构典型故障下振动和电流信号特征向量的构建，结合构建出的特征向量，首次提出利用深度学习技术评估高压断路器的运行状态，并开发出了高压断路器智能诊断装置，根据实验以及现场测试得到的样本库进行深度学习的训练，实现对高压断路器运行状态的有效跟踪诊断，降低断路器故障率，减少运行维护投入，降低检修工作人员劳动强度，提高了电力系统的可靠性和安全性。

此外，本项目也为深度学习技术在电力系统智能化方面的研究提供了可供借鉴的思路和实践经验。

6.2 国内外研究概况

6.2.1 国外研究水平的现状和发展趋势

20 世纪 80 年代，国外有学者开始将振动信号分析法引入到断路器的机械故障诊断中。断路器操作过程中，机构零部件之间的碰撞或摩擦会引起振动。通常称机构零部件的一次碰撞或摩擦为一个振动事件，不同振动事件产生的振动信号在时域上形成一个振动信号的时间序列，采用振动传感器可以拾取振动信号的波形。

挪威电力研究院以配备弹簧机构的 SF$_6$ 断路器为试品进行了断路器机械故障诊断技术的研究。根据声学振动信号与语音信号相似的特点，在信号处理方法上采取了语音信号处理中经常使用的动态时间规整方法，即通过动态时间规整的方法，计算出检测状态与基准状态之间信号的动态时间距离，由此通过与对应的时间短时谱相比较，对断路器的工作状态进行判断。在正常情况下，对信号进行动态时间规整的结果近似为一条 45° 的直线，当断路器出现异常时，规整结果将出现明显的弯曲，其对应时间短时谱出现较大的偏差。这种方法对事件出现时间上的变化有较高的灵敏度，能反映触头运动过程的信息，机构零部件工作状态的一些小的变化在检测结果中能得到明显的反应（如润滑不良、曲柄卡滞、触头位置不正常等）。但是，这种方法偏重于对振动事件出现时间变化的分析，对信号强度变化的反映较差，而且其运算过程中需要的存储量近似与信号长度的平方成正比，而振动信号长度通常在几千个数据点甚至更长，因此为完成动态时间规整就需要有较大的存储量和较高的计算速度。另外，目前尚未完全建立起各种故障相应的特征图形。

澳大利亚的 A.D. Stokes 等人用一组有时延的指数衰减振荡波参数估计断路器振动信号，但是这种方法比较理想化，且忽略了振动信号中的干扰因素，在理论和实际应用中仍存在许多局限和缺陷。P.R.Voumard 利用人工神经网络方法从振动信号的均值、方差、矩、过零次数、翻转次数中筛选出 4 个特征向量，绘出一个四维的状态图，作为断路器故障诊断的依据，但该方法提取特征向量需要大量的原始数据，并且计算时间较长。A.A.Polycarpou 等提出了振动信号包络分析的研究方法，并且在油断路器和 SF$_6$ 断路器上得到了成功应用，该方法尚存在的缺点是机械振动信号的分散性使得信号平均包络较难确定，而且在确定平均包络前需要积累大量的试验数据。

6.2.2　国内研究机构对本项目的研究情况

国内对于高压断路器信号处理方法的研究起步较晚，20 世纪 90 年代才逐渐开展这方面的工作，目前具有实用价值的产品还不多见。

哈尔滨工业大学的胡晓光等利用小波分解来抽取或重构振动信号，从而达到提取有用信号、去除干扰的目的。用小波分解各尺度上的奇异性指数来计算对应振动信号包络的奇异性指数，可用奇异性指数作为特征参数来进行故障诊断。构造振动信号的解析信号，利用对解析信号的小波变换来观察即时频率变化，进而判断断路器运行状态。另外，振动信号的小波变换能生成时间-尺度平面上的谱图，正常信号和故障信号的谱图存在明显区别，也可利用该特征诊断不易识别的小故障。

北京航空航天大学的黄建和西安交通大学的张国钢均利用经验模态分解处理高压断路器振动信号，提取包络信号的时域参量，作为反映断路器机构操动特性的依据。

黑龙江大学的孙来军利用小波包在全频段都具有很高分辨率的优良特性，处理振动信号分解为各个频带的幅值、能量等，选定节点系数作为特征向量或选取特定频带的节点进行信号重构以消除噪声干扰。重构的信号可通过短时能量分析、信息熵、双谱估计等方法来提取振动信号的特征向量取得了较好的效果。华北电力大学的豆龙江利用高压断路器在分合闸过程中产生的振动信号所包含的振动事件的时间参数作为特征向量，能有效识别出包括弹簧疲劳等高压断路器故障。

6.3　项目简介

电网内断路器在实际运行中操作机构问题比较突出，对供电可靠性影响较大。断路器操作机构容易出现卡涩、拒动等故障，分合闸线圈也存在老化等问题，该故障在断路器所有故障中占有相当大的比例。针对断路器的运维检修技术，目前断路器维护仍采取定期检修制度，定期维修是根据设备的运行周期编制大修和小修计划，一旦设备到达预先规定的检修周期，无论设备是否出现故障，都停电检修，比较完善的在线监测和诊断系统在生产实际中的应用还非常少见，且尚不成熟。在学术研究领域，断路器的状态监测和故障诊断技术研究起步于 20 世纪 90 年代，现仍在发展当中。国内外已有学者针对断路器的诊断技术开展了系列工作，但存在以下问题：①多从理论或技术上分析某个侧面的问题，与实际应用还有差距；②针对断路器的状态监测与故障诊断采集信号较单一，只能判断与采集信号相关的故障类别，有待完善。断路器故障统计数据表明，实际运行中可能出现的故障较多，以单一的信号对断路器进行故障诊断难以满足智能电网的发展需求。因此提出了高压断路器智能诊断装置研究，将该装置安装在断路器内部采集其振动、电流和温湿度信号，形成断路器数据样本库，利用多源信号融合的手段对高压断路器进行故障诊断。

针对以上问题，本项目以构建电网断路器典型故障样本库为目标，开发、高压断路器智能诊断装置并进行试点应用，实现断路器分合闸过程中信号的采集与存储，利用大数据技术对其进行处理判断断路器运行状态。主要开展了以下研究内容：

任务 1：主流高压断路器开展信号采集与预处理技术研究。

（1）优化测点数量及位置，提高信号可靠性和准确性。

（2）强干扰环境中信号预处理技术研究。运行中的断路器处于强电强磁的环境中，采集到的电流、振动等信号难免受到电磁干扰，研究通过预处理技术去除信号中所包含的干扰成分，提取出包含故障信息的有用信号。

任务 2：高压断路器多源信号特征提取技术研究。

（1）研究断路器发生典型故障时的电流和振动等信号特征。在高压断路器的运行过程中，分合闸线圈电流的变化反映了铁芯的运动状态的变化。故障情况下，例如卡涩，将会引起线圈电流的变化，通过对线圈电流的特征进行测量和分析，可以了解弹簧操作机构的部分运行状态。高压断路器在合闸或分闸过程中产生的机械振动信号蕴含了丰富的操作机构状态信息，断路器在发生典型故障时振动信号中包含的振动事件的发生时间和能量会发生变化，研究断路器发生典型故障时的电流和振动等信号特征量的选取，更好地表征断路器的运行状态。

（2）研究信号特征参量提取的数学方法。完成断路器声音、振动、电流多源信号的采集与预处理后，利用变分模态分解提取信号中有用成分信息，结合多尺度排列熵提取断路器振动信号中特征信息，表征断路器的运行状态。

任务 3：基于深度学习的高压断路器状态评估技术与检修策略研究。

（1）典型故障样本库研究。以实验室典型故障数据和实际测量得到的数据作分析对象，完成上述的信号预处理并进行特征参量的提取后，将提取出来的特征参量作为样本库。

（2）应用数据挖掘方法开展多特征参量的识别研究。构建基于决策树推理与多种信号综合分析相结合的断路器故障的诊断和性能评估方法，声音和振动信号的综合诊断程序以传统的时域、频域分析为基础，综合应用变分模态分解和多尺度熵理论的断路器故障诊断方法，以及基于深度学习的断路器性能评估算法研究，通过对比已构建故障样本库，可以迅速准确地判断断路器的故障类型，并且全面地评估断路器性能，为运维人员给出检修策略。

任务 4：高压断路器智能诊断装置研制。

（1）传感器选型研究。通过选择合适的电流及振动传感器，在保证测量精度前提下，不改变原有的二次控制回路和机械机构，使得安装方便快捷，易于推广应用。

（2）数据采集模块研究。通过霍尔传感器检测分合闸线圈电流，利用分合闸线圈电流作为触发采样信号，当断路器动作时自动采集电流、振动和声音信号，通过模数转换后完成信号采集功能。

（3）数据存储模块和处理模块研究。所开发的数据存储和处理模块具有数据存储和分析的功能，将采集到的数据通过无线方式传输至后台主机，后台主机内存储有不同品牌断路器的测量特征值和特征曲线，嵌套上述研究的理论算法，对存储的数据进行特征提取与状态评估，完成断路器的故障诊断。

6.4 工作原理

高压断路器智能诊断装置原理结构如图 6-1 所示，当高压断路器进行分合闸操作时，检测系统开始运行，通过断路器内部的各个传感器收集分合闸过程中的电流、振动和温湿度信号，实现信号的采集。然后将信号通过无线传输到信号诊断系统，实现信号的储存。再通过大数据处理对所采集的信号进行分析，继而判断断路器当前运行状态是否正常，达到高压断路器智能诊断的目的。

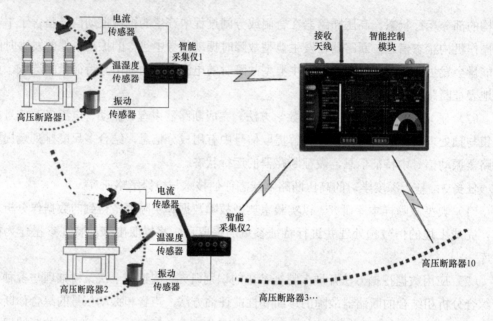

图 6-1　高压断路器智能诊断装置原理结构

6.5　结构设计

6.5.1　整体设计

高压断路器智能诊断装置分为信号采集系统和信号诊断系统两部分。其中，信号采集系统安装在高压断路器内部，通过检测分合闸线圈电流作为触发信号，触发采集高压断路器在分合闸过程中的电流、振动和温湿度信号，然后通过无线传输的方式传送到信号诊断系统，实现断路器分合闸过程中信号的采集与存储，利用大数据技术对其进行处理判断断路器运行状态，为将来输配电重要设备的信息采集及故障诊断提供可行性方案。

6.5.2　传感器选型研究

1. 电流传感器

霍尔电流传感器可以从被测部位测量到断路器操动机构的分、合闸线圈所产生的瞬时电流信号。通过对分、合闸线圈的电流信号进行分析可以了解到分、合闸线圈的状态，对于分合闸线圈，存在电磁铁卡涩，控制回路电压偏离，分、合闸线圈老化和线圈电磁铁空行程偏大等故障。断路器的分合闸过程十分短暂，因此本项目对霍尔电流传感器反应时间的要求比较严格。

开口式霍尔传感器是一种闭环霍尔电流传感器。闭环霍尔传感器的霍尔元件具有诸如牢固的结构、较小的体积、长久的工作寿命、方便的安装方式、较小的功耗、较高的频率、有耐振动腐蚀性等优点，所以在很多场合中霍尔电流传感器均有应用。当下的传感器市场里，四端口霍尔元件和三端口霍尔元件广泛应用于霍尔传感器。四端口霍尔元件可以通入控制电流的同时输出差分霍尔电压，两种功能各用两个端子，而三端口霍尔元件有两个端子输入电流，一个输出电压。

本项目所设计的断路器信号采集系统所采集的分合闸线圈电流大小在 4A 以内，考虑到安装时原有线路结构保持不变，故选用开口型的霍尔电流传感器，在多种开口型霍尔传感器中又选择了耀华德昌的 HSTS08L 型霍尔传感器，其技术参数见表 6-1。

表 6-1 HSTS08L 型霍尔传感器技术参数

输入测量范围	精度	线性度	响应时间
−10～10A	1%	小于 0.3%	小于 1μs

2. 振动传感器

振动传感器可以从被测部位测量到断路器操动机构的各个结构所传递的已经衰减了的冲击波形，其所测得的这些振动信号皆与操动机构的运动动态有着显而易见的对应关系，这也是断路器在线监测和故障诊断的重要参考依据。通过对振动信号的外部安装式在线监测，可以使所采集信号的信噪比降低，并且这种测量方式对断路器的运行没有产生任何影响，与此同时，电磁场的干扰对测量的影响微乎其微。

断路器操动机构的一次运行过程，时间短暂，动作过程迅速，故本项目研究的高压断路器信号采集系统的采样频率要求较高。正常情况下振动信号以速度、加速度以及位移这三个参数为特征量，但是在实验中更多的是以振动频率作为测量量，故灵敏度较高的位移传感器应用于频率较低的区段；当振动信号的频率范围处于 10Hz～1kHz 时，更适合使用速度传感器；而当振动信号的频率范围大于 1kHz 时，则应当使用加速度传感器，加速度传感器的灵敏度远胜另外两者，这是因为加速度是由位移两次求导所得。

基于实验测量以及对相关文献的阅读，可以得知断路器振动信号的加速度范围为 100～600g，故本项目选取了江苏东华测试技术股份有限公司研发生产的型号为 1A115E 的集成电路型（integrated electronics piezo-electric，IEPE）压电式加速度传感器，如图 6-2 所示，其性能参数见表 6-2。

图 6-2 1A115E 型 IEPE 压电式加速度传感器

表 6-2 振动传感器性能参数

型号	加速度范围	频率响应	灵敏度	工作温度范围
1A115E	±1000g	1～15000Hz	0～0.1g/T	−40～+120℃

由于传感器的安装方法以及安装位置的不同对采集系统的精确度都存在不可忽视的影响，故本项目对振动传感器的安装展开了研究。

使用传感器对断路器进行测试作业时，要求振动传感器与断路器被测位置良好地黏合，禁止出现任意的位移现象；同时，为了防止出现谐振，安装方式的谐振频率应当是断路器谐振频率的 5～10 倍。故安装方式有 4 种，分别为黏性耦合剂黏接、永久磁体底座吸附、手持式测量、刚性螺栓固定，它们的优缺点见表 6-3。

表 6-3 振动传感器安装方式的优缺点

安装方式	优点	缺点
黏性耦合剂黏接	在实现黏接时比较容易，有较高的谐振频率	黏接的时间越长，越容易发生黏接面的位移、脱落
永久磁体底座吸附	安装便携性比较高	不适用于表面凹凸不平的机器
手持式测量	没有局限性	测量精确度低
刚性螺栓固定	保证了安装的各项因素的优良	破坏断路器的结构完整

本项目所设计的信号采集系统为断路器在线监测所用，故手持式测量首先排除，考虑到减少人工检修的次数，黏性耦合剂黏接的方式也不适用，秉承着不破坏断路器结构的原则，采用刚性螺栓连接的方式来安装振动传感器。

3. 温湿度传感器

温湿度传感器如图 6-3 所示，为探究温湿度对高压断路器运行特性的影响，本项目采集了高压断路器在运行过程中的温湿度信号，并对其展开分析。采用温湿度传感器型号如下：TH10S-B-H；适用条件：$-40～120℃$，$0～100\%RH$；测量精度：温度（$\pm0.5℃$，分辨率 $0.1℃$）；湿度（$\pm0.5 RH$，分辨率 $0.1RH$）。

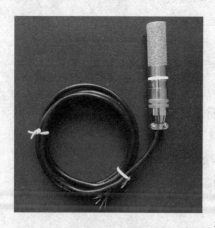

图 6-3 温湿度传感器

6.5.3 信号采集系统研究

1. 信号采集系统硬件研究

本项目以由意法半导体公司研发并由 ARM 公司所实际生产的 Cortex-M4F 为 CPU 的 STM32F429IGT6 为硬件核心设计了一套断路器信号采集系统，如图 6-4 所示，这套系统同时囊括了断路器操动机构部分的机械振动信号和分、合闸线圈电流信号的采集以及数据的无线传输功能。STM32F429IGT6 具有嵌入式 Flash 接口、CRC 计算单元、电源控制器 PWR、复位和时钟控制 RCC、DMA 控制器、模拟数字转换器（analog to digital converter，ADC）和 GPI/O 串口等种类相当繁多、功能强大的资源，运算能力尤其显著，这些优良的性能可以让系统顺利运行起来，以达到断路器振动信号和电流信号的触发采集和数据无线传输。

本项目所设计的信号采集系统在运行时，振动信号被一个由 4mA 恒流源供电的振动传感器所测量，所测得信号经过高通滤波和低通滤波后，再经过放大电路，这一过程可以是滤波后的信号放大，之后进入 ADC 模块进行 A/D 转换并通过 16 位并口传输进单片机中 MCU 的 Flash 模块来暂存数据，MCU 将 A/D 转换来的数字量从 Flash 数据缓存在 RAM 中，等待信号采集的触发，而电流信号则是被电流传感器直接测量，再经过 ADC 的 A/D 转换，之后经历和振动信号同样的过程。此外，A/D 转换以时间为时序，故由时钟模块另行控制。

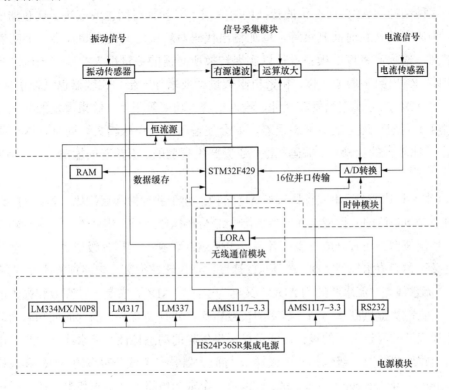

图 6-4 信号采集系统硬件整体框架

（1）数据采集模块研究。高压断路器分、合闸过程中产生的信号是非周期的信号，也是非确定性信号，故对此过程进行采样时，采样点必须以时间为时序，以保证采集的顺利。为保证采样后信号能真实地保留原始模拟信号信息，信号采样频率必须至少为原信号中最高频率成分的 2 倍。

本项目所设计的信号采集系统对信号进行实时采样，即将分、合闸线圈电流信号和振动信号这两种模拟量数字化，在采集信号的过程中一直进行。在采集到信号的时候进行筛选，当电压信号达到阈值时，触发信号的采集，信号达到阈值时，对阈值前的一段时间的信号波形也进行采样，以形成一段完整的信号波形。

在信号采集系统中，ADC 决定采集系统的精度和采集速率，故合适的 ADC 对整个采集系统的重要性不言而喻。市场上常见的 ADC 种类多种多样，其相关原理如下：

1）（双）积分型。积分型 ADC 又称为双斜率或多斜率 ADC，它的应用比较广泛。

它由 1 个带有输入切换开关的模拟积分器、1 个比较器和 1 个计数单元构成，通过两次积分将输入的模拟电压转换成与其平均值成正比的时间间隔。与此同时，在此时间间隔内利用计数器对时钟脉冲进行计数，从而实现 A/D 转换。

2）并行比较型。并行比较 ADC 主要特点是速度快，它是所有的 A/D 转换器中速度最快的，现代发展的高速 ADC 大多采用这种结构，采样速率能达到 1GSPS（gigabit samples per second）以上。但受到功率和体积的限制，并行比较 ADC 的分辨率难以做得很高。这种结构的 ADC 所有位的转换同时完成，其转换时间主要取决于比较器的开关速度、编码器的传输时间延迟等。增加输出代码对转换时间的影响较小，但随着分辨率的提高，需要高密度的模拟设计以实现转换所必需的数量很大的精密分压电阻和比较器电路。输出数字增加一位，精密电阻数量就要增加一倍，比较器也近似增加一倍。并行比较 ADC 的分辨率受管芯尺寸、输入电容、功率等限制。结果重复的并联比较器如果精度不匹配，还会造成静态误差，如会使输入失调电压增大。同时，这一类型的 ADC 由于比较器的亚稳压、编码气泡，还会产生离散的、不精确的输出，即所谓的"火花码"。

3）串并行比较型。串并行比较型 AD 结构上介于并行性和逐次比较型之间，最典型的是由 2 个 $n/2$ 位的并行型 AD 转换器配合 DA 转换器组成，用两次比较实行转换，所以称为半快速型。还有分成三步或者多步实现 AD 转换的叫作分级型 AD，而从转换时序角度又可称为流水线型 AD。这类 AD 速度比逐次比较型高，电路规模比并行型小。

4）流水线型。流水线结构 ADC，又称为子区式 ADC，它是一种高效和强大的模数转换器。它能够提供高速、高分辨率的模数转换，并且具有令人满意的低功率消耗和很小的芯片尺寸；经过合理的设计，还可以提供优异的动态特性。流水线型 ADC 由若干级级联电路组成，每一级包括一个采样/保持放大器、一个低分辨率的 ADC 和数模转换器（digital to analog convertor，DAC）以及一个求和电路，其中求和电路还包括可提供增益的级间放大器。快速精确的 n 位转换器分成两段以上的子区（流水线）来完成。首级电路的采样/保持器对输入信号取样后先由一个 m 位分辨率粗 A/D 转换器对输入进行量化，接着用一个至少 n 位精度的乘积型数模转换器（multiplying digital to analog convertor，MDAC）产生一个对应于量化结果的模/拟电平并送至求和电路，求和电路从输入信号中扣除此模拟电平。并将差值精确放大某一固定增益后关交下一级电路处理。经过各级这样的处理后，最后由一个较高精度的 K 位细精度 A/D 转换器对残余信号进行转换。将上述各级粗、细 A/D 的输出组合起来即构成高精度的 n 位输出。

5）逐次比较型。逐次比较型 ADC 是应用非常广泛的模/数转换方法，它包括 1 个比较器、1 个数模转换器、1 个逐次逼近寄存器（successive approximation register，SAR）和 1 个逻辑控制单元。它是将采样输入信号与已知电压不断进行比较，1 个时钟周期完成 1 位转换，N 位转换需要 N 个时钟周期，转换完成，输出二进制数。这一类型 ADC 的分辨率和采样速率是相互矛盾的，分辨率低时采样速率较高，要提高分辨率，采样速率就会受限制。

6）Σ-Δ 型。Σ-Δ 转换器又称为过采样转换器，它采用增量编码方式即根据前一量值与后一量值的差值的大小来进行量化编码。Σ-Δ 型 ADC 包括模拟 Σ-Δ 调制器和数字抽取滤波器。Σ-Δ 调制器主要完成信号抽样及增量编码，它给数字抽取滤波器提供增量编码即 Σ-Δ 码；数字抽取滤波器完成对 Σ-Δ 码的抽取滤波，把增量编码转换成高分辨率的线性脉冲编码调制的数字信号。因此抽取滤波器实际上相当于一个码型变换器。

7）压频变换型。压频变换型 ADC 是间接型 ADC，它先将输入模拟信号的电压转换成频率与其成正比的脉冲信号，然后在固定的时间间隔内对此脉冲信号进行计数，计数结果即为止比于输入模拟电压信号的数字量。从理论上讲，这种 ADC 的分辨率可以无限增加，只要采用时间长到满足输出频率分辨率要求的累积脉冲个数的宽度即可。多种 ADC 的优缺点比较见表 6-4。

表 6-4 多种 ADC 的优缺点比较

类型	优点	缺点
（双）积分型	分辨率高、功耗低、成本低、抗干扰能力强	转换速率慢
并行型	转换速率快，且转换是并行转换	制成分辨率较高的集成并行 A/D 转换器比较困难
串并行比较型	成本比较低	速度比不上并行式
流水线型	良好的线性误差；分辨率高	对工艺缺陷敏感，对印刷电路板更敏感，会影响增益的线性和失调
逐次比较型	高速、功耗较低；分辨率低时价格也随之降低	在高于 14 位分辨率情况下，价格较高；传感器产生的信号在进行模/数转换之前需要进行调理，包括增益级和滤波，这样会使成本增加
Σ-Δ 型	分辨率较高；转换速率高，高于积分型和压频变换型 ADC；价格低；内部利用高倍频过采样技术，实现数字滤波，降低对传感器信号进行滤波的要求	价格较高；在转换速率相同的条件下，比积分型和逐次逼近型 ADC 的功耗高
压频变换型	精度高、价格较低、功耗较低	类似于积分型 ADC，其转换速率受到限制，12 位时为 100～300SPS

本项目采用逐次逼近型 ADC 中的 AD7606 芯片以达到数模转换的目的。在电力线路测量和保护系统中，需要对多相输配电网络的大量电流和电压通道进行同步采样，AD7606 是电力系统中最常用的 AD 采样芯片。此外，AD7606 是 ADI 公司的 16 位同步采样 AD 芯片，采样率高达 200kHz。共有三个型号：AD7606/AD7606-6/AD7606-4，分别是 8、6、4 个采集通道，本项目选用是 8 采集通道的 AD7606 芯片。该 AD 芯片是一种集成芯片，其内部集成了多种功能，包含有 8 路同步采样输入、真双极性模拟输入范

围、5V 单模拟电源等多种优秀性能，同时，这种 AD 芯片还有低功耗这一普通 AD 很少具有的性能。所设计数据采集模块如图 6-5 所示。

（2）电源模块研究。分布式电源架构是电源设计中使用最多的一种架构，是指系统由前端变换器提供指定的母线电压，再根据负载的不同，由相应的负载变换器将母线电压转换成负载所需电压，该架构具有高性能、高效率、高功率密度的特点。本项目所设计的信号采集系统便采用了这种架构的电源系统。本项目所设计的断路器信号采集系统的电源系统选择以广州高雅信息科技有限公司生产的 HIECUBE HS24P36SR 型 36W 单组输出电源模块为核心，如图 6-6 所示，这一型号的同时具有交直流两用、输入电压范围宽、高可靠性、低功耗、安全隔离等优点。电源的效率高达 90% 和低于 0.1W 的超低空载功耗。本项目所设计的采集系统所同时需要的是直流 220V 和交流 220V 的稳压电源，而 HIECUBE HS24P36SR 型 36W 单组输出电源模块刚好达到这个条件，故这款电源适用于本项目所设计的断路器信号采集系统的要求。

图 6-5　信号采集模块

图 6-6　HS24P36SR 型 36W 单组输出电源

下面介绍电源模块部分功能电路：

1）数字电源。电源模块需要给 STM32F429IGT6 单片机进行提供 3.3V 的数字稳压电源，本项目选用型号为 AMS1117-3.3 的正向低压降开关电源模块，输入+5V，输出+3.3V，1% 的电源精度。使用方法极其简单，本项目为其所设计的具体电路如图 6-7 所示。

2）模拟电源。模拟电源为+15V 和−15V，主要给传感器信号调理电路中的放大电路和滤波电路供电。为了实现采集系统的最基本的低功耗的要求，本项目选用了应用十分广泛的电源集成电路 LM337 和 LM317，其中 LM337 为−10V 输入，−15V 输出；LM317 为+10V 输入，+15V 输出，为其所设计的电路图如图 6-8 所示。

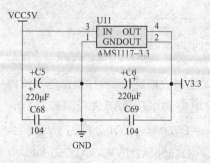

图 6-7　数字电源

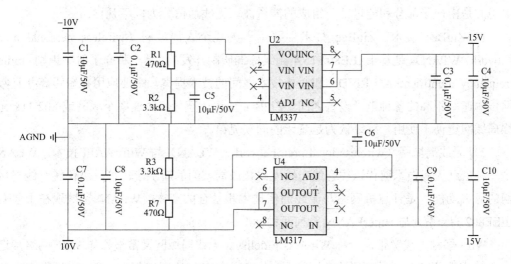

图 6-8　模拟电源

3）IEPE 恒流源。IEPE 恒流源为 4mA，主要给压电式传感器提供恒定电流以保证振动传感器的数据测量，本项目选用 LM334MX/NOP8 型号的电压转化器件，为其所设计的具体电路图如图 6-9 所示。

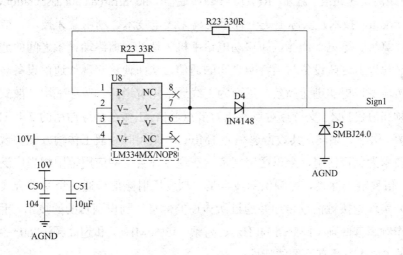

图 6-9　4mA IEPE 供电

（3）无线通信模块研究。本项目设计的断路器信号采集系统在做到信号采集后将对所采集的信号通信传输到断路器故障诊断的上位机中以待分析，这样的通信方式分为有线通信和无线通信。

有线通信是嵌入式系统中最主要而成熟的通信方式，其本质就是物理层以各种类线介质（单股铜线，双绞线，同轴电缆等）做媒介搭载根据数据层协议编码的电平的传输，与有线传输相比，无线传输具有许多优点，最重要的是，它更灵活。无线信号可以从一个发射器发出到许多接收器而不需要电缆。所有无线信号都是随电磁波通过空气传输的，电磁波是由电子部分和能量部分组成的能量波。无线通信分为以下几种：

1）ZigBee 技术。ZigBee 技术主要用于无线个人局域网（wireless personal area network，WPAN），是基于 IEE802.15.4 无线标准研制开发的，是一种介于射频识别（radio frequency identification，RFID）和蓝牙技术之间的技术提案，主要应用在短距离并且数据传输速率不高的各种电子设备之间。ZigBee 协议比蓝牙、高速率个域网或 802.11x 无线局域网更便于使用，可以认为是蓝牙的同族兄弟。

2）无线局域网（wireless local area network，WLAN）与 WiFi/WAPI 技术。WLAN 是一种借助无线技术取代以往有线布线方式构成局域网的新手段，可提供传统有线局域网的所有功能，是计算机网络与无线通信技术相结合的产物。WLAN 领域现在主要有 IEEE802.11x 系列与 HiperLAN/x 系列两种标准。

WiFi 俗称无线宽带，全称 Wireless Fideliry。无线局域网又常被称作 WiFi 网络，这一名称来源于全球最大的无线局域网技术推广与产品认证组织——WiFi 联盟（WiFi Alliance）。

WAPI 是 WLAN authentication and privacy infrastructure 的缩写。WAPI 是我国首个在计算机网络通信领域的自主创新安全技术标准。

3）短距离无线通信［蓝牙、RFID、红外线通信（the infrared data association，IrDA）］。蓝牙（bluetooth）技术，实际上是一种短距离无线电技术。利用蓝牙技术，能够有效地简化掌上计算机、笔记本计算机和移动电话手机等移动通信终端设备之间的通信，也能够成功地简化以上这些设备与因特网之间的通信，从而使这些现代通信设备与因特网之间的数据传输变得更加迅速高效，进而为无线通信拓宽道路。蓝牙采用分散式网络结构以及快跳频和短包技术，支持点对点及点对多点通信，工作在全球通用的 2.4GHz ISM（即工业、科学、医学）频段，其数据速率为 1Mbit/s，采用时分双工传输方案实现全双工传输。蓝牙技术为免费使用，全球通用规范，在现今社会中的应用范围相当广泛。

RFID 俗称电子标签。射频识别技术是一项利用射频信号通过空间耦合（交变磁场或电磁场）实现无接触信息传递并通过所传递的信息达到识别目的的技术。目前 RFID 产品的工作频率有低频（125～134kHz）、高频（13.56MHz）和超高频（860～960MHz），不同频段的 RFID 产品有不同的特性。

IrDA 是一种利用红外线进行点对点通信的技术，也许是第一个实现无线个人局域网（PAN）的技术。目前其软硬件技术都很成熟，在小型移动设备，如 PDA、手机上广泛使用。IrDA 的主要优点是无须申请频率的使用权，因而红外线通信成本低廉。它还具有移动通信所需的体积小、功耗低、连接方便、简单易用的特点；且由于数据传输率较高，适于传输大容量的文件和多媒体数据。此外，红外线发射角度较小，传输安全性高。IrDA 的不足在于它是一种视距传输，2 个相互通信的设备之间必须对准，中间不能被其他物体阻隔，因而该技术只能用于 2 台（非多台）设备之间的连接（而蓝牙就没有此限制，且不受墙壁的阻隔）。

4）WiMAX。WiMAX 全称为 world interoperability for microwave access，即全球微波接入互操作系统，可以替代现有的有线和 DSL 连接方式，来提供最后一英里的无线宽带接入，其技术标准为 IEEE 802.16，其目标是促进 IEEE 802.16 的应用。相比其他无线通信系统，WiMAX 的主要优势体现在具有较高的频谱利用率和传输速率上，因而它的主要应用是宽带上网和移动数据业务。

5）LoRa（LongRange）。LoRa 是 Semtech 公司创建的低功耗局域网无线标准。低功耗一般很难覆盖远距离，远距离一般功耗高，想要保证远距离传输信号的同时还要求低功耗，这似乎很难做到。LoRa 的名字就是远距离无线电（long range radio），它是面向物理层的协议标准，其创建是为了实现低功耗、低速率和远距离的通信，它最大特点就是在同样的功耗条件下比其他无线方式传播的距离更远，实现了低功耗和远距离的统一，它在同样的功耗下比传统的无线射频通信距离扩大 3～5 倍。LoRa 的 PHY 层的传输速率为 0.3～50kbit/s，通信范围从 100m～15km。这些优异的性能依赖于物理层的相关规定。LoRa 标准位于 Sub-1GHz 的免许可频段，工作频率主要包含三个频段，分别为 433、868、915MHz。其设计参考了 IEEE 802.15.4g 协议，单个 LoRa 网关允许上万的网络容量，并且采用 AES28 方式进行加密。

考虑到本项目所设计的采集系统是直接安装在真空高压断路器上的，而上位机和断路器之间距离较远，上述的蓝牙通信、RFID 通信、IrDA 通信、WLAN 与 WiFi/WAPI 通信、WiMAX 通信以及 ZigBee 技术均无法使用，故本项目采用 LoRa 技术作为断路器信号采集系统的无线通信技术，如图 6-10 所示。

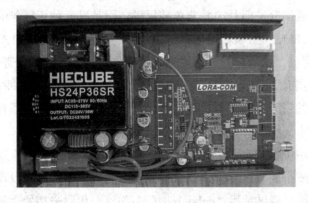

图 6-10　LoRa 无线通信

2. 信号采集系统软件研究

本项目所设计的高压断路器信号采集系统软件是在 Keil5 MDK 中完成的，MDK 是当前 Cortex-M 内核处理器方面性能最好的编程软件之一。从 MDK4.7 版本开始还加入代码提示功能和语法动态检测等相当实用的功能，给开发人员提供了十分便利的条件。

断路器信号采集系统程序设计流程如图 6-11 所示，系统首先进行初始化，完成采集断路器信号前的系统的相关配置，然后循环执行数据采集、16 位并口的 DMA 发送、数据缓存和 LoRa 无线通信。下面将对各个子模块的程序设计做详细介绍。

（1）初始化程序设计。在系统各个部分都准备就绪时，首先对其进行所有程序的初始化，初始化流程如图 6-12 所示，下面本项目将对初始化的流程中的每一个环节作基本的介绍。

图 6-11　高压断路器信号采集系统软件程序逻辑框图　　图 6-12　初始化流程

1）硬件抽象层（hardware abstract layer，HAL）库初始化。HAL 库是 STM32 开发中重要性很大的组成部分，但是它并非单独提供，而是以一种拓展包的形式来提供。与标准外设库相比，HAL 库封装显得更加地紧凑，并且源代码通过对外设的对象化，使"层"的特点非常明显，大部分外设都通过句柄操作，基本上见不到寄存器的影子。

对 HAL 库进行初始化也十分简单，通过代码"HAL Init（ ）；"即可完成 HAL 库的初始化，通过对其的初始化，即可直接初始化全部外围设备，此外还包括 Flash 接口、系统定时器、系统中断组和其他低级别硬件。

2）延时函数初始化。延时函数，即在按时间的时序执行多个函数或重复执行一个函数时，在执行上一个函数之后再进行执行下一个函数，在这之间以设计的目的拟定一个空白时间段。本项目通过使用"delay Init（ ）；"这一代码来初始化延时函数，其中括号内容代表延时的时长，单位为毫秒（ms）。

3）AD7606 配置。已知断路器信号采集系统需要采集到断路器分、合闸过程中的分闸线圈电流信号、合闸线圈电流信号和振动信号，故 AD7606 中共八个转换通道至少有三个转换通道为本系统所用。本项目选取 XAI1、XAI2 和 XAI3 分别作为分闸线圈电流信号、合闸线圈电流信号和振动信号的转换通道。模拟量转换为数字量后，再通过 FMC D0～FMC D15 这 16 位并口传输给 MCU（单片机）。

4）串口初始化。本项目所采用的串口为 USART1，由 STM32F429 的中文数据手册可知，USART1 挂载于 APB2 总线之上。串口初始化是为了使 GPIO 与 USART1 的时钟使能得以实行，此外还对波特率等参数进行了基本配置。

波特率根据式（6-1）来进行计算，其中 fPLK 为串口的时钟频率，即 APB2 总线之内的时钟频率，本项目采用过采样模式，故分母中 *USARTDIV* 直接乘以 16，其中 *USARTDIV* 为无符号的定点数。

$$波特率 = \frac{f_{PLK}}{16 \times USARTDIV} \tag{6-1}$$

当波特率为 115200 时，经计算所得 USARTDIV 为 45.57，则波特率寄存器中 DIV_Mantissa=0x2D，DIV_Fraction=0x09。

5）定时器初始化。定时器的寄存器是封装在 HAL 中的，对定时器的初始化通过调用 HAL 库中的函数即可完成。定时器初始化分成三步走，第一步：使能定时器时钟；第二步：设置定时器基本参数；第三步：定时器中断配置。下面将对这三步进行介绍：

a. 使能定时器时。调用 HAL 库中函数 "RCC_APB1PeriphClockCmd（ ）；"即可完成。

b. 设置定时器基本参数。定时器基本参数有计时方式、计时周期和分频系数，计单个数需花费的时间见式（6-2）。

$$单个数时间 = \frac{分频系数}{计数器频率} \tag{6-2}$$

c. 定时器中断配置。调用 HAL 库中 "TIM ITConfig（ ）；"函数即可将定时器的更新中断。

（2）数据采集程序设计。数据采样过程如图 6-13 所示，分闸线圈电流信号、合闸线圈电流信号和振动信号经过霍尔电流传感器和振动传感器测量后经过滤波和放大后进入 AD7606 进行 A/D 转换，转换后的数字量数据通过 16 位并口传输到 MCU 中，电流信号的阈值电压的模拟量转换为数字量后为 132，当 MCU 检测到电流信号的数字量大于 131 时，触发采集，MCU 将电流信号数字量大于阈值前 200ms 至阈值后 400ms 的数据缓存到 Flash 中，等待上位机的指令以进行下一步的指令。

1）触发阈值的计算。下面简要说明电流信号阈值数字量的计算：本项目所设计所采用的 AD7606 的

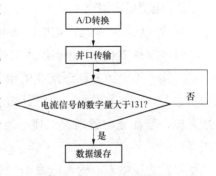

图 6-13　数据采样过程

分辨率为 16 位，即所转换的数字量在-215～+215，触发采集的输入电流大小为 40mA，霍尔电流输入电流测量范围为-10～10A，额定输出电压为 2.5±1V，由此可知此时输出电压为 4mV，转换成 16 位分辨率的数字量便为 131.068，因此，判断电流大小是否达到阈值便可以直接判断电流的数字量是否大于 131。

2）数据缓存。STM32F429 的 Flash 容量高达 2MB，当触发采集时 RAM 跳入写数状态，RAM 写数标志函数为"ram_start_write=1"，此时写入触发 200ms 前至 400ms 的数据。

6.5.4 信号诊断系统硬件研究

1. 数据接收模块研究

本项目设计的高压断路器信号诊断系统工作在强电强磁的环境中，与高压断路器通信距离较远，综合分析蓝牙通信、RFID 通信、IrDA 通信、WLAN 与 WiFi/WAPI 通信、WiMAX 通信以及 ZigBee 技术均无法使用，故本项目采用 LoRa 技术作为断路器信号采集系统的无线通信技术，如图 6-14 所示。

图 6-14　LoRa 无线通信

2. 数据存储和显示模块研究

本项目设计的高压断路器数据采集装置，采样频率为 10kHz，且考虑到不同断路器分合闸次数有所区别，以及高压断路器摆放位置及环境，采用 M.2 500GB 固态硬盘为储存单元，使得可以快速储存数据，减轻终端重量及体积。

本项目设计的诊断系统中的显示模块由于需要实时观看，及对数据进行拷贝用以进一步分析，所以采用 EDP 触摸显示屏，使用 TQFP 封装模块，进一步降低功耗，其可以达到 1920×1080 分辨率，显示效果好，并支持十点触控，以满足操作需求。

3. 电源模块研究

电源模块具有宽温，宽电压及电量智能监控功能。具体如下：

（1）支持 3000mA 锂电池为主板续航，智能监控锂电池的容量，精准地计算电池的续航时间，不会因外部适配器的接入和拔出引起电量的跳变。系统运行在死机，卡机的状态时可以强制关机，给产品带来安全和稳定性。电池充电模式有预充，恒流，恒压充电，智能充电管理模式使电池能循环使用 500～800 个周期，大大提高电池的使用寿命。

（2）宽压输入：输入电源 5～19V，浪涌保护。在任意的输入电压范围内，通过电源模块的升压、降压，默认输出为 12V，输出电压稳定，精度高，具有过电流、过电压、欠电压、短路保护。

（3）宽温运行：由于高压断路器所处环境温度较高，本模块可以在 −30°～70℃运行。外部适配器和电池可以相互切换，无间隙给系统供电，当接入外部适配器时，系统供电切换到适配器供电，增加电池的生命周期，如图 6-15 所示。

6.5.5 信号诊断系统软件研究

1. 软件系统运行环境

（1）开发环境如下。

普通笔记本计算机：Intel Core i7 CPU；8G 内存；1T 硬盘；

操作系统：Win 10 操作系统；

数据库：Mysql 5.7；

集成开发环境：Visual Studio Code。

（2）运行环境如下。

高压断路器信号诊断终端：Intel Core i5 CPU；8G 内存；500GB 固态硬盘；

操作系统：Win 10 操作系统；

数据库：Mysql 5.7；

集成开发环境：Visual Studio Code。

图 6-15 电源管理模块

2. 软件系统主要模块设计

本系统的信号诊断系统在 Visual Studio Code 集成开发环境中采用 Python 语言进行开发。Python 提供了高效的高级数据结构，还能简单有效地面向对象编程。Python 解释器易于扩展，可以使用 C 或 C++扩展新的功能和数据类型。Python 也可用于可定制化软件中的扩展程序语言。Python 丰富的标准库，提供了适用于各个主要系统平台的源码或机器码。其优点为简单、易读、免费、开源。

考虑到需要对高压断路器所采集的特征信息等进行存储整理，系统采用 Mysql 数据库管理系统。Mysql 数据库由瑞典 MySQL AB 公司开发，MySQL 是一种关系型数据库管理系统，关系数据库将数据保存在不同的表中，而不是将所有数据放在一个大仓库内，这样就增加了速度并提高了灵活性。且体积小、速度快、开放源码。支持多种操作系统；提供的接口支持多种语言连接操作；MySQL 的核心程序采用完全的多线程编程。线程是轻量级的进程，它可以灵活地为用户提供服务，而不过多的系统资源。MySql 有一个非常灵活而且安全的权限和口令系统，以保证高压断路器智能诊断系统数据的可靠性。

Pyserial 封装了对串行端口（serial port）的访问。它提供了在 Windows、OSX、Linux、BSD（任何 POSIX 兼容系统）和 IronPython 上运行的 Python 的后端。"serial"模块会自动选择适当的后端。可移植性好，在不同平台上可以用相同类的接口。可通过 Python 属性访问端口设置。可通过 RTS/CTS 和/或 Xon/Xoff 支持不同的字节大小，停止位，奇偶校验和流程控制。可以设置超时功能。端口为二进制传输。没有 NULL 字节剥离，CR-LF 转换等（对于 POSIX 启用了很多次），与 I/O 库兼容。

高压断路器故障诊断系统设计思路如图 6-16 所示，软件系统设计了四个主要模块，分别是数据接收模块、数据储存模块、数据显示模块和故障识别模块。依照高压断路器故障诊断系统的工作流程，各个模块的介绍说明以及使用方法。

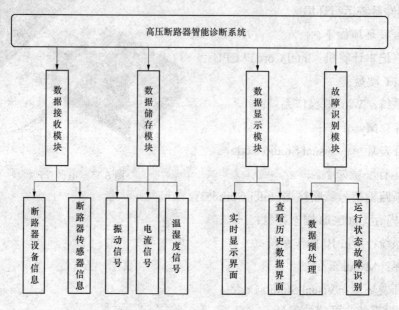

图 6-16　高压断路器故障诊断系统设计思路

　　将设备开机后，高压断路器智能诊断系统自行启动，当断路器动作达到触发阈值时，诊断系统进行数据的接收，运行提示显示"读取数据中请稍后"，数据接收完毕后，会以设备号、时间的方式命名保存在数据库中，且实时显示电流信号、振动信号、温湿度信号，并且进行故障分析，在右小角的运行状态中进行指针提示。当需要拷贝数据时，点击数据保存，数据会以断路器型号的名称文件保存在桌面的"数据导出"文件夹中，将 U 盘插入诊断系统右侧的 USB 接口中，即可导出数据，进行进一步的故障分析。

6.6　控制系统

6.6.1　高压断路器信号预处理算法研究

1. 信号测点位置研究

由于断路器在极短的时间内完成动作，为了保证采集的数据的可对比性，设置了触发器连接断路器的控制电源输出弱电信号到采集仪，利用触发采集保证了数据的一致性。

　　由于分/合闸过程中分/合闸弹簧所释放的能量会在传播的过程中产生衰减，所以传感器的安装位置会影响检测到的振动波形，因此在选取传感器的安装位置时，应优先选取振动响应较大的位置。为了探究振动信号的传播规律，在实验过程中，将加速度传感器放置在了断路器的横梁、弹簧操作机构、下出线板和支撑柱上。

　　由于断路器动作时间极短，假如人工操作采集仪开始采集数据，无法保证采集仪与断路器的分合闸控制指令相同步，也就是不能保证采集到数据的一致性，存在较大的时间偏差，影响后续的振动数据对比分析。为了保证采集数据的同步性，考虑将 1 路通道设置为触发通道，触发源选择将分合闸线圈的 DC 220V 电压转换成 DC 5V 电压用来触发采集仪采集数据，这样振动数据以分合闸指令作为起始点开始记录数据并保存。

由于所研究的 35kV 高压断路器结构复杂，因冲击源位置和传递路径的差异，导致了不同测点位置振动数据相差较大，所以除了
1 路触发通道还有多路振动数据通道。采样频率设置为 10kHz，即可较好地反映断路器的振动响应。针对上述实验要求，采用了采用江苏东华测试技术股份有限公司的 5922N 动态信号测试分析系统，如图 6-17 所示。

根据电气图纸，将远程开关与高压断路器的远程控制端子连接，以用来完成分合闸指令；之后将活线夹连接到断路器的动静触头

图 6-17　动态信号测试分析系统

上，共 6 根电源线，用来测量三相动静触头的同期性；在转轴处安装角度传感器，测试仪根据角度的变化换算成断路器的行程曲线等参数。连接触发器和采集仪以及传感器和采集仪之间的连线，高压断路器实验如图 6-18 所示。

图 6-18　高压断路器实验

软件设置上，首先对各通道平衡清零，将连接触发器的通道设置为触发通道，设置保存目录。断路器合闸时间为（80±15）ms，分闸时间为（50±10）ms，为了保证振动信号的充分采集，设置采集时间为 250ms，触发开始，定时停止采集。采样频率设置为10kHz，采集到的各个测点的信号如图 6-19 所示。

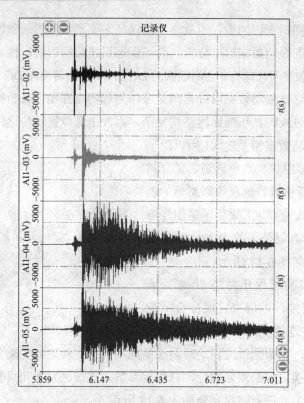

图 6-19　各测点振动信号

对振动的大小进行比较，由于同一个冲击在两路传感器位置引起的振动具有较强的一致性和时序性，可以依此辅助判断冲击发生的位置。将采集到的记录信号综合对比和分析，发现高压断路器弹簧操作机构处的振动信号波形较好，能够反映出冲击的变化，因此选取高压断路器弹簧操作机构处作为振动测点。

2. 信号预处理算法研究

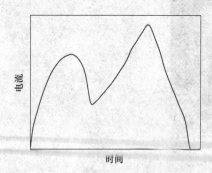

图 6-20　分合闸线圈电流理想信号

（1）电流信号预处理算法研究。分合闸线圈电流信号采用开口式霍尔电流传感器进行采集，在测量时将传感器套装在线圈电磁铁一侧的进线上，采集到的信号通过 NBC 接口将数据传到数据采集卡。传感器在测量电信号的过程中，由于运行设备的电磁干扰作用，采集到的信号通常会包含一定的随机噪声，同时在信号的传输过程中，也会受到噪声的影响。图 6-20 为理想的分合闸线圈电流信号，图 6-21 为实际采集到的合闸线圈电流信号曲线图，观察图 6-21 可知，信号中存在一些幅值较小的白噪声和少许尖峰脉冲噪声。

噪声因素会导致电流波形的原有特征信息受到干扰，所以为了能够准确提取信号中的特征，对采集到的信号进行去噪预处理非常重要。相比于断路器操作机构的振动信号，分合闸线圈电流曲线相对简单，可以将电流信号看成一条曲线进行预处理。消噪算法对于状态识别的准确性具有十分重要的影响，如果选取的平滑算法不合适，那么，信号的有效成分会丢失或者发生畸变，对特征值的真实性和有效性造成严重影响。所以，本章采用三次样条插值、五点三次平滑法和数学形态学一维滤波三种方法分别对电流信号进行平滑处理，通过对比它们的降噪效果，选取效果最好的作为特征提取信号。

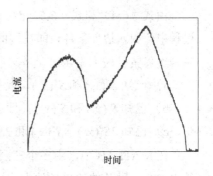

图 6-21　分合闸线圈实际采集信号

1）基于三次样条插值的信号去噪。样条插值是一种常用的平滑曲线的方法，三次样条插值是其中应用较广泛的一种。三次样条插值的原理如下：作为一种分段插值方法，用分段的三次多项式构造一个新的函数，该函数具有连续、一阶导函数连续和二阶导函数连续的性质，然后用新的函数替代原有函数 $F(x)$。在所有的插值方法中，三次样条插值方法较优，首先与低次样条插值方法比较，该方法在曲线的模拟过程中更灵活更接近，其次与高次样条插值方法比较，该方法在计算过程中，计算量和存储空间占用较少，所以综合两个方面，三次样条插值较优。

假设已知函数 $F(x)$ 的定义域区间为 $[a, b]$，在该区间上有 $(n+1)$ 个节点，即 $a < x_1 < x_2 < \cdots < x_{n-1} < x_n = b$ 及其对应的函数值 $F(x_i) = y_i, (i = 1, 2, \cdots, n)$，即给出 $(n+1)$ 组样本点数据 $(x_0, y_0), (x_1, y_1), \cdots, (x_n, y_n)$，应用三次样条插值方法构造函数 $S(x)$，该函数的定义域为 $[a, b]$，函数满足下面三个条件：

a. $S(x_i) = y_i, (i = 1, 2, \cdots, n)$，即满足插值原则：在离散数据的基础上补插连续函数，使得这条连续曲线通过全部给定的离散数据点。

b. 在每个区间 $[x_i, x_{i+1}](i = 1, 2, \cdots, n)$ 上，函数 $S(x)$ 都必须是一个三次多项式。

$$S_i(x) = a_{i0} + a_{i1} + a_{i2}x^2 + a_{i3}x^3 \tag{6-3}$$

c. $S(x)$，$S'(x)$ 和 $S''(x)$ 在 $[a,b]$ 上连续。

从条件 c 可知，尽管 $S(x)$ 是一个分段函数，但该函数在定义域内光滑，称这样的函数 $S(x)$ 为三次样条插值函数。

由三次样条插值函数的定义可知，$S(x)$ 由 n 个分段函数构成，如条件 b 所示，每个分段函数需要 4 个待定系数来确定。所以，为了求解 $S(x)$，需要确定 $4n$ 个系数 $a_{i0}, a_{i1}, a_{i2}, a_{i3}(i = 1, 2, \cdots, n-1)$。为此，应该找到包含这些系数的 $4n$ 个独立方程。

根据条件 a，在定义域 $[a, b]$ 的所有节点上可得出 $(n+1)$ 个条件方程：

$$S(x_i) = y_i, (i = 1, 2, \cdots, n) \tag{6-4}$$

根据条件 b，除两端点 a，b 外，在所有节点上，可得出 $3(n+1)$ 个条件方程：

$$\left.\begin{array}{l} S_i(x_i) = S_{i+1}(x_i) \\ S_i'(x_i) = S_{i+1}'(x_i) \\ S_i''(x_i) = S_{i+1}''(x_i) \end{array}\right\} (i = 1, 2, \cdots, n-1) \tag{6-5}$$

由式（6-4）和式（6-5）能够得到$(4n-2)$个独立方程，仍然无法求解。所以在计算过程中，加入边界条件，即在区间$[a,b]$的两个端点各加一个条件，进行求解。计算中有三种边界条件较为常用：

a）已知$S''(x_0)$和$S''(x_n)$，特别是当取$S''(x_0)=S''(x_n)=0$时，称为自然边界条件；

b）已知$S'(x_0)$和$S'(x_n)$，即已知两端点处切线的斜率；

c）已知$2S''(x_0)=S''(x_1)$和$2S''(x_n)=S''(x_{n-1})$。

在 MATLAB 中，由多个三次样条函数命令可以使用，包括 spline、pchip 和 csape。其中 spline 默认的边界条件为非扭结条件，强制限制插值第一段和第二段具有相同的三次项系数，同时，最后一段与倒数第二段具有相同的多项式系数。pchip 插值函数构建方法与 spline 相同，区别在于在节点处斜率的选择不同，spline 函数在节点处具有连续的二阶导数，所以曲线更光滑，而 pchip 在保持曲线原有形状上具有较大优势。csape 函数为可输入边界条件的函数，边界条件包括非扭结条件，给定边界条件的一阶导数，周期边界条件，给定边界条件的二阶导数和自然边界条件等。图 6-22 为 MATLAB 中应用三种样条插值函数对电流信号进行处理的效果图。其中，spline 应用默认的非扭结边界条件，csape 分别试验了默认边界、给定边界二阶导数和自然边界三种边界条件。

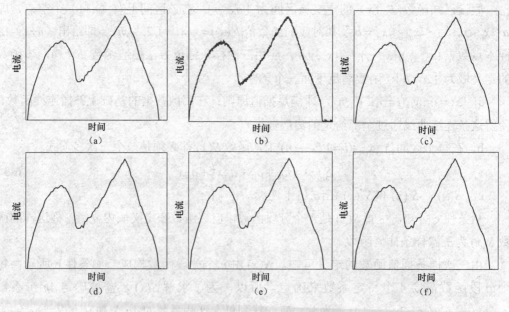

图 6-22 三次样条插值滤波效果图

（a）原始电流信号；（b）spline 效果图；（c）pchip 效果图；（d）csape（默认边界）效果图；
（e）csape（边界二阶导数）效果图；（f）csape（自然边界）效果图

从图中可以看到，五张经过三次样条插值平滑的曲线中，白噪声和部分尖峰等都被滤掉，滤波效果良好，但是五条曲线在滤波后都不够光滑，存在部分干扰，会对后续特征点的提取造成一定的影响。

2）基于数学形态学一维滤波去噪。形态学滤波是一种较常见的滤波方法，在实际应用中，消噪作用良好。

而膨胀和腐蚀作为形态学滤波的两个基本运算方法，膨胀算法主要是对于信号的局部凹陷进行平滑，而腐蚀算法主要是对于信号的局部凸起进行平滑。考虑到两种算法的局限性，所以在使用过程中，将二者结合起来，能够同时起到填充和平滑的作用，可以获得较好的滤波效果。本项目研究的高压断路器分合闸电流信号是一维数据，所以本节仅介绍一维离散数据的形态学算法。

设原始信号为 $x(n)$，其中 $n=1,2,3,\cdots,N$，定义结构元素为 $g(m)$，其中 $m=1,2,3,\cdots,M,M\leqslant N$，定义 $x(n)$ 关于 $g(m)$ 的腐蚀和膨胀操作为

$$(x\Theta g)(n)=\min_t\{f(n+m)-g(m)\} \tag{6-6}$$

$$(x\oplus g)(n)=\max_t\{f(n-m)+g(m)\} \tag{6-7}$$

数学形态学中，将膨胀和腐蚀结合，能够得到两种运算，分别为开运算和闭运算。开运算的定义为：先腐蚀后膨胀运算，所以在消噪处理中，开运算能够抑制信号中的正脉冲信号。对应地，闭运算是先膨胀后腐蚀，所以，闭运算能够抑制信号的负脉冲噪声。通过腐蚀和膨胀叠加运算，能够对信号进行基本的消噪处理。定义 $x(n)$ 关于 $g(m)$ 的开运算和闭运算操作为

$$(x\circ g)(n)=[(x\Theta g)\oplus g](n) \tag{6-8}$$

$$(x\cdot g)(n)=[(x\oplus g)\Theta g](n) \tag{6-9}$$

通过对开运算和闭运算两种方法进行实验，能够发现：两种算法都能够起到滤波作用，但是由于膨胀和腐蚀操作的顺序差异导致消噪的结果不同。开运算算法作用于信号中的正脉冲噪声，在凸起刺尖有良好的消去作用，闭运算算法作用于信号中的负脉冲噪声效果较明显，对凹进去的缺口有较好的补充作用。所以本项目将两种运算结合起来，常用的方法是形态开闭中值滤波算法，该算法采用先开后闭和先闭后开两种方法结合求取平均值达到更好的消噪效果，算法如下：

$$Med(x,g)=[(x\circ g\cdot g)(n)+(x\cdot g\circ g)(n)]/2 \tag{6-10}$$

在传统的形态开闭中值滤波算法的计算过程中，结构元素 $g(m)$ 的选取对于消噪效果影响显著。结构元素在形态学消噪过程中，相当于信号处理中的滤波窗口，常见的一维结构元素有直线、三角形、半圆和余弦等，针对具体的信号，选取适合的结构元素。

在结构元素的选取过程中，所选取的结构元素形状要近似于信号的顶部或底部形状，经验表明：处理脉冲噪声，三角形机构元素较好，处理白噪声，半圆形结构效果较好。所选取的结构元素尺寸应该介于信号和噪声尺寸之间。同时如果噪声信号较复杂时，可以用多个结构元素组合进行滤波。

针对分合闸线圈电流信号，实际采集的信号中包含白噪声以及极少的尖峰和沟壑噪声，噪声成分较简单，故只选用了单一的结构元素。选取余弦形元素结构，尺寸选取时，

依据实验的最优效果比较，幅值选 1，宽度选择 20。

形态学滤波效果图如图 6-23 所示，由图可知，形态学一维滤波对于白噪声的滤波效果很好，但是对于小尖峰脉冲的滤波效果有些不理想，并且在滤波的过程中，需要经验或者大量的实验来确定结构元素的选取以及结构元素的参数。所以要想获得较好的结果需要消耗大量的时间，并且如何快速选取合适的结构元素和优化现有的结构元素是十分关键的问题。

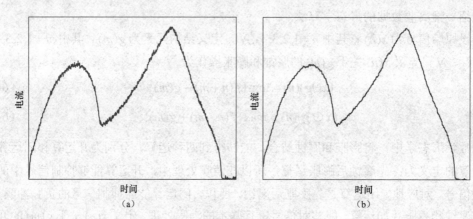

图 6-23　三次样条插值滤波效果图

（a）原始电流信号；（b）形态学滤波效果图

3）基于五点三次平滑法的信号去噪。五点三次平滑法是一种比较常用且简单的去噪滤波方法，基本原理是多项式最小二乘逼近，在两个实验数据点之间建立一条三次多项式曲线方程，能够在消噪的同时，保持信号曲线特性不变。

设实验数据为 $Y_{-n}, Y_{-n+1}, \cdots, Y_{-1}, Y_0, Y_1, \cdots, Y_{n-1}, Y_n$，设有 $2n+1$ 个等距节点如下：$X_{-n}, X_{-n+1}, \cdots, X_{-1}, X_0, X_1, \cdots, X_{n-1}, X_n$，设两节点间的距离为 h，将实验数据放在 $2n+1$ 个等距节点上。通过交换 $t = \dfrac{x - x_0}{h}$ 计算后，能够得到新的 $2n+1$ 个节点：

$$t_{-n} = -n, t_{-n+1} = -n+1, \cdots, t_{-1} = -1, t_0 = 0, t_1 = 1, \cdots, t_n = n \text{。}$$

对于实验采集到的实验数据，用 m 次多项式进行拟合计算，设拟合多项式为

$$Y(t) = a_{i0} + a_{i1}t + a_{i2}t^2 + \cdots + a_m t^m \tag{6-11}$$

对于上式中的待定系数，采用最小二乘法进行求解，令

$$\sum_{i=-n}^{n} R_i^2 = \sum_{i=-n}^{n} [\sum_{j=0}^{m} a_j t_i^j - Y_i]^2 = \phi(a_0, a_1, \cdots, a_m) \tag{6-12}$$

目标是使 $\phi(a_0, a_1, \cdots, a_m)$ 最小，将上式对 $a_k (k = 0, 1, \cdots, m)$ 求偏导，令偏导数为 0，能够得到以下正规方程组：

$$\sum_{i=-n}^{n} Y_i t_i^k = \sum_{j=0}^{m} a_j \sum_{i=-n}^{n} t_i^{k+1} \tag{6-13}$$

五点三次平滑法，即 $n=2$，$m=3$，共五个节点，代入上式并令 $t=0,+1,-1,+2,-2$，即可得到五点三次平滑的方程组，其中，$\overline{Y}_i$ 为 Y_i 的改进值：

$$\overline{Y}_{-2} = \frac{1}{70}(69Y_{-2} + 4Y_{-1} - 6Y_0 + 4Y_1 - Y_2) \tag{6-14}$$

$$\overline{Y}_{-1} = \frac{1}{30}(2Y_{-2} + 27Y_{-1} + 12Y_0 - 8Y_1 + 2Y_2) \tag{6-15}$$

$$\overline{Y}_0 = \frac{1}{35}(-3Y_{-2} + 12Y_{-1} + 17Y_0 + 12Y_1 - 3Y_2) \tag{6-16}$$

$$\overline{Y}_1 = \frac{1}{35}(2Y_{-2} - 8Y_{-1} + 12Y_0 + 27Y_1 + 2Y_2) \tag{6-17}$$

$$\overline{Y}_0 = \frac{1}{70}(-Y_{-2} + 4Y_{-1} - 6Y_0 + 4Y_1 + 69Y_2) \tag{6-18}$$

式（6-14）～式（6-18）即为五点三次法的基本方程，该算法要求节点个数 $k \geqslant 5$，在计算时，为了保持对称性，两端分别采用式（6-14）～式（6-17）进行计算，中间的计算全部采用式（6-16）进行去噪处理。

图 6-24 为五点三次平滑法滤波效果，从图中可以看到，原始信号的白噪声以及尖峰和凹陷均被完美地过滤掉，并且曲线的特征点附近的信号没有发生畸变，滤波效果最好。但是该方法在曲线平滑的过程中，曲线越平滑，需要平滑的次数越多，所需时间也较长。综合滤波效果和滤波效率，本课题选取五点三次平滑法作为分合闸线圈电流的滤波方法。

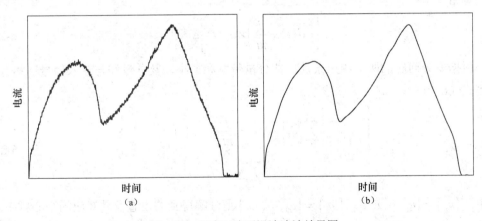

图 6-24　五点三次平滑法滤波效果图

（a）原始电流信号；（b）五点三次平滑法效果图

（2）振动信号预处理算法研究。对于断路器振动信号的预处理，虽然已有学者尝试将经验模态分解（empirical mode decomposition，EMD）、集合经验模态分解（ensemble empirical mode decomposition，EEMD）和局部均值分解（local mean decomposition，LMD）应用在断路器振动信号中，但它们都属于递归模式分解算法，分解得到的模态存在混叠。此外，上述方法对于频率相近的分量无法正确分离，EMD 还存在端点效应。总体来说，

EMD、EEMD 和 LMD 处理断路器振动信号效果不是很理想，仍需进一步深入研究。

变分模态分解（variational mode decomposition，VMD）是一种基于变分法的数学算法，由于其优秀的自适应性和正交性，近年来被广泛应用于信号处理中。对于非线性非平稳信号，常用的方法有经验模态分解、局部均值分解等方法，但两种算法均存在模态混叠问题。变分模态分解用约束变分方法来求解分量模态，具有更好的噪声鲁棒性，能够更好地体现信号局部特征。

变分模态分解过程是将信号分解转化为数学计算中变分约束问题，通过迭代方法搜寻问题的最优解，自适应地实现信号分量的分离，其本质是维纳滤波，在计算过程中涉及希尔伯特变换和频率混合问题。

1）变分问题构造。变分问题求解的目标是获得 k 个模态分量 $u_k(t)$，约束条件是分量带宽和最小以及分量和与输入信号 f 相等。假设每个分量均是具有中心频率和有限带宽，在迭代过程中，中心频率和带宽不断更新。计算过程中涉及希尔伯特变换和频率混合问题，过程如下：

为了得到每个分量 $u_k(t)$ 的单边频谱，首先对信号 f 进行希尔伯特变换，得到其解析信号：

$$\left[\delta(t)+\frac{j}{\pi t}\right]\times u_k(t) \tag{6-19}$$

对各分量解析信号混合一预估中心频率 $e^{-j\omega_k t}$，目的是将每个分量的频谱调制到相应的基频带。

$$\left[\left(\delta(t)+\frac{j}{\pi t}\right)\times u_k(t)\right]e^{-j\omega_k t} \tag{6-20}$$

根据变分问题的两个约束条件，即分量带宽和最小以及分量和与输入信号 f 相等，得到式（6-19）：

$$\begin{cases} \min_{\{u_k\},\{w_k\}}\left\{\sum_k\left\|\partial_t\left[\left(\delta(t)+\frac{j}{\pi t}\right)\times u_k(t)\right]e^{-j\omega_k t}\right\|_2^2\right\} \\ \text{s.t.}\sum_k u_k=f \end{cases} \tag{6-21}$$

式中：$\{u_k\}:=\{u_1,\cdots,u_k\}$，$\{\omega_k\}:=\{\omega_1,\cdots,\omega_k\}$ 是分解得到的模态及其对应的中心频率。

2）变分问题求解。由于信号采集过程中存在多种噪声影响，为了保证重构信号的准确性，引入二次惩罚因子 α；同时，为了保证约束条件的严格性，引入拉格朗日乘法算子 $\lambda(t)$，将约束问题变为非约束方程组求解的问题：

$$\begin{aligned} L(\{u_k\},\{\omega_k\},\lambda)=&\alpha\sum_k\left\|\partial_t\left[\left(\delta(t)+\frac{j}{\pi t}\right)\times u_k(t)\right]e^{-j\omega_k t}\right\|_2^2+\left\|f(t)-\sum_k u_k(t)\right\|_2^2 \\ &+\left\langle\lambda(t),f(t)-\sum_k u_k(t)\right\rangle \end{aligned} \tag{6-22}$$

变分模态分解中，应用乘法算子交替方法求解式（6-22）中的'鞍点'。

其中，u_k^{n+1} 为

$$u_k^{n+1} = \underset{u_k \in X}{\arg\min} \left\{ \alpha \left\| \partial_t \left[\left(\delta(t) + \frac{j}{\pi t} \right) \times u_k(t) \right] e^{-j\omega_k t} \right\|_2^2 + \left\| f(t) - \sum_i u_i(t) + \frac{\lambda(t)}{2} \right\|_2^2 \right\} \quad (6\text{-}23)$$

式中：ω_k 等同于 ω_k^{n+1}；$\sum_i u_i(t)$ 等同于 $\sum_{i \neq k} u_i(t)^{n+1}$。利用 Parseval/Plancherel 傅里叶等距

变换，将式（6-23）转变到频域：

$$\hat{u}_k^{n+1} = \underset{\hat{u}_k, u_k \in X}{\arg\min} \left\{ \alpha \left\| j\omega \left\{ [1 + \text{sgn}(\omega + \omega_k)] \cdot \hat{u}_k(\omega + \omega_k) \right\} \right\|_2^2 + \left\| \hat{f}(\omega) - \sum_i \hat{u}_i(\omega) + \frac{\hat{\lambda}(\omega)}{2} \right\|_2^2 \right\} \quad (6\text{-}24)$$

将第一项的 ω 用 $\omega - \omega_k$ 代替：

$$\hat{u}_k^{n+1} = \underset{\hat{u}_k, u_k \in X}{\arg\min} \left\{ \alpha \left\| j(\omega - \omega_k) [(1 + \text{sgn}(\omega)) \cdot \hat{u}_k(\omega)] \right\|_2^2 + \left\| \hat{f}(\omega) - \sum_i \hat{u}_i(\omega) + \frac{\hat{\lambda}(\omega)}{2} \right\|_2^2 \right\} \quad (6\text{-}25)$$

转换到非负频率区间积分的形式：

$$\hat{u}_k^{n+1} = \underset{\hat{u}_k, u_k \in X}{\arg\min} \left\{ \int_0^\infty 4\alpha(\omega - \omega_k)^2 |\hat{u}_k(\omega)|^2 + 2 \left| \hat{f}(\omega) - \sum_i \hat{u}_i(\omega) + \frac{\hat{\lambda}(\omega)}{2} \right|^2 d\omega \right\} \quad (6\text{-}26)$$

二次优化求解问题转为

$$\hat{u}_k^{n+1}(\omega) = \frac{\hat{f}(\omega) - \sum_{i \neq k} \hat{u}_i(\omega) + \frac{\hat{\lambda}(\omega)}{2}}{1 + 2\alpha(\omega - \omega_k)^2} \quad (6\text{-}27)$$

同样的，当中心频率出现在先前的带宽时，相关问题可以理解为

$$\omega_k^{n+1} = \underset{\omega_k}{\arg\min} \left\{ \int_0^\infty (\omega - \omega_k)^2 |\hat{u}_k(\omega)|^2 d\omega \right\} \quad (6\text{-}28)$$

中心频率的更新方法为

$$\omega_k^{n+1} = \frac{\int_0^\infty \omega |\hat{u}_k(\omega)|^2 d\omega}{\int_0^\infty |\hat{u}_k(\omega)|^2 d\omega} \quad (6\text{-}29)$$

式中：ω_k^{n+1} 为当前模态函数功率谱的中心；$\hat{u}_k^{n+1}(\omega)$ 为对 $\hat{f}(\omega) - \sum_{i \neq k} \hat{u}_i(\omega)$ 进行维纳滤波得

到的。

3）VMD 算法。

a. 初始化 $\{\hat{u}_k^1\}$，$\{\omega_k^1\}$，$\{\hat{\lambda}^1\}$，$n = 0$。

b. 根据上更新 u_k 和 ω_k。

c. 更新 λ。

$$\hat{\lambda}^{n+1}(\omega) \leftarrow \hat{\lambda}^{n}(\omega) + \tau\left[\hat{f}(\omega) - \sum_{k}\hat{u}_{k}^{n+1}(\omega)\right] \tag{6-30}$$

d. 对于给定判别精度 $e \geqslant 0$，若 $\sum_{k}\left\|\hat{u}_{k}^{n+1} - \hat{u}_{k}^{n}\right\|_{2}^{2}\Big/\left\|\hat{u}_{k}^{n}\right\|_{2}^{2} < e$，则停止迭代，否则返回步骤 b。

从理论分析来说，VMD 算法中各模态直接在频域不断迭代更新，最后通过傅里叶逆变换到时域；中心频率作为各模态的功率谱中心，被重新预估，并逐步循环更新。

与 EMD、LMD 和 LCD 等自适应信号分解算法不同，VMD 使用前，必须设置模态分量的数量，该参数不仅影响信号的分解效果，且分解得到的模态分量未必全部包含断路器弹簧操作机构的故障信息，因此内涵模态分量（intrinsic mode functions，IMF）的个数的设定以及如何筛选出有用的信号分量至关重要，直接决定了 VMD 去噪效果。

VMD 应用过程中，分量个数 K 值的选取对于分解效果影响较大。对于 IMF 分量的个数的设定，本文采用中心频率法来确定 K 值，中心频率法是通过分析各个分量的中心频率的相近程度来确定 K 的大小。具体来说预先设定 K 为 2，若分解得到的相邻分量的中心频率未出现相近的情况，则 $K+1$；若分解得到的相邻分量中心频率相近，则判断为出现过分解，选定 $K-1$ 个模态分量。

由于断路器处于强电强磁的环境中，采集到的信号难免受到噪声的干扰。虽然利用中心频率法可对信号进行有效分解，但如何筛选出包含丰富特征信息的最佳 IMF 分量仍需进一步研究。

许多学者采用相关系数法对分解后的分量进行筛分，相关系数是研究变量之间线性关联度，多次试验表明利用相关系数法筛分选取的信号分量重构效果并不理想，对断路器振动信号并不敏感。振动事件的发生对应时域信号的冲击响应，所以在进行分量筛选时应重点关注时域信号中的冲击成分，研究如何提取与原始信号波形变化相一致的信号分量。

针对上述问题，本项目提出波形变化匹配方差 S^2，利用波形的变化规律一致程度来作为各阶模态分量所包含的冲击与原始信号的匹配程度的评价指标，S^2 越小代表各模态分量与原始信号波形的匹配性越好。波形变化匹配方差计算公式如下：

$$S^2 = \frac{\sum_{i=1}^{n-1}\left[(y_{i+1} - y_i) - (z_{i+1} - z_i)\right]^2}{n-1} \tag{6-31}$$

式中：y_i 为原始信号序列；z_i 为各阶成分分量的信号序列；n 为采样点数。

以断路器合闸时的弹簧操作机构测点处采集到的振动信号为例进行解释说明。首先利用 VMD 算法对其进行分解，其中，分解模态数 K 根据中心频率法则确定。当选取的模态分量个数 K 过大时，会得到的中心频率相近的相邻模态分量。经过试验对比，这里选取分解模态数 $K=6$，此时通过 VMD 分解得到的各阶模态分量如图 6-25 所示。

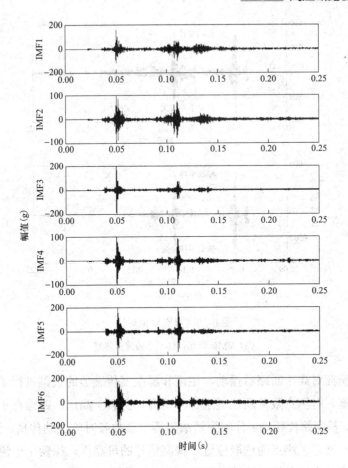

图 6-25　VMD 分解结果

　　然后，计算各阶模态分量与原始信号的波形变化匹配方差，结果见表 6-5。根据表 6-5 中的波形变化匹配方差，可以看出 IMF4～IMF6 与原始信号的方差较小，而且从时域图上能看出 IMF4～IMF6 与原始信号波形匹配性也较好。因此所提出的信号筛分准则是有效的。

表 6-5　　　　　　　　　　各阶分量与原始信号波形变化匹配方差

方差	IMF1	IMF2	IMF3	IMF4	IMF5	IMF6
S^2	0.0769	0.0762	0.0722	0.0710	0.0528	0.0450

　　选取方差值最小的三个模态分量对原始信号进行重构，由此完成了对原始信号的去噪。另外，还采用小波阈值去噪算法对原始振动信号进行处理，结果如图 6-26 所示。

　　由图 6-26（b）可知，对原始信号采用小波阈值降噪造成了原始信号中的部分振动事件丢失；而图 6-26（a）中采用 VMD 算法降噪得到的重构信号中各个振动事件的冲击特征有了明显的增强。结果表明，VMD 算法可以有效地提取出原始信号中的有效成分，具有明显的降噪效果。

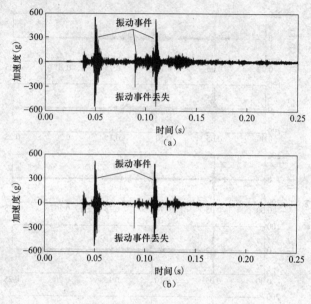

图 6-26　降噪效果对比

（a）VMD 降噪；（b）小波阈值降噪

　　通过上述研究对高压断路器振动、电流和温湿度传感器的选型进行了确定，实现了信号的有效采集。对测点数量及位置进行了研究，探索了高压断路器在正常状态，以及传动机构变形、基座螺栓松动、分闸弹簧故障等主要故障时的振动传播、信号衰减规律，通过对比分析，确定了测点的选取位置，提高信号的可靠性。探索了电流信号的预处理方法，通过对比三次样条插值滤波、数学形态学一维滤波方法滤波和五点三次平滑法滤波，三种不同的消噪算法的平滑效果和平滑效率，综合考虑选择了五点三次平滑法作为电流信号的降噪方法，有效地去除了采集信号中的干扰成分，包括白噪声成分和尖峰脉冲噪声，达到了预期效果，实现了强干扰环境中信号滤波处理。

6.6.2　高压断路器多源信号特征提取技术研究

1. 高压断路器典型故障下电流和振动信号特征研究

　　（1）高压断路器典型故障下电流信号特征研究。电磁铁结构模型如图 6-27 所示，在断路器的分、合闸操作过程中，电磁铁是高压断路器的重要元件，施加在电磁铁线圈的电流使动铁芯向前移动撞击脱扣掣子，脱扣掣子释放弹簧带动操作机构部件运动。在该过程中，电磁铁铁芯运动、控制回路、脱扣掣子和辅助触点若发生异常，均会反映到线圈电流的波形变化中。因此，针对高压断路器控制线圈的典型故障电流信号展开研究，期望提取出不

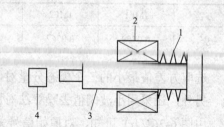

图 6-27　电磁铁结构模型

1—返回弹簧；2—线圈；3—动铁芯；4—脱扣掣子

同运行状态下电流信号的故障特征。

电磁铁线圈等效回路如图 6-28 所示，电磁铁线圈通常提供直流恒压电源，该电源可等效于 RL 电路。

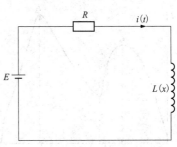

电磁铁线圈的电流与电压之间的关系如下：

$$U = Ri(t) + \frac{\mathrm{d}[i \times L(x)]}{\mathrm{d}t} \qquad (6\text{-}32)$$

式中：U 为线圈两端的电压；R 为线圈自身电阻；i 为线圈电流；L 为线圈等效电感。

图 6-28　电磁铁线圈等效回路

将式（6-32）对时间求导，得到

$$U = Ri(t) + L(x)\frac{\mathrm{d}i}{\mathrm{d}t} + i\frac{\mathrm{d}[L(x)]}{\mathrm{d}x}v \qquad (6\text{-}33)$$

式中：v 为铁芯速度。

从式（6-33）可以看出线圈电流的变化主要与铁芯运动位置、运动速度以及等效电路的固有特性等参数有关。

线圈电流如图 6-29 所示，通过分析实验室条件下采集的控制线圈电流得知：在相同状态下所采集的控制线圈电流具有良好的稳定性与可重复性；在故障状态下所采集的控制线圈电流与正常状态下的相比会有所不同。因此，可以考虑以高压断路器分、合闸过程中的控制线圈电流为研究对象，以此判断断路器故障。

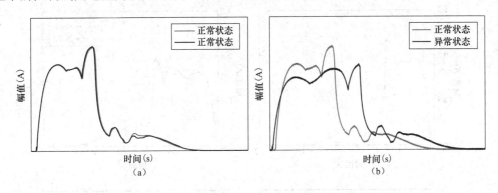

图 6-29　线圈电流

（a）相同状态数据对比；（b）不同状态数据对比

由于高压断路器的型号不同，控制线圈电流的波形不尽相同。由上述线圈等效电路可知，典型的控制线圈电流信号曲线如图 6-30 所示。根据曲线变化情况可以将电磁铁动作过程分为以下 4 个阶段：

1）阶段 1（0～t_1）：在该阶段内，电磁铁铁芯保持静止，电流幅值不断增大。其中，0 时刻为断路器操作指令到达，线圈开始通电的时刻；t_1 时刻为线圈电流到达 I_1，驱动铁芯运动的时刻。该阶段电流曲线可以反映线圈回路的状况，比如线圈内是否存在短路故障等。

2）阶段 2（t_1～t_2）：在该阶段内，电磁铁铁芯动作，电路中产生反电动势，电流幅

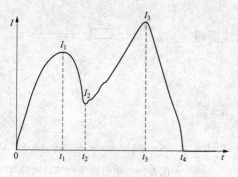

图 6-30　典型的控制线圈电流信号

值逐渐减小，直到铁芯停止运动。其中，t_2 时刻为铁芯停止运动，电流幅值减小至 I_2 的时刻。该阶段可以反映铁芯的运动状况。

3）阶段 3（$t_2 \sim t_3$）：在该阶段内，脱扣挚子锁扣变位，弹簧能量释放，使动、静触头分离，线圈电流幅值再次增大，直至辅助开关动作断开回路。其中，t_3 时刻辅助开关动作断开线圈回路，线圈电流幅值增大至 I_3 的时刻。该阶段电流曲线可以反映脱扣器的状况，比如是否存在脱扣失灵故障等。

4）阶段 4（$t_3 \sim t_4$）：在该阶段内，动、静触头彻底分离，辅助开关动作切断线圈回路，线圈电流急剧减小至零。其中，t_4 时刻为线圈电流归零的时刻。该阶段电流曲线可以反映辅助开关动作状况。在实验室条件下对一台 35kV 高压断路器进行电流信号的提取。

在空载状态下，本文分别采集了断路器正常工况下以及操作机构卡涩、控制回路电压低（180、200V）、控制回路电压高（240、260V）三种典型故障工况下的控制线圈电流信号。图 6-31 为不同状态下采集到的电流信号。可以看出，各个运行工况下断路器线圈电流波形极值点的幅值及对应时刻存在差异。

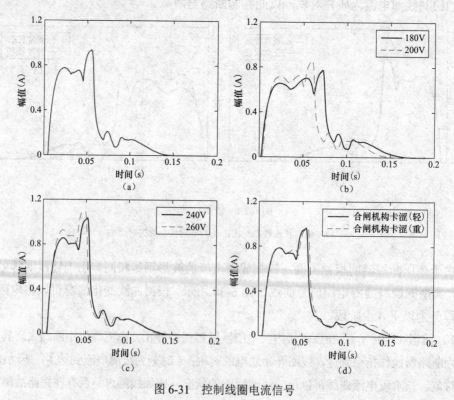

图 6-31　控制线圈电流信号

（a）正常工况；（b）控制回路电压低；（c）控制回路电压高；（d）操作机构卡涩

（2）高压断路器典型故障下振动信号特征研究。振动是由断路器操作机构零件之间的相互冲击和运动形成的，在断路器的合闸和分闸过程中，各个零件是按照一定的逻辑关系启动、冲击、挤压和缓冲停止完成运动的，形成一系列的冲击（振源），在振动传感器测量位置检测到的是一系列具有时序的衰减信号。所以根据测量到的振动信号研究行程曲线和振动冲击之间的对应关系存在理论依据，因此进行了实验探索。根据断路器弹簧操作机构的机械结构和运动机理，结合采集到的各路信号，探索振动信号与断路器特性参数之间的关系，如振动信号与合闸时间、分闸时间的关系；振动信号中包含的振动事件与机械零件碰撞的对应关系。

1）断路器合闸信号分析。根据上述实验仪器和方法，将采集到的记录信号进行了对比和分析，发现断路器横梁和弹簧操作机构处的振动信号波形较好，能够反映出冲击的变化，时域图如图 6-32 所示。从上到下分别是断路器三相触头同期性、断路器行程曲线、断路器弹簧操作机构振动信号、断路器横梁振动信号。

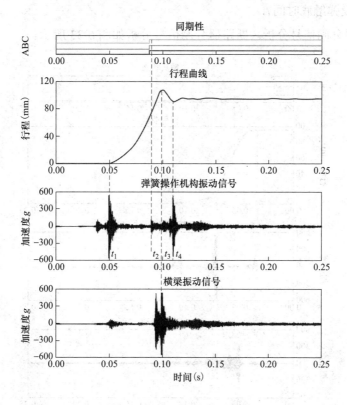

图 6-32　断路器合闸信号分析

根据断路器弹簧操作机构工作原理，对比试验获得的断路器各项参数。虽然因冲击源位置的不同引起弹簧操作机构和横梁振动大小不一样，但是同一个冲击在两路传感器位置引起的振动具有较强的一致性和时序性，对比振动大小可以辅助判断冲击发生的位置。具体总结如下：

t_1 时刻：合闸线圈通电后，弹簧操作机构解除连锁，t_1 为动触头开始运动的时刻，凸轮开始挤压滚轮，产生巨大的振动，同时传递到断路器的横梁上产生较小的振动。与此同时，行程曲线开始出现变化。

t_2 时刻：凸轮持续挤压滚轮直到断路器三相动触头和静触头接触时刻 t_2，由于动静触头采用的是内外嵌套的机械结构，所以在刚接触的瞬间主要存在的是摩擦力而不是冲击力，引起弹簧操作机构较小的振动。

t_3 时刻：在合闸弹簧的惯性力的作用下，动触头继续运动，直到运动到最大行程位置，该时刻为 t_3，此时动静触头冲击最大，通过绝缘支柱传递到断路器横梁上，t_3 为横梁振动最大的时刻。

t_4 时刻：由于弹性变形和缓冲弹簧的综合作用，动触头出现弹跳，在 t_4 时刻动触头反弹触底，能量通过连杆传递到弹簧操作机构上，引起较大的振动。

通过上述分析得到了以下参数：动触头开始动作时间 t_1；合闸时间 t_2；最大行程时间 t_3；动触头反弹触底时间 t_4。

2）断路器分闸信号分析。断路器分闸信号分析如图 6-33 所示。

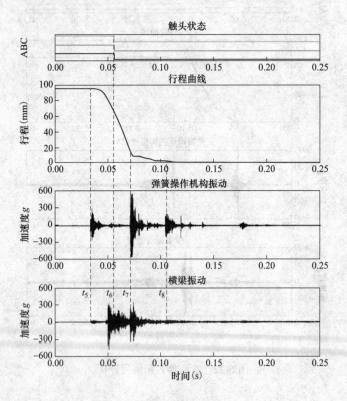

图 6-33　断路器分闸信号分析

冲击源位置的不同会造成弹簧操作机构本体和横梁振动振动大小（能量大小）不一样，但是两路信号所包含的振动事件时刻点基本具有一致性，对比振动大小可以辅助判断冲击发生的位置。结合断路器弹簧操作机构运动过程中零件碰撞的先后顺序，通过对比图 6-33 中的信号，得出以下结论：

t_5 时刻：电磁铁铁芯撞击脱扣装置，在弹簧操作机构上产生一个较小的振动信号，进而传递到机架的过程中，由于能量损耗，所以在横梁处产生微弱的振动。与此同时，分闸弹簧驱动传动机构和动触头开始运动，此时刻为 t_5，为动触头开始运动时间。

t_6 时刻：分闸过程中，缓冲弹簧从挤压状态到完全释放，横梁处传感器先感应到较大的冲击振动。然后动触头继续运动，到 t_6 时刻，动静触头分离，惯性冲击导致横梁产生一个较小的振动。

t_7 时刻：拉杆撞击油缓冲器，巨大的惯性力在弹簧操作机构上引起较大的振动，紧接着缓冲弹簧被彻底压缩，在横梁上引起较大的振动。

t_8 时刻：由于油缓冲器、缓冲弹簧和分闸弹簧的共同作用，动触头运动到最低位置后会出现振荡，缓慢恢复到平衡位置。振荡能量通过连杆传递到弹簧操作机构上，产生较小的振动，此时为 t_8 时刻，为触头反弹幅值最大的点。

至此，我们得出下列事件特性参数：动触头开始运动时间 t_5；分闸时间 t_6；拉杆撞击油缓冲器时间 t_7；触头反弹幅值最大时间 t_8。

至此，探索得出了振动信号包含的振动事件与断路器的特性参数之间的对应关系，以及振动事件和机械零件碰撞的对应关系。基于上述分析得到的断路器时间特性参数与振动事件的对应关系，使得在线提取断路器时间特性参数成为可能。然后在实际应用中根据振动信号反推求出断路器的时间特性参数，对此进行了深一步的研究，包括振动信号的预处理算法和特性参数的提取算法研究。

断路器操作机构振动与凸轮机构、四连杆机构和弹簧系统的运动有关，随着操作次数的增加，断路器弹簧操作机构零件的磨损越来越严重，相应的各个机构的运动会发生不同程度的变化，宏观影响会造成振动信号的变化，细节上来说就是振动事件的开始和结束时间及相应的时间间隔会发生变化。因此在不同故障类型的同时，采集断路器在合闸过程中弹簧操作机构处的振动信号，时域图如图 6-34 所示。

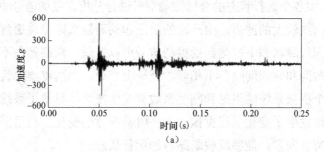

图 6-34 断路器不同状态下的振动信号（一）

（a）正常状态

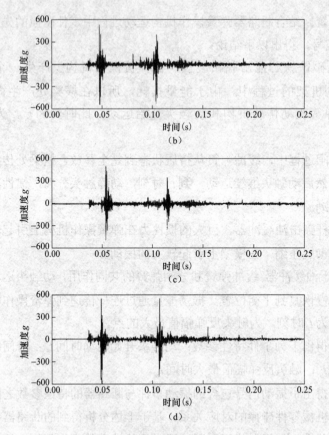

图 6-34　断路器不同状态下的振动信号（二）

（b）分闸弹簧疲劳；（c）合闸弹簧疲劳；（d）基座螺栓松动

　　对断路器在不同运行状态下多次试验发现，振动信号中包含的多个振动事件在正常状态下规律性较好，存在较好的一致性；而在故障状态下部分振动事件存在冲击不明显的情况。由于弹簧操作机构机械结构复杂，振动响应难免发生变化，造成了部分振动事件冲击不明显的结果。但是对于同种运行状态来说，多次试验采集到的振动信号的重复性较好，波形变化基本一致，有利于特征向量的构建以及提取识别。

　　针对图 6-34 中各个运行状态的合闸振动信号进行分析，振动信号中包含了两个较大的冲击成分，这两次较大的冲击是由凸轮的挤压和动静触头碰撞传递到检测位置所引起的。通过对比不同故障状态下检测到的振动信号可以发现，断路器在不同的运行状态下振动事件的发生时间和时间间隔各不相同。理论上来说，当断路器弹簧操作机构发生故障后，相当于整个机械系统的阻尼和刚度系数会发生变化，导致了系统的响应（断路器振动信号）相应地发生了变化。根据振动事件时间参数的变化，利用振动事件的时间参数构建断路器的特征向量，能够反映断路器的运行状态。

　　从故障识别的角度，构建的特征向量差异化越明显识别效果越好。倘若特征向量存在不一致的情况，并不利于对于断路器运行状态的判断。为了保证构建的特征向量具有可对比性，尝试了提取弹簧操作机构测点的振动信号中能量最大的两个振动事件的起止时间作为特征向量，保证了特征向量的一致性。

2. 信号特征参量提取方法研究

（1）电流信号特征量提取方法研究。

1）电流信号局部特征提取方法。分合闸线圈电流曲线经过五点三次平滑法去噪处理后可近似看作一条光滑的曲线，对于光滑曲线的极值，通常采用求导法获得。但由于电流是由一系列的点组成，不能准确求出其曲线的表达式，所以无法应用求导法获得。但当两点间的间隔足够小时，可以采用相邻点的斜率来近似代替该点的导数，公式如下：

$$f'(x) = \lim_{\Delta x \to 0} \frac{\Delta y}{\Delta x} = \lim_{\Delta x \to 0} \frac{f(x_0 + \Delta x) - f(x_0)}{\Delta x} \tag{6-34}$$

通过考察相邻两点斜率的正负情况，确定极值点。对于大部分信号，会获得三组极值，但是曲线中仍不免存在一些小尖峰和波谷，有时会出现多于三个极值点的情况。所以要对检测到的极值点进行分组处理，分组数量根据分合闸电流具体实验数据确定。根据合闸电流曲线波形可知，波峰波谷的出现顺序是先波峰再波谷最后又是波峰，所以将电流信号分为三组，分别求取三组极值数据中的 y 值最值即可。局部特征提取的流程示意图如图 6-35 所示。

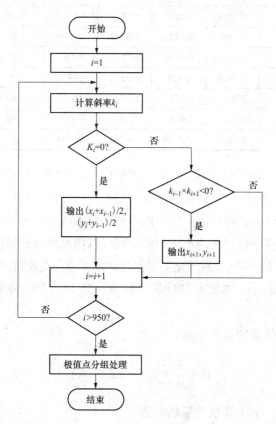

图 6-35　线圈电流信号局部特征提取流程示意图

利用求斜率近似求导的方法对曲线极值进行求取，因为采样间隔足够小，所以用相邻两点的斜率近似代替该点的导数值。其中，x_i 与 y_i 分别为 i 点对应的坐标值。若 i 点斜率为 0，则判断（i–1）与（i+1）点的斜率：若两点斜率不全为 0，则判断该点为极值点，取 i 与 i+1 的中点坐标为极值点坐标，否则判断该点为无用的点；若 i 点斜率不为 0，考察相邻两点斜率的符号，异号则判定第 i+1 点为极值点。利用局部特征提取法提取的部分特征参数见表 6-6。

表 6-6　提取的部分时间和电流参数

运行状态	序号	t_1/s	t_2/s	t_3/s	t_4/s	I_1/A	I_2/A	I_3/A
正常状态	1	0.0319	0.0389	0.0499	0.0679	0.98	0.63	1.09
	2	0.0321	0.0391	0.0501	0.0681	0.98	0.63	1.09
	3	0.0311	0.0381	0.0491	0.0671	0.99	0.62	1.06
传动机构松动	1	0.0278	0.0348	0.0438	0.0588	0.91	0.57	0.85
	2	0.0280	0.0350	0.0440	0.0590	0.91	0.57	0.85
	3	0.0276	0.0346	0.0436	0.0586	0.91	0.57	0.84
控制回路电压低	1	0.0499	0.0599	0.0719	0.0939	1.14	0.72	1.17
	2	0.0514	0.0594	0.0714	0.0914	1.14	0.71	1.17
	3	0.0497	0.0597	0.0717	0.0917	1.14	00.71	1.17
合闸弹簧疲劳	1	0.0359	0.0429	0.0569	0.0759	1.04	0.72	1.32
	2	0.0361	0.0441	0.0571	0.0761	1.05	0.73	1.31
	3	0.0366	0.436	0.0566	0.0756	1.05	0.73	1.31
缓冲弹簧疲劳	1	0.0217	0.0357	0.0477	0.0717	0.92	0.57	0.94
	2	0.0211	0.0351	0.0471	0.0721	0.92	0.58	0.94
	3	0.0214	0.0354	0.0474	0.0714	0.92	0.57	0.93

2）电流信号全局特征提取方法。对于断路器分合闸线圈电流进行研究的文献中，几乎所有的都是以电流时间和电流值为特征向量来进行分析，但在实际工作过程中，制造工艺、运行工况等因素会导致同一型号的不同断路器特征量的差别，同一断路器在不同时刻的特征量也会有一定程度的不同，所以仅仅以电流信号的时间和电流值大小为特征对断路器工作状态进行判断具有一定的局限性。本项目在电流时间和电流值的基础上，加入了均值 μ、标准差 σ、峭度 K 和能量参数 W，共 11 个特征参数来反映断路器工作状态。

均值 μ 可以反映信号的稳定程度。

$$\mu=\frac{1}{N}\sum_{i=1}^{N}x_i(i=1,2,\cdots,N) \tag{6-35}$$

式中：μ 为信号均值；x_i 为随机变量的取值。

标准差 σ 能够描述数据的离散程度，在信号分析中，可以用来表征信号的能量。

$$\sigma = \sqrt{\frac{1}{N}\sum_{i=1}^{N}(x_i - \mu)^2}\ (i=1,2,\cdots,N) \tag{6-36}$$

式中：σ 为信号标准差；x_i 为随机变量的取值。

峭度 K 为一个四阶统计量，反映信号分布特性，是随机变量非高斯性的最简度量。

$$K = \frac{1}{N}\sum_{i=1}^{N}\left(\frac{x_i - \mu}{\sigma}\right)^4\ (i=1,2,\cdots,N) \tag{6-37}$$

式中：K 为峭度。

能量 W 代表合闸电流做功大小，W 的大小取决于电压 U、电流 I 和时间 t 三个参数的大小。

$$W = \int_{-\infty}^{+\infty} UIt\mathrm{d}t \tag{6-38}$$

式中：W 为能量；U 为控制回路电压；I 为合闸线圈电流值；t 为时间。

表 6-7 为提取的全局特征的部分参数。

表 6-7   分合闸线圈电流的全局特征部分参数

运行状态	序号	μ	σ	K	W/J
正常状态	1	0.2021	0.3565	4.7803	11.7480
	2	0.1991	0.3441	3.3076	11.6677
	3	0.2016	0.3513	4.9163	11.7172
传动机构松动	1	0.1593	0.2868	4.1776	9.3060
	2	0.1619	0.3006	7.2422	9.3709
	3	0.1752	0.3218	6.0062	10.1607
控制回路电压低	1	0.2296	0.3597	2.7323	13.6059
	2	0.2332	0.3624	2.6893	13.6895
	3	0.2291	0.3600	2.7440	13.5388
合闸弹簧疲劳	1	0.2402	0.3894	3.1184	12.8170
	2	0.2391	0.3920	3.1306	12.8450
	3	0.2366	0.3860	3.1883	12.7080
缓冲弹簧疲劳	1	0.1881	0.3111	3.2785	11.0154
	2	0.1922	0.3337	5.2509	11.1639
	3	0.1849	0.3170	3.3497	10.9252

（2）振动信号特征量提取方法研究。

1）基于短时能量的双门限法。借鉴语音信号的处理技术，双门限法通常用来对语音信号进行端点检测。该方法的基本原理是首先设置两个阈值 Y_1 和 Y_2（$Y_1 < Y_2$），将短

时能量函数值与阈值 Y_2 相比较，高于阈值 Y_2 的肯定是冲击事件，起止点应该位于阈值 Y_2 与短时能量函数值交点所对应的时间点之外；然后选取较低的阈值 Y_1，从与阈值 Y_2 的交汇点向两侧搜索，分别找到与阈值 Y_1 相交的两个点，该段就是双门限法根据短时能熵比判定的冲击事件的起止点。

在短时分析中，短时能量分析相当于对信号先进行指数变换，然后用分段或分帧叠加的方法加以处理。采集到的振动信号乘以一个有限长的窗函数，将振动信号分为一段一段地来分析其特征参数，其中每一段称为一帧，帧长一般取 10～30ms。这样，对于整体振动信号来讲，每一帧特征参数组成了特征参数时间序列。

设信号序列为 $x(i)$，$i=0$，$\cdots$，$N-1$，则短时能量函数 $S(n)$ 定义为

$$S(n) = \sum_{i=\infty}^{+\infty} x^2(i)w(n-i) = \sum_{i=n-M+1}^{n} x^2(i)w(n-i) = x^2(n)w(n) \qquad (6\text{-}39)$$

式中：$w(n)$ 为滑动窗函数，$n=0$，$\cdots$，$M-1$；$S(n)$ 代表了信号在时刻 n 的局部能量。

短时能量分析实际上是信号平方通过一个单位函数响应为 $w(n)$ 的线性滤波器的输出。所以其性能取决于窗函数的选择，在实际中，常用的有矩形窗和海明窗，考虑到海明窗的带宽较大，外衰减速度较快，导致其输入信号的失真较小，所以本项目采用海明窗对振动信号进行处理。对于窗长的选择，长度小则分辨率高，但不能显现短时能信噪比高的优势，综合考虑，本项目的合闸振动信号采样频率为 10kHz，窗长选取 90kHz。

2）基于短时能量的振动信号特征量提取。在物体运动过程中，由于力的作用，物体的运动形态会发生变化，从而产生机械振动。而高压断路器是实现电流关合和断开的大型开关设备，开断时间极短，开断的过程都是通过机械零部件的传动实现的，所以也会有对应的振动产生。

高压断路器通过储能电机将合闸弹簧压缩储能，合闸线圈通电后，合闸电磁铁运动装机锁扣装置，合闸弹簧释放能量，能量通过传动机构带动动静触头合闸，同时合闸弹簧释放的另一部分能量传递给分闸弹簧，使分闸弹簧储能。在需要分闸操作时，分闸弹簧释放能量带动动静触头分离。在分合闸的过程中，储能机构、电磁铁和传动机构的各个零部件都是按照一定的先后顺序运动的，运动包括启动、传动、制动、碰撞和缓冲等事件，所以每个事件都会产生大小不一的冲击振动，并且根据运动顺序，振动也按照运动的先后顺序发生。所以通过在合适的位置安装传感器，可以监测到具有较强时序性的振动信号，能够准确捕捉分合闸过程中的关键事件，通过对采集到的关键事件的时间进行分析，能够对高压断路器的机械运行状态进行准确的判断。

图 6-36 为正常状态时合闸振动波形，从图 6-36 中可以提取 2 个明显的冲击事件，通过对振动事件的时间特征进行提取能够对高压断路器弹簧操作机构的一些机械部件的运动状态进行判断。常用的工程信号都是时域波形的形式，在对信号进行处理时，时域分析是最直观、易于理解的方法。通过时域分析，可以得到振动事件产生的先后顺序及发生的时间。所以，本项目采用短时能量法对振动信号进行预处理。

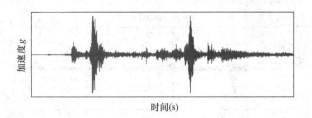

图 6-36　振动信号波形图

对高压断路器操作机构处采集的合闸振动信号进行分析，对信号进行加窗分帧处理，窗函数采用汉明窗，窗长为 90 个点。为了对比短时能量法的效果，同时将短时能量法和短时能熵比两种时域分析方法对信号进行对比，通过图 6-37 可以明显看出，短时能量法与振动信号特征匹配良好，相对于振动信号波形，短时能量法能够滤去其他的小冲击和噪声，提取需要的冲击特征；相比于其他时域方法，短时能量法对于较大冲击的时间特征体现得更明显，方便后续对时间特征的提取。所以，本项目应用短时能量法对信号进行预处理，增强信号的振动特征。

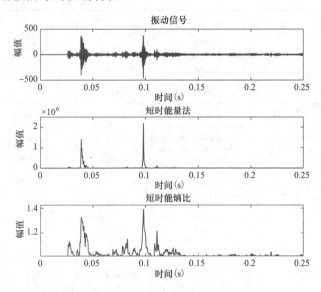

图 6-37　短时能量法与短时能熵比对比图

对信号进行预处理后，用双门限法对信号进行特征提取，过程如下：利用双门限法检测变位点，通过预先设定阈值，与信号的短时能量函数值相比较，提取振动信号发生和结束时间。通过筛选合适的阈值可以准确地判断出合闸过程中各个事件的开始与结束时刻，结果如图 6-38 所示。

根据双门限法检测原理，图 6-38 中每个振动事件开始时间用实线标注，结束时间用虚线标注。通过对不同工作状态下振动信号分析发现，不同故障状态下振动事件的发生时间、时间间隔和结束时间均不一样，所以提取最大的两个振动事件的开始和结束时间共 4 个时间参数（t_5、t_6、t_7、t_8）组建特征向量，部分特征向量见表 6-8。

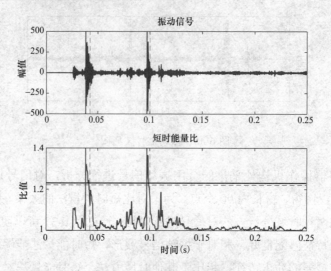

图 6-38　双门限法特征提取

表 6-8　　　　　　　　　　　　　　振动时间特征参数

运行状态	序号	t_5（s）	t_6（s）	t_7（s）	t_8（s）
正常状态	1	0.0378	0.0441	0.0969	0.1014
	2	0.0366	0.0423	0.0954	0.1011
	3	0.0354	0.0414	0.0954	0.1011
传动机构松动	1	0.0324	0.0387	0.0864	0.0915
	2	0.0318	0.0384	0.0864	0.0921
	3	0.0327	0.0393	0.0870	0.0912
控制回路电压低	1	0.0585	0.0639	0.1251	0.1326
	2	0.0402	0.0459	0.1062	0.1131
	3	0.0474	0.0558	0.1131	0.1209
合闸弹簧疲劳	1	0.0417	0.0474	0.1041	0.1095
	2	0.0426	0.0489	0.1044	0.1095
	3	0.0462	0.0534	0.1077	0.1137
缓冲弹簧疲劳	1	0.0342	0.0402	0.1002	0.1050
	2	0.0393	0.0462	0.01023	0.1092
	3	0.0381	0.0441	0.1014	0.1089

其中，t_5 和 t_6 为合闸操作时冲撞缓冲弹簧产生的振动，t_7 和 t_8 为动静触头碰撞产生的振动。提取不同故障状态下振动信号的时间参数，完成了特征向量的构建。

利用基于短时能量的双门限法可以有效提取出高压断路器在分合闸过程中的时间参数，构建出表征高压断路器运行状态的特征向量，完成了振动信号特征量的提取方法研究。

6.6.3　基于深度学习的高压断路器状态评估技术

深度学习是 Hinton 与 2006 年首次提出，用于在非监督数据上建立多层神经网络，在特征提取学习能力方面，深层网络结构较浅层网络相比有较大提升，深层模型提取的特征信息从更本质上表达了原始数据，更利于分类及预测等问题的实现；上一层训练得到的结果直接作为下一层训练的初始化参数，逐层训练方法为深度神经网络易陷入局部最优、难收敛、效率低等问题提供了一种解决思路。

CNN 作为典型的深度学习模型，在图像识别领域表现优异，可以自动提取图像特征，完成对目标的分割、识别、检测和跟踪。就故障诊断而言，CNN 已用于轴承缺陷检测、变压器油溶解气体分析和放电类型识别等领域的研究而在断路器机械故障诊断的研究中应用较少。

卷积神经网络由浅层人工神经网络发展而来，是一种多层非全连接神经网络，具有自主提取图像特征的优势。卷积神经网络主要由输入层、卷积层、池化层、全连接层和输出层五个部分构成。

卷积层由多个特征面组成，每个特征面由多个神经元组成，它的每一个神经元通过卷积核与上一层特征面的局部区域相连。卷积核是一个权值矩阵。CNN 的卷积层通过卷积操作提取输入的不同特征，第 1 层卷积层提取低级特征如边缘、线条、角落，更高层的卷积层提取更高级的特征。

$$X^{l+1} = (X^l \times w^{l+1}) + b = \sum_{x=1}^{f} [X_k^l(s_0 + x)w_k^{l+1}(y)] + b \tag{6-40}$$

式中：X^l 和 X^{l+1} 为 $l+1$ 层的卷积输入和输出；b 为偏差量；w_k^{l+1} 为第 $l+1$ 层对应节点的权重；f、s_0 分别为卷积层的卷积核大小和卷积步长。

在卷积神经网络结构中池化层（也被称为下采样）的作用是逐渐减小卷积层输出的特征的维度，以减少网络中的参数和计算量，从而也抑制了过拟合并且起到了二次提取特征的作用。池化层也是由多个特征图组成的，它的特征图与上一层卷积层的特征图一一对应，不会改变特征图的数量。

常见的池化层有以下几种：

（1）最大池化（Max pooling）。最大池化层如图 6-39 所示。

MaxPooling 是 CNN 模型中最常见的一种下采样操作。是对于某个 Filter 抽取到若干特征值，只取其中得分最大的那个值作为 Pooling 层保留值，其他特征值全部抛弃，值最大代表只保留这些特征中最强的，而抛弃其他弱的此类特征。

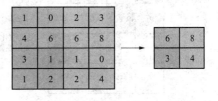

图 6-39　最大池化层

CNN 中采用 Max Pooling 操作的好处如下：

保证特征的位置与旋转不变性，无论强特征的位置，将强特征完全提取出来。对于图像处理来说，位置与旋转不变性是很好的特性，但是对于一维信号来说，这个特性可能会丢失特性，在很多一维信号的应用场合，特征的出现位置信息是很重要的，非周期性信号中，故障的特征可能是多点幅值变化，这些位置信息对于分类任务来说是必要的，Max Pooling 基本把这些信息抛掉了。

MaxPooling 能减少模型参数数量，有利于减少模型过拟合问题。因为经过 Pooling 操作后，往往把 2D 或者 1D 的数组转换为单一数值，这样对于后续的卷积层层或者全连接隐层来说无疑单个 Filter 的参数或者隐层神经元个数就减少了。

对于一维信号任务来说，可以把变长的输入 X 整理成固定长度的输入。因为 CNN 最后往往会接全联接层，而其神经元个数是需要事先定好的，如果输入是不定长的那么很难设计网络结构。CNN 模型的输入 X 长度是不确定的，而通过 Pooling 操作，每个 Filter 固定取 1 个值，可以将全联接层神经元个数固定（见图 6-40）。

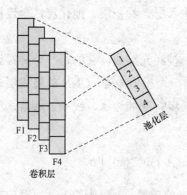

图 6-40　卷积-池化

（2）平均池化（Average Pooling）。平均池化其原理如同最大池化，输出值为取局部接受域中值的平均值（见图 6-41）。

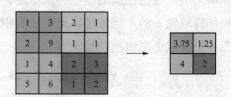

图 6-41　平均池化

（3）随机池化（Stochastic pooling）。随机池化对 Feature Map 中的元素按照其概率值大小随机选择，元素选中的概率与其数值大小正相关，并非如同 Max pooling 那样直接选取最大值。这种随机池化操作不但最大化地保证了取值的 Max，也部分确保不会所有的元素都被选取 Max 值，从而提高了泛化能力（见图 6-42）。

12	1	5	1
6	9	0	0
7	5	1	8
0	3	6	5

随机池化
2×2 过滤器 →

12	5	5	1
6	9	8	9
5	5	8	6
3	6	5	5

确定性下采样 →

12	5
5	8

图 6-42　随机池化

通过池化层，可以抑制噪声，降低信息冗余。提升模型的尺度不变性、旋转不变性，降低模型计算量，防止过拟合。

激活函数的主要作用是提供网络的非线性建模能力。如果没有激活函数，那么该网络仅能够表达线性映射，此时即便有再多的隐藏层，其整个网络跟单层神经网络也是等价的。因此也可以认为，只有加入了激活函数之后，深度神经网络才具备了分层的非线性映射学习能力。

激活函数特性：①可微性；②单调性：当激活函数是单调的时候，单层网络能够保证是凸函数。输出值的范围：当激活函数输出值是有限的时候，基于梯度的优化方法会更加稳定，因为特征的表示受有限权值的影响更显著；当激活函数的输出是无限的时候，模型的训练会更加高效，不过在这种情况，一般需要更小的学习率（learning rate）。以下是常见的激活函数：

1）Sigmoid 是使用范围最广的一类激活函数，具有指数函数形状，如图 6-43 所示。它在物理意义上最为接近生物神经元。此外，（0，1）的输出还可以被表示作概率，或用于输入的归一化，代表性的如 Sigmoid 交叉熵损失函数。

其公式为

$$\sigma(x) = \frac{1}{1+e^{-x}} \tag{6-41}$$

可以看出，Sigmoid 函数连续、光滑、严格单调，以（0，0.5）中心对称，是一个非常良好的阈值函数。

当 x 趋近负无穷时，y 趋近于 0；趋近于正无穷时，y 趋近于 1；$x=0$ 时，$y=0.5$。当然，在 x 超出 [–6，6] 的范围后，函数值基本上没有变化，值非常接近，在应用中一般不考虑。

Sigmoid 函数的值域范围限制在（0，1），在 [0，1] 与概率值的范围是相对应的，所以可以将 Sigmoid 函数与概率分布联系起来。

然而，Sigmoid 也有其自身的缺陷，最明显的就是饱和性。从图 6-43 可以看到，其两侧导数逐渐趋近于 0。由于在后向传递过程中，Sigmoid 向下传导的梯度包含了一个 $f'(x)f'(x)$ 因子（Sigmoid 关于输入的导数），因此一旦输入落入饱和区，$f'(x)f'(x)$

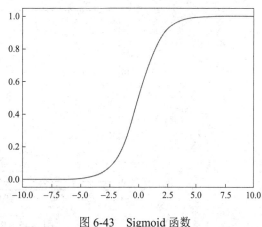

图 6-43　Sigmoid 函数

就会变得接近于 0，导致了向底层传递的梯度也变得非常小。此时，网络参数很难得到有效训练。这种现象被称为梯度消失。一般来说，Sigmoid 网络在 5 层之内就会产生梯度消失现象。

此外，Sigmoid 函数的输出均大于 0，使得输出不是 0 均值，这称为偏移现象，这会导致后一层的神经元将得到上一层输出的非 0 均值的信号作为输入。

2）tanh 函数为双曲正切函数（见图 6-44），tanh 函数和 sigmod 函数的曲线较为类似。

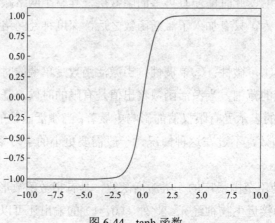

图 6-44 tanh 函数

其公式为

$$f(x) = \tanh(x) \tag{6-42}$$

在输入很大或是很小的时候，输出都几乎平滑，梯度很小，不利于权重更新；与 Sigmoid 函数不同的是输出区间，tanh 的输出区间是在（-1，1），而且整个函数是以 0 为中心的。

一般二分类问题中，隐藏层用 tanh 函数，输出层用 sigmod 函数。

3）ReLu（rectified linear unit）函数是神经网络最常用的非线性函数（见图 6-45）。

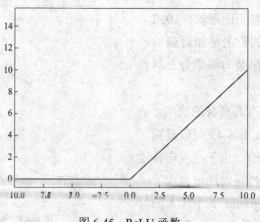

图 6-45 ReLU 函数

其公式为

$$f(x) = \max(0, x) \tag{6-43}$$

ReLu 具有稀疏性，可以使稀疏后的模型能够更好地挖掘相关特征，拟合训练数据。在 $x>0$ 的区域，不会出现梯度饱和、梯度消失的问题。计算复杂度低，不需要进行指数运算，只要一个阈值就可以得到激活值。缺点是输出不是 0 对称由于小于 0 的时候激活函数值为 0，梯度为 0，所以存在一部分神经元永远不会得到更新。

全连接层（fully connected dence layers）在 CNN 结构中，经多个卷积层和池化层后，连接着 1 个或 1 个以上的全连接层。与 MLP 类似，全连接层中的每个神经元与其前一层的所有神经元进行全连接。全连接层可以整合卷积层或者池化层中具有类别区分性的局部信息。为了提升 CNN 网络性能，全连接层每个神经元的激励函数一般采用 ReLU 函数。最后一层全连接层的输出值被传递给一个输出层，可以采用 Softmax 逻辑回归进行分类，该层也可称为 Softmax 层（Softmax layer）。对于一个具体的分类任务，选择一个合适的损失函数是十分重要的，CNN 的训练算法也多采用 BP 算法。当一个大的前馈神经网络训练一个小的数据集时，由于它的高容量，它在留存测试数据（held-out test data，也可称为校验集）上通常表现不佳。为了避免训练过拟合，常在全连接层中采用正则化方法—丢失数据（dropout）技术，即使隐层神经元的输出值以 0.5 的概率变为 0，通过该技术部分隐层节点失效，这些节点不参加 CNN 的前向传播过程，也不会参加后向传播过程。对于每次输入到网络中的样本，由于 dropout 技术的随机性，它对应的网络结构不相同，但是所有的这些结构共享权值。由于一个神经元不能依赖于其他特定神经元而存在，所以这种技术降低了神经元间相互适应的复杂性，使神经元学习能够得到更鲁棒的特征。目前，关于 CNN 的研究大都采用 ReLU+ dropout 技术，并取得了很好的分类性能。

6.6.4 样本库构建

拟采用两种方式进行样本库的构建，包括实验室测量和现场测试。

（1）在实验室条件下，对广泛应用的 CT14 和 CT26 型断路器进行实验模拟，如图 6-46 所示。

(a)   (b)

图 6-46　高压断路器

（a）CT14；（b）CT26

通过历史事故原因调查，模拟以下典型故障作为智能诊断装置的样本库，如图 6-47 所示。

1）正常情况下高压断路器分、合闸线圈电流信号、操作机构本体振动信号以及温湿度信号；

2）操作电压过低是断路器投运当中较为常见的故障，严重时会导致断路器分合闸失败，造成重大损失。DL/T 596—2021《电力设备预防性试验规程》中规定，高压断路器分、合闸电磁铁的最低动作电压应在操作电压额定值的 30%～65%。根据此规定以及断路器的实际运行特点，设定操作电压在 180～220V 内变化，电压的变化步长为 20V，获得不同操作电压下的合、分闸电流波形、操作机构振动信号以及温湿度信号用于后续的比较分析。

3）分别模拟高压断路器在分闸弹簧疲劳、合闸弹簧疲劳以及缓冲弹簧疲劳等典型故障，并对各个故障下的分、合闸线圈电流信号，操作机构本体振动信号以及温湿度信号进行采集，构建样本库数据。

图 6-47　故障模拟

（2）将监测设备安装于农垦变电站和永庄变电站中，如图 6-48 和图 6-49 所示，实时监测高压断路器的分合闸动作，将历次高压断路器动作所采集到的电流、振动信号定期提取，并汇入样本数据中。2021 年 10 月 20 日 12 时 23 分，海南电网有限责任公司海口供电局 110kV 丘农线故障跳闸，成功采集到了跳闸时其电流和振动信号。

图 6-48　农垦变电站实时监测

图 6-49 永庄电站实时监测

将高压断路器实验数据中取出一部分数据用作建立故障库，数据包含每种典型状态下各 100 组合闸数据。通过预训练将典型状态下的数据通过深度学习的方法进行模型构建，为了使样本库中典型状态向量更为精确，需要对得到的各状态的 100 组特征向量进行筛选，去除传感器采集到的不良数据。

通过实验室和现场测量相结合的方法，采集高压断路器的电流和振动信号，按照上述特征提取方法提取各种状态下的特征向量，完成了高压断路器样本库的构建。

6.6.5 故障诊断流程研究

其诊断流程具体步骤如图 6-50 所示。

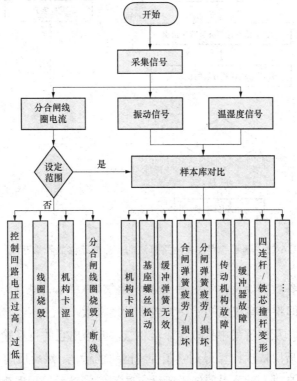

图 6-50 故障诊断流程图

（1）采集断路器分、合闸过程中的控制线圈电流信号，操作机构振动信号，断路器内部温度信号，然后应用平滑处理算法对信号进行预处理。

（2）将处理后的电流信号作为输入参数输入阈值判断算法中，其中，当电流超过阈值，则可判定为分、合闸线圈故障，给予检修指导意见。

（3）根据阈值算法输出的结果，对断路器振动信号以及温湿度信号进行卷积神经网络的运算对其运行状态进行评估。

基于卷积神经网络算法的高压断路器故障诊断流程如图 6-51 所示。该模型将 1000 组故障样本数据输入为 4 类状态类型对应的样本数据，同时将这些样本数据分为 3 组，一组作为训练样本，一组作为测试样本，一组作为验证样本。具体流程如下：

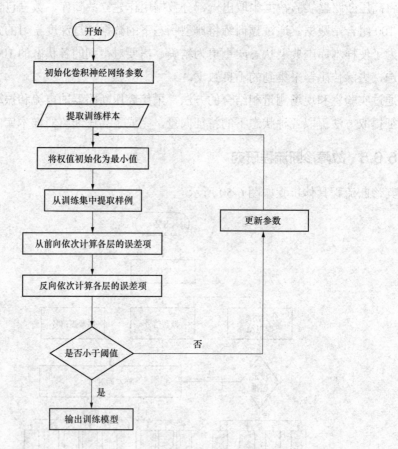

图 6-51　基于卷积神经网络算法的高压断路器故障诊断流程

（1）进行网络参数初始化，然后输入分类后的训练样本，进行卷积神经网络训练学习，初始化权值，即将所有权值初始化为较小的随机数。

（2）提取样例，从训练集中提取 1 个样例 X，并给出它的目标输出向量。

（3）从前层向后层依次计算得到卷积神经网络的输出；然后反向（即从后层向前层）依次计算各层的误差项，直至误差低于所设定的阈值，最后得到理想的预期输出。对模型进行一系列的训练学习后，将另一组测试样本数据作为输入进行诊断监测，利用最终得到的仿真结果对模型的诊断效果进行校验。

6.6.6 高压断路器状态评估技术与检修策略研究

1. 基于深度学习的高压断路器状态评估技术研究

TextCNN 是神经网络模型中的一员，其广泛应用于文本分类中，对于文本来说，局部特征就是由若干单词组成的滑动窗口，类似于 N-gram。卷积神经网络的优势在于能够自动地对 N-gram 特征进行组合和筛选，获得不同抽象层次的语义信息。抓取文本的局部特征：通过不同的卷积核尺寸来提取文本的 N-gram 信息，然后通过最大池化操作来突出各个卷积操作提取的最关键信息，拼接后通过全连接层对特征进行组合，最后通过多分类损失函数来训练模型，如图 6-52 所示。

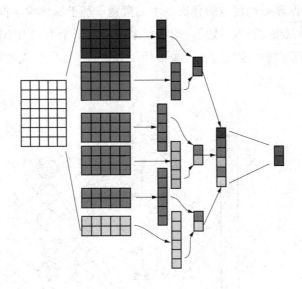

图 6-52 TextCNN

（1）第一层为输入层。输入层是一个 $n×k$ 的矩阵，其中 n 为一个句子中的单词数，k 是每个词对应的词向量的维度。输入层的每一行就是一个单词所对应的 k 维的词向量。为了使向量长度一致对原句子进行了 padding 操作。使用 $x_i \in R^k$ 表示句子中第 i 个单词的 k 维词嵌入。

每个词向量可以是预先在其他语料库中训练好的，也可以作为未知的参数由网络训练得到。预先训练的词嵌入可以利用其他语料库得到更多的先验知识，而由当前网络训练的词向量能够更好地抓住与当前任务相关联的特征。因此，图中的输入层实际采用了双通道的形式，即有两个 $n×k$ 的输入矩阵，其中一个用预训练好的词嵌入表达，并且在训练过程中不再发生变化；另外一个也由同样的方式初始化，但是会作为参数，随着网络的训练过程发生改变。

（2）第二层为卷积层，第三层为池化层。在计算机视觉中（computer vision，CV），卷积核一般为正方形，其在整张 image 上沿高和宽按步长移动进行卷积操作。与 CV 中不同的是，在自然语言处理（Natural Language Processing，NLP）中输入层的"image"是一个由词向量拼成的词矩阵，且卷积核的宽和该词矩阵的宽相同，该宽度即为词向量大小，且卷积核只会在高度方向移动。因此，每次卷积核滑动过的位置都是完整的单词，不会将几个单词的一部分"vector"进行卷积，词矩阵的行表示离散的符号，这就保证了 word 作为语言中最小粒度的合理性。

最后是池化层。1-Max 最大池化过程为从每个滑动窗口产生的特征向量中筛选出一个最大的特征，然后将这些特征拼接起来构成向量表示。也可以选用 K-Max 池化（选出每个特征向量中最大的 K 个特征），或者平均池化（将特征向量中的每一维取平均）等，达到的效果都是将不同长度的句子通过池化得到一个定长的向量表示。

通过对高压断路器振动信号的分析，本文搭建了基于深度学习框架 Pytorch 的编程环境，输入层是 1×3000 的一维数据。卷积层采用了若干个不同大小的卷积核，卷积核个数为 70 个，采用不同的池化方式。最后使用 Softmax 回归分类器输出分类结果，如图 6-53 所示。

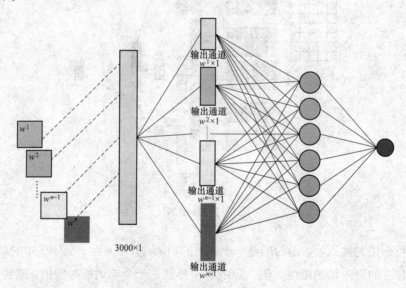

图 6-53　全值 Top-K-CNN

训练的过程中，利用 categorical_crossentropy（交叉熵损失函数）计算网络训练误差，batch-size 设置为 50，学习率表征网络自动调整自身参数的速度，初始学习率使用常见的设置值，为 0.001，把所有的训练样本完整训练一遍称为一个 epoch，每个 epoch 结束会记录一次验证集的识别准确率。

通过超参的调整，本文一共运行了 20 个 epoch。训练过程中对训练精度进行跟踪采集，通过对比不同的池化层以及不同卷积层种类及个数，可得到表 6-9。

表6-9 全值 Top-k

卷积核	3	4	5	6	7
[30，50，70]	loss: 0.15210, Tr acc: 1.00000, Te acc: 0.95000	loss: 0.14704, Tracc: 1.00000, Te acc: 0.95000	loss: 0.30593, Tr acc: 1.00000, Te acc: 0.97500	loss: 0.25543, Tr acc: 1.00000, Te acc: 0.95000	loss: 0.23579, Tr acc: 1.00000, Te acc: 0.95000
[100，200，300]	loss: 0.20322, Tr acc: 1.00000, Te acc: 0.96250	loss: 0.19234, Tr acc: 1.00000, Te acc: 0.96875	loss: 0.46864, Tr acc: 0.99931, Te acc: 0.97500	loss: 0.31066, Tr acc: 1.00000, Te acc: 0.98125	loss: 0.46743, Tr acc: 1.00000, Te acc: 0.93125
[20，40，60，80，100]	loss: 0.18810, Tr acc: 1.00000, Te acc: 0.98750	loss: 0.16181, Tr acc: 1.00000, Te acc: 0.96875	loss: 0.12898, Tr acc: 1.00000, Te acc: 0.96875	loss: 0.25602, Tr acc: 1.00000, Te acc: 0.95625	loss: 0.19870, Tr acc: 1.00000, Te acc: 0.93125
[20，40，60，80，100，150，200]	loss: 0.15177, Tr acc 1.00000, Te acc: 0.98750	loss: 0.09575, Tr accuracy: 1.00000, Te ac: 1.00000	loss: 0.22306, Tr ac: 1.00000, Te acc: 0.98750	loss: 0.17784, Tr acc: 1.00000, Te acc: 0.96250	loss: 0.21860, Tr acc: 1.00000, Te acc: 0.96875

在测试集上分别对三种模型进行验证，得到的结果见表6-10。全值 Top-k-CNN 在各类故障上识别率最高，达到96.8%的准确率；方法2和方法3将少量弹簧疲劳程度诊断错误，在其余故障分类上识别准确；在电压故障上均有偏差，通过比较可知，全值 Top-k-CNN 方法泛化性最好，模型能自主提取信号的特征，对断路器的各个机械结构，故障都能精准识别。在判别与训练模型的故障相似的故障时，仍能准确地进行故障分类。而方法2与方法3在验证集上的识别率接近，在测试集上方法2的识别效果更好，反映出卷积神经网络方法泛化性存在一定优势。

表6-10 不同算法对应的测试集准确率

样本	全值 Top-K	Top-K	Maxpooling
正常	正常（100%）	正常（100%）	正常（100%）
200V	200V（97%）； 正常（3%）	200V（94%）； 正常（3%）； 240V（3%）	200V（90%）； 正常（6%）； 240V（4%）
240V	200V（1%）； 正常（3%）； 240V（96%）	200V（4%）； 正常（3%）； 240V（93%）	200V（5%）； 正常（4%）； 240V（91%）
弹簧疲劳（轻）	正常（2%）； 弹簧疲劳（轻）（95%）； 弹簧疲劳（重）（3%）	正常（2%）； 弹簧疲劳（轻）（92%）； 弹簧疲劳（重）（6%）	正常（4%）； 弹簧疲劳（轻）（87%）； 弹簧疲劳（重）（9%）
弹簧疲劳（重）	正常（1%）； 弹簧疲劳（轻）（3%）； 弹簧疲劳（重）（96%）	正常（1%）； 弹簧疲劳（轻）（10%）； 弹簧疲劳（重）（89%）	正常（3%）； 弹簧疲劳（轻）（12%）； 弹簧疲劳（重）（85%）

2. 高压断路器检修策略

随供电技术和设备水平的提高，原有的检修制度已不适应现有设备的运行需要，盲目地检修也耗费了大量的财力和物力，针对以往定期检修存在的过度检修缺陷，结合本项目研究，对高压断路器的检修策略给出以下建议：

根据高压断路器设备现状，以设备运行质量和状态评估结果为基础，在高压断路器的寿命周期（允许的操作次数）内，通过在线监测高压断路器的电流和振动信号，定期查看收集数据，坚持长期积累设备状态参数，建立相应的台账和设备状态评估记录。

　　当设备评估运行状态为正常时，定期查看数据并积累经验即可。

　　当设备评估运行状态为预警时，需要派遣二次设备人员对高压断路器控制回路电压、分合闸线圈进行检查，重点查看控制回路电压是否异常以及分合闸线圈是否有烧毁的迹象，结合高压断路器智能诊断装置历史记录内线圈电流情况，综合判断分合闸线圈是否存在异常。

　　当设备评估运行状态为故障时，需派遣一次和二次设备专对高压断路器设备运维给出建议，评估是否需停电进行动特性测试，对高压断路器设备运维检修给出建议。

6.7　工作验证与评价

　　高压断路器智能诊断装置可在不改变原有的二次控制回路和机械机构的前提下完成安装，具有安装方便快捷，易于推广应用的特点。

　　智能采集仪安装如图 6-54 所示，工作人员在不影响断路器运行状态的情况下，对传感器和智能采集仪进行了安装位置的选取并安装，采样频率设置为 10kHz，通过分合闸线圈电流信号作为触发信号进行触发采样。

(a)　　　　　　　　　　　　　　(b)

(c)　　　　　　　　　　　　　　(d)

图 6-54　智能采集仪安装

（a）压电式振动传感器安装位置；（b）霍尔电流传感器安装位置；（c）温湿度传感器安装位置；（d）智能采集仪

智能诊断仪安装如图 6-55 所示，根据变电站检修要求，将智能诊断仪吊装在电站设备控制平台上，便于对断路器动作后运行状态进行查看。

图 6-55　智能诊断仪安装

将高压断路器智能采集仪和诊断仪进行通信匹配后，即可实现对高压断路器运行状态的监测。当高压断路器发生动作后，采集仪自动将所采集到的数据传输到诊断仪中，在应用该系统信号采集模块采集了信号后，该系统的故障诊断模块对被测断路器运行状态进行自动评估诊断。通过智能诊断系统显示断路器的运行状态正常，与实际断路器运行状态相符。通过本次现场的实施应用，验证了"高压断路器智能诊断装置研究"可以对高压断路器的运行状态进行快速准确的评估，改善了断路器定期检修制度的缺陷，解决了在日常巡检中难以发现断路器是否存在故障的难题，从而为安排维修计划提供参考依据。实现了断路器检修的合理化、规范化、科学化，提高高压断路器的检修效率，具有较大的实用价值和推广应用意义。

6.8　创新点分析

（1）探索了多种信号预处理方法，提出了利用五点三次平滑法对高压断路器信号进行预处理，实现电流信号的滤波，有效地去除了信号中的干扰成分，解决了强电磁干扰环境中信号采集的问题。

（2）通过提取高压断路器电流、振动和温湿度信号的故障特征，构建了多源信号融合的故障特征，相对于单一信号的故障特征，该方法可全方位获悉高压断路器在典型故障下变化规律。

（3）开发出了高压断路器智能诊断装置，并在某变电站进行了实际安装应用，实现了高压断路器分合闸过程中电流、振动和温湿度信号的自动采集、存储、显示和分析，初步构建出高压断路器典型故障样本库，达到了预期效果。

（4）首次提出利用深度学习技术评估高压断路器的运行状态，根据实验以及现场测试得到的样本库进行深度学习的训练，实现高压断路器运行状态的有效跟踪诊断，及时发现故障，降低断路器故障率。

（5）提高了高压断路器运维检修水平，通过对采集信号的自动分析，判断高压断路器分合闸线圈、操作机构是否存在安全隐患，实现了高压断路器全寿命周期设备健康管理。

7

输电线路无人机智能巡检装置

7.1　项目目标

当前电网的架空输电线路的缺陷故障状态评估和健康管理的现状存在以下问题：

（1）各地区仍以检修人员实地检查为主要缺陷检验手段，检修人员安全保障低，工作效率低，检修周期长。

（2）由检测数据到缺陷检测结果依赖于人为的经验判断，容易导致误判、漏判。

（3）各地区架空输电线路的状态评估和健康管理工作处于分散状态，缺乏统一管理。

基于以上问题，经过在架空输电线路缺陷检测领域多年的理论积累，结合近年来逐渐得到广泛应用的人工智能和深度学习技术，设计提出了基于人工智能技术的电力无人机巡检系统。

从无人机在输电线路中的广泛应用来看，无人机的应用可以有效地提升线路运维效率，解决线路运维人员短缺的问题。国家电网有限公司设备部印发了《国家电网有限公司架空输电线路无人机智能巡检作业体系建设三年工作计划（2019—2021年）》，鼓励各线路运维单位提升无人机巡检的自动化和智能化水平。开展基于高精度位置服务的架空配电线路无人机自主巡检项目的建设，是国家电网有限公司无人机智能巡检三年规划的要求。

因此，在传统的输电线路巡检基础上，开展"基于多光谱成像的输电线路旋翼飞行器巡检技术"的研究是十分有必要的。

7.2　国内外研究现状

近50年来，我国的输电线路建设取得了巨大的成绩，我国幅员辽阔，各地区的地形、地质、气象等自然环境比较复杂，输电线路有时需要经过高山地区、严重覆冰地区、台风地区、高海拔地区、不良地质地区和地震灾害地区等特殊地区，此外，输电线路还需要跨越大江河、湖泊和海峡等水域。近年来，我国国民经济的持续快速发展对我国电力工业提出了越来越高的要求，目前已形成华北、东北、华东、华中、西北和南方电网共6个跨省区电网，500kV线路已成为各大电力系统的骨架和跨省、跨地区的联络线，快速发展的高压输电线路缓解了因经济发展带来的电力短缺的矛盾，但随之而来的是输电线路巡查和维护的成本极大上升。输电线路的健康状态直接关系到能源安全，随着科技的不断发展进步，电力设备运检技术已经由传统的人工为主逐步向自动化、智能化转变，但在输电线路日常检测及维护（检修）方面，存在检测手段单一，智能化程度低、与先进的直升机、无人机技术融合不紧密及带电作业工器具缺乏成体系的成熟产品等一系列问题，主要表现在以下方面：

（1）目前传统的红外、紫外及可见光巡视手段孤立，没有形成将多光谱联合进行检测诊断的技术及标准。

（2）常规检测主要发现的缺陷以导线、金具类及绝缘子破损缺陷为主，对于绝缘子零值缺陷，检出率非常低，常规测试手段有效性差。

（3）现有图像识别技术对于检测图片的缺陷智能识别的有效性较差，无法对绝缘子污秽、螺栓松动、销子脱出等缺陷进行有效识别。

（4）利用直升机、无人机、人工协同开展超特高压线路检测及带电作业研究较少，缺乏相应配套的带电作业工器具，尤其没有针对性地开展工作人员进入电场方式研究及相应无人机的研制。

7.3 工作原理

7.3.1 无人机巡检技术方案综述

将人工智能理论体系中的深度卷积神经网络理论，通过输电线路缺陷智能实时诊断模型的技术，实现边缘智能计算平台对输电线路无人机可见光图片实时诊断评估。技术的研发以多类别缺陷数据库的构建为基础：首先，针对销钉缺失等小目标缺陷的识别问题，运用最为合适的算法架构强化识别效果；同时，采用了基于人类视觉所特有的大脑信号处理机制——注意力机制，对无人机视觉区域内的线路缺陷潜在区域投入更多注意力资源，解决背景干扰的问题；最后，通过对深度学习算法模型的压缩、裁剪，确定深度学习算法模型在有限计算能力的边缘计算平台部署解决方案，实现人工智能边缘计算无人机本地端实时检测识别，形成一整套的从拍摄到智能分类再到智能故障评估体系，同时该边缘智能计算模块具备无人机自动驾驶控制功能，以小型化边缘智能平台综合实现多种功能。

数据库包括三方面来源，第一方面来源于供电公司无人机运检班组，通过已有历史的数据进行归档整理，实现对历史数据的管理和不断挖掘；第二方面来源于外包无人机巡检业务，通过第三方公司导入相关无人机图像巡检数据；第三方面来源于通过未来几年构建的相关无人机巡检平台、科技项目、试点项目等。长期逐渐形成工业物联网、5G网络等网络支撑，逐渐实现数据实时传输、分析、评估、诊断等功能。

无人机精细化巡检影像数据的特征提取及缺陷目标识别是以人工智能深度学习方法开展实施完成的。以基于深度学习的输电线路典型缺陷识别检测方法研究为主线，以多类别缺陷数据库的构建为基础；以主流深度学习算法模型适用性研究为探索尝试，同时寻找到最为合适的算法构架基础上实现小尺度目标识别模型的强化；构建注意力模型与目标识别相融合的深度学习算法架构网络以解决背景干扰的问题，同时研究混合神经网络模型以解决视频流目标识别的问题。

将人工智能实时边缘智能检测技术与无人机自主巡检深度融合为智能实时诊断技术，在第一现场即可过滤大量无缺陷照片，较少数据流的传输，将整个巡检系统闭环，提升时效性。

以人工智能深度学习算法为基础开发一套无人机边缘智能图像诊断管理软件系统软件平台，该软件平台通过 AI 管理评估软件进行人工智能分类及分析，该软件通过智能化框选，实现对无人机拍摄的可见光图片智能名称修改、智能归档到所属输电线路杆塔文件夹、智能分类归档到所属设备类型文件夹、智能评估并作出疑似故障设备图片分析报告，准确直观展示无人机拍摄的可见光图片中所存在的隐患问题。相比较传统人工修改图片归档和人工分析诊断图片手段，该系统具有使用便捷可靠、检测精度高、信息自动整合分类等诸多优点，能满足工程实际检测需求，具备较高的工程应用价值和经济效益。预想可以实现对架空输电线路巡检图像的缺陷智能化框选，对存在的缺陷故障进行智能评估并作出疑似故障设备图片分析识别框，实现对缺陷类型的识别。

7.3.2　无人机智能巡检关键技术

1. ARM 程序设计方案

ARM 程序用来采集 FPGA 传过来的可见光相机、紫外相机、红外相机的图像，并对采集到的图像进行融合处理，将单路或者融合后的图像显示到显示器上。同时，用户可以通过人机界面对各路相机的参数进行设置。ARM 程序通过串口读取温湿度传感器、测距传感器、GPS 的数据，并将读取到的结果显示到显示器上。

该部分设计总体框图如图 7-1 所示。

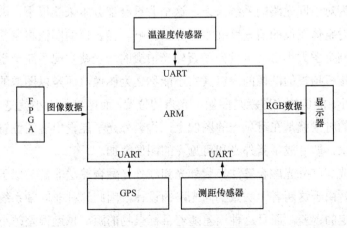

图 7-1　ARM 设计总体框图

2. 核心算法设计

（1）紫外光、可见光融合算法。紫外光和可见光是同光路，因此可以确定可见光相机和紫外相机的拍摄视场相同。融合算法主要的核心点是图像的放大和移位，具体原因如下。

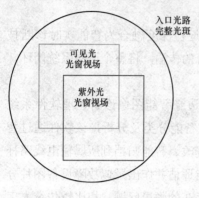

图 7-2　光窗示意图

图 7-2 为紫外光和可见光相机的光窗视场在入口光路光窗中位置的示意图。为了方便描述，图中的可见光和紫外光光窗的位置以及大小都进行了夸大，实际这两个视场由于是同光路，差别并不大。

从图 7-3 上就能看出当实际成像的时候，由于芯片的位置摆放以及光学系统对光路的改变，使得可见光和紫外光的光窗在视场大小和位置上都有偏差。因此，紫外光图像和可见光图像想要做到融合的第一步就是将两个光图像的光窗视场进行校正实现完全覆盖。

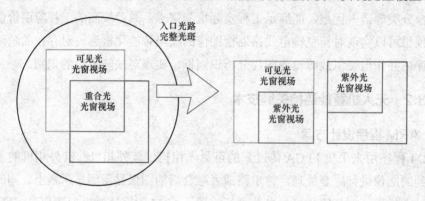

图 7-3　重合光窗提取

校正的过程是首先确定出两个图像的显示重叠区域，然后在各自的图像上进行图像拉伸算法，因为对于同光路的系统来说，这个非重叠部分本来就很小，因此这个拉伸因子也非常小，对整体图像的清晰度并没有什么影响。当各自的图像将重叠光窗部分进行图像拉伸算法到全图大小后，可见光和紫外光拍摄的场景就实现了完全重叠。

由于紫外相机拍摄的图像的内容其实不能称之为图像，而是以图像的方式显示的紫外光子能量大小。能量的位置就是图像上光点的位置，而能量的大小就是光点亮度大小。进行图像叠加的时候就是在可见光的图像上，将紫外光子能量出现的位置用用户所设定的颜色标注出来，即完成了紫外光和可见光的图像叠加。

（2）紫外光、红外光融合算法。紫外光和红外光融合算法非常类似于紫外光和可见光的融合算法。由于这两者无法做到同光路的设计，因此这种非同轴系统进行的图像融合叠加都有一定的误差，而且这种误差随着目标景物的距离越远误差越小。

紫外和红外相机的镜头光轴存在距离，为了方便描述这个距离所带来的误差。我们将紫外相机的光轴固定，红外相机的光轴移动到和紫外相机重叠，然后根据移动的相对性，红外相机所拍摄的景物也相对于紫外相机所拍摄的景物按照相同方向和相同距离移动。这样紫外相机的景物和红外相机的景物就差出了光学轴线的距离，以这个距离作为一个虚拟的物体来进行成像就得到了图 7-4 的示意图。当拍摄的景物距离设备较近的时候，所成的像比较大，也就是两个光路得到的景物的偏差较大，反之则较小。

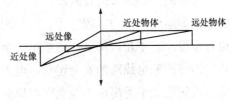

图 7-4　重合光窗提取

因此，为了让融合参数更加符合用户的使用场景，我们选择拍摄目标景物在 5m 之外进行拍摄和校正，矫正过程和所表述的校正相同。首先也是寻找到重合的光窗位置，然后各自图像进行拉升，最后在红外图像上标出紫外光子能量点，即完成了紫外和红外图像的融合。

7.3.3　输电线路安全性与增容分析

1. 输电线路安全性评估

重点研究建立特殊地质灾害地形预测模型，研究输电线路安全距离报警模型。研究在不同的温度、风速、风向等气候条件下，风偏、弧垂等的变化状态，结合三维地形和三维模型，实现线路安全运行状态检测。研究输电走廊内树高自动计算方法，研究输电线路增容的可行性，研究不同载荷条件下的弧垂模拟技术，计算并评估杆塔是否满足新载荷下安全运行条件。

（1）线路模拟工况安全距离预警技术研究。随着输电线路的大规模建设，由于输电线路与本体及地物间空间间隙不足引起的停电事故逐年增加，同时由于高温、大风、重冰等气象环境，以及山火、地质灾害等外力因素引发的输电线路停电事故也时有发生，如何精确量测空间间隙，建立多工况安全分析模型是一个亟待研究的问题。

目前，国内尚无基于 LiDAR 数据的输电线路安全分析软件，线路安全量测尚处于研究阶段，针对多种工况条件下的导线数据建模，热物理模型检验过程缺少实践检验，验证数据较少，模型精确性和适用性有待考察，可参考性差。国外软件由于标准及检测规范不同，很难适应我国的巡线需要，且尚未开展地质灾害、山火等特殊地形预测模型研究。

因此，精确量测输电线路空间距离，建立符合巡线业务需求的安全分析模型，是又一技术挑战。

系统实现基于点云的输电线路间距分析，包括电缆相互水平接近时的最小净距分析，电缆交叉情况下最小净距离分析，电缆与地表地物最小距离分析以及电缆与地面最小距离分析。

针对已经分类的点云，进行电力线间、电力线与周围物体的距离量测，结合数字高程模型（digital elevation model，DEM）和行业规范，设置预警阈值（将参考 DL/T 741—2019《架空输电线路运行规程》）。

针对测量的结果进行判断，若超过阈值，则进行预警；若不超过阈值，则加入环境因素。如温度、风力、覆冰等，再对距离进行计算。依旧与阈值比较，若超过阈值，则进行预警；若不超过阈值，则给出安全的结论。

　　为保证输电线路的安全运营，电力电缆相互水平接近时的最小净距，电缆线交叉时电力线间的最小距离，电缆表面与地面距离，电缆表面与树木的最小距离，电缆与建筑物的最小距离等都应在安全距离内，如图7-5～图7-7所示。输电线路运营期间，需对电缆间、电缆与其他物体间的距离进行量测计算，并参考电缆铺设的技术要求和行业规范，对量测结果进行分析，并结合输电线模型和环境因素，作出评价与预警。

图 7-5　输电线电缆间距分析 1　　　　　图 7-6　输电线电缆间距分析 2

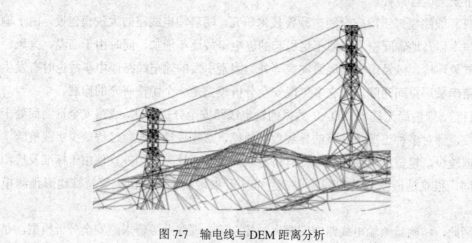

图 7-7　输电线与 DEM 距离分析

　　模拟工况条件下输电线路安全距离分析流程如图7-8所示。

　　（2）风偏分析。在三维可视化平台中可模拟大风环境下风偏情况，根据风向、最大风速，用风偏模型对线路进行风偏模拟计算。计算出不同运行情况下风偏角的大小，按照导线弧垂情况决定绝缘子的空间位置，将输电线路的实际情况展示在三维可视化平台中。然后把风偏的实时情况与输电线路的风偏极限值进行对比，一旦超出设定值就会发出预警信息，其技术流程如图7-9所示。

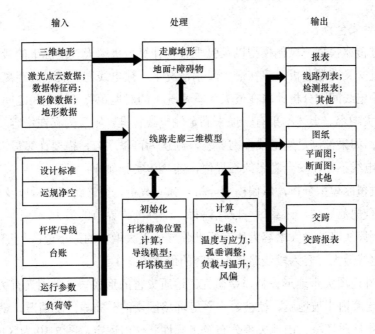

图 7-8　线路安全距离分析流程

（3）覆冰分析。覆冰对于电力系统是一种严重的自然灾害，常会引起输电线路倒杆、倒塔、导线舞动、断线（股），金具损伤、损坏，导线相间或对地放电，绝缘子闪络跳闸等重大事故，给电力系统的安全稳定运行带来严重危害。

国内外关于覆冰模型的研究已经得到很多的研究成果，不同的研究者提出了很多不同的覆冰模型，可以将其归纳为三大类：经验模型、理论模型、数值模型，如 Lenhard 模型、Chaine-Skeates 模型、Kuoiwa 模型、Imai 模型、McComber-Govoni

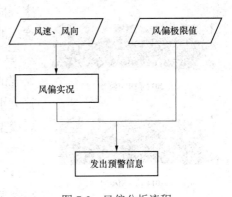

图 7-9　风偏分析流程

雾凇覆冰模型、云南气象观测覆冰模型、湖南电线覆冰厚度估算模型等以及鲍尔格斯道夫模型、Goodwin 模型等理论模型。数值模型是随着计算流体力学及计算机技术的发展逐渐得到发展，如 Makkonen 数值计算模型、雨凇覆冰模型等。

这里采用两种覆冰模型计算覆冰厚度，即通过覆冰截面积计算覆冰厚度和通过输电线路静力学模型计算覆冰厚度。

2. 输电线路增容

输电线的增容主要包括新线路容量的增长和老线路的增容改造、动态与额定增容，针对现有杆塔和输电线线路进行额定增容分析。

在覆冰模型分析、风偏分析、弧垂分析等的基础上可以进行输电线路增容分析，其包括增容计算和安全预测两个方面。

（1）增容安全预警。

1）通过覆冰模型、风偏模型以及弧垂分析计算最极端天气情况下的最大弧垂。

2）通过交叉跨越分析计算在最大弧垂情况下，输电线与交叉线的距离。

3）过输电线间隙分析计算在最大弧垂情况下的对地距离和输电线之间的距离。

（2）最大增容。上述结果有一项未满足输电线标准，则认为存在增容安全隐患，输出预警结果；如果都满足输电线标准要求，则认为可以增容，需要计算最大增容。最大增容表示输电线不存在安全隐患的临界值，其具体实施如下：

1）通过覆冰模型分析，风偏模型分析，弧垂分析，交叉跨越分析以及线间隙分析，结合增容安全规范标准，计算每一段线路每一个标准临界值的最大增容；

2）每一段线路的最大增容为所有标准临界值最大增容的最小值；

3）输电线最大增容为段线路最大增容的最小值。

（3）特殊地质灾害地形评估模型研究。地质灾害的形成与多种因素有关，在广泛研究输电线路走廊内岸坡地质、植被、水系等环境因素的分布与改变情况，辅助分析危险地带，对基本地质环境、山地灾害分布及走廊性状作出评定，图7-10为区域变化图。

滑坡、崩塌和泥石流是主要的地质灾害。直升机激光扫描后，可快速完成 DEM、数字表面模型（digital surface model，DSM）及数字正射影像（digital orthophoto，DOM）的大规模生产。

2013年DEM模型

2014年DEM模型

图 7-10　灾害易发区域对比

（4）智能树木生长模型研究。在单木激光点云分离研究的基础上，提取试验区输电线路上的树木高度和树冠大小；结合不同树种的生长规律，建立智能化树木生长模型，对高杆树木按照其各自的生长模型预测其生长态势；严密监控树木与导线的安全距离，并预测树木的最终高度、宽度是否满足边相导线在最大弧垂、最大风偏情况下满足规定的安全距离。

本研究采用基于支持向量回归预测法（support vector regression forecasting，SVR）方法来构建。支持向量机（support vector machine-SVM）是由贝尔实验室 1995 年提出的一种基于传统统计学理论的新型学习算法，基本思想是结构风险最小化（structural risk minimization，SRM），做到了同时最小化期望风险和置信范围特点。

1）支持向量机是以 SRM 原则，保证学习机器具有良好的泛化能力。

2）解决了算法复杂度与输入向量密切相关的问题。

3）通过引用核函数，将输入空间中的非线性问题映射到高维特征空间中，在高维空间中构造线性判别函数。

4）以统计学理论为基础的，与传统统计学习理论不同。它主要是针对小样本情况，且最优解是基于有限的样本信息，而不是样本数趋于无穷大时的最优解。

5）算法可最终转化为凸优化问题，因而可保证算法的全局最优性，避免了神经网络无法解决的局部最小问题。

6）支持向量机有严格的理论和数学基础，避免了神经网络中的经验成分。

SVR 算法是在 SVM 中引入了 e 不敏感函数（e-insensitive function），将其推广至非线性回归估计中，并表现出了很好的学习能力，SVR 算法是对传统的 BP 神经网络学习算法和最小二乘法的改良，是一种较最小二乘法更为理想的曲线拟合方案，因此选择 SVR 方法来预测树木的生长模型。

SVR 算法的基础主要是 e 不敏感函数和核函数算法。若将拟合的数学模型表达为多维空间的某一曲线，则根据 e 不敏感函数所得的结果就是包络该曲线和训练点的"e 管道"。在所有样本点中，只有分布在"管壁"上的那一部分样本点决定管道的位置，这一部分训练样本称为"支持向量"（support vectors）。为适应训练样本集的非线性，传统的拟合方法通常是在线性方程后面加高阶项，此法诚然有效，但由此增加的可调参数未免增加了过拟合的风险。SVR 采用核函数解决这一矛盾，用核函数代替线性方程中的线性项可以使原来的线性算法"非线性化"，即能作非线性回归。

本方法优点和效果：通过结构风险最小化理论来分析树木生长数据，对采样点进行分类寻找树木生长的分布规律，不仅展示了树木生长与年份、月份的时间关系，更展示了树木生长与输电线路安全的相关性。

在获取单木树高和树木生长模型的基础上，对各种树木进行地域性采样分析，构建适用于试验区的各种树木的生长模型。在将树木信息录入系统之后，系统可根据其对应的生长模型定期预测其生长高度，结合三维输电线路弧垂的分析和计算，实现树木高度对线路安全威胁的预警，流程如图 7-11 所示。

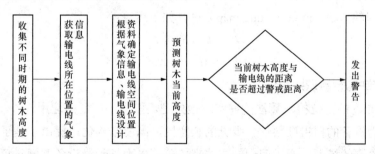

图 7-11　树木生长模型的应用流程

在通过数学模型计算树木高度的同时，还可不断地采集树木的现场实际高度值，通过计算值与实际值的对比来修正数学模型图，使得数学模型与样本空间紧密结合，最终达到精确预测树木高度、及时预警的目标。图 7-12 是树木生长模型的应用实例。

通过建立智能树木生长模型结合输电线路虚拟巡线功能，可以提前发现树木高度即将超过安全距离的风险点，及时安排人员进行核查，消除线路隐患。

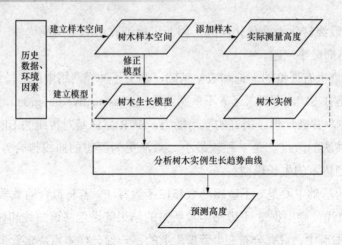

图 7-12　树木生长模型建立和修正过程

7.3.4　无人机巡检智能算法研究

1．注意力模型

视觉注意力机制是人类视觉所特有的大脑信号处理机制。人类可以通过注意力焦点来获得重点关注的区域，进而投入更多的精力来获取更多的细节信息，可以极大地节省时间。人类视觉注意力机制极大地提高了视觉信息处理的效率与准确性。

深度学习中的注意力机制与人类的视觉注意力机制类似，其目的也是获取关键信息。通过对具体输电线路缺陷目标识别检测的场景，提升算法对缺陷关键目标信息的注意力，提升深度学习算法对复杂背景噪声干扰的屏蔽效果。

算法中注意力机制的实现形式为引入 CBAM 注意力模块。

CBAM 对输入 F（input feature map）进行如下运算：

$$F' = M_c(F) \otimes F$$
$$F'' = M_s(F') \otimes F' \tag{7-1}$$

2．线路缺陷智能识别算法

基于 YOLO 的定位检测算法能够实时地处理，取得了广泛的应用。

针对电力设备的拍摄倾斜性、少见的长宽比、高度结构化，提出了基于回归模型的绝缘子斜框检测的模型。通过回归的方法直接预测电力外绝缘设备的倾斜角，利用训练集当中外绝缘设备的形状先验提高模型对于过大长宽比的设备的预测能力，同时充分利用外绝缘设备部件之间的位置关系来提高对于部件的预测精度。

实验中采用的框架示意图如图 7-13 所示。

3．基于 YOLO 的目标识别检测算法

基于深度学习的目标检测框架在各个目标检测数据集上的检测精度不断提高，但是就检测速度来说还远远没有达到实时的要求。YOLO 模型的提出就是为了解决现有基于深度学习的目标检测框架的实时性问题。RCNN 系列的目标检测模型对于每一个候选区

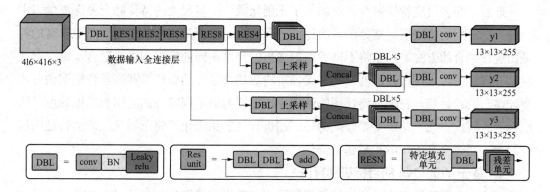

图 7-13 基于 YOLO 的电力设备检测框架

域都需要经过一个分类和坐标回归的子网络来预测候选区域的类别和坐标。这样当候选区域比较多的时候显然是非常耗时的。YOLO 放弃 RCNN 系列中用两个单独的子网络分别做分类和坐标回归的方法，直接利用网络对目标所属的类别以及所处的坐标位置进行回归，不需要在图像上候选区域并对每一个区域进行分类，实现对每一个物体可能存在位置的预测。

对于一张输入图像，YOLO 将其分成 S×S 的网格，如果某一个物体的中心落在网格里，那么这个网格就负责预测这个物体。每一个网格都会预测 B 个矩形框以及矩形框对应的置信度。这些置信度反映了矩形框里面存在物体的可能性。如果没有物体落在网格里面，那么这个网格预测的矩形框的置信度就应该等于零。对于有物体落入的网格，模型希望网格预测的矩形框的置信度等于这个预测的矩形框和真实目标框的交并比（intersection over union，IoU）。

每一个矩形框实际上包含 5 个预测量：x，y，w，h 以及置信度。（x，y）坐标表示矩形框的中心相对其所在网格左上角的偏移量，（w，h）表示预测的矩形框的大小。置信度表示预测的矩形框和实际矩形框之间的 IoU。

每一个矩形框同时也预测 K 个条件概率分布，这些概率分布是以当前预测矩形框内存在目标为前提的条件概率。测试的时候，只需要将矩形框的置信度乘上这一条件概率分布，就可以得到该预测的矩形框内包含各个类别物体的概率。

YOLO 的前馈模型改自 GoogleNet，经过前面的卷积操作提取图像的局部特征之后，最后通过全卷积层得到图像的全局信息，将这些全局信息输入预测层，得到最终的预测结果。

直接将 YOLO 基本模型应用到电力设备检测问题当中显然是不可行的，为此我们对 YOLO 基本模型进行修改：

首先在矩形框的预测向量中加入了倾斜角来实现斜框预测。

其次，采用尺度更大的卷积核，将深层次卷积层中的卷积核的大小从原来的 3×3 增大到 5×5，保证最终每一个网格的预测单元的感受野都能够在原图上覆盖足够大的区域。

最后，在多尺度特征融合之前加入了正则化操作。多尺度的特征融合是深度学习中一种广泛应用的将底层、高分辨率的特征图和高层、低分辨率但是语义信息更丰富的特征图进行融合的方法。为了将不同卷积层输出的尺度不同的特征图进行融合，需要对底层高分辨率的特征图进行维度重构来保证重构后的特征图的分辨率和高层特征图的分辨率能够一致。另外，在融合特征图的过程中也需要考虑不同特征图之间激活值幅度的匹配问题。因此，在实验中将要匹配的特征图进行 L2 正则化，将正则化之后的特征图拼接起来，通过一个 1×1 卷积层进行降维。

4. 基于 YOLOv4 的目标识别算法

YOLOv4 骨干网络作为主干特征提取网络，作用是提取目标的特征。YOLOv4 通过特征提取网络 CSPDarkNet53 来提取目标特征，其中卷积层的激活函数为 Mish。YOLOv4 主要的优化模块为 SPPNet 与 PANet。

SPP 模块在保证处理速度不明显下降的前提下，修改感受域尺寸，将最重要的上下位特征提取出来。PANet 替换 FPN 进行多通道特征融合。为了避免不必要的信息丢失，在 PAN 网络结构中加入起始于底层的路径增强。在经过特征拼接后获得的信息既有底层特征也有语义特征。为进行预测 YOLO head 对处理后的特征进行解码，最终形成了 19×19、38×38 和 76×76 三个预测尺度。

YOLOv4 采取 CIoU 损失函数，CIoU 可以在矩形框回归问题上获得更好的效果。

$$L_{\text{CIOU}} = 1 - \text{IOU} + \frac{\rho^2(b, b^{\text{gt}})}{c^2} + \alpha v$$

$$\alpha = \frac{v}{(1 - \text{IOU}) + v}$$

$$v = \frac{4}{\pi^2}\left(\arctan\frac{w^{\text{gt}}}{h^{\text{gt}}} - \arctan\frac{w}{h}\right)^2$$

（7-2）

式中：b 和 b^{gt} 分别为预测框和真实框的中心点；w、h、w^{gt} 和 h^{gt} 分别为预测框和真实框的宽和高；ρ 为两个框中心点的欧式距离；c 为两个中心点最小外接矩形的对角线长度；α 为 trade-off 的参数；v 为用来衡量长宽比一致性的参数。

5. 基于 YOLOv4-tiny 的目标识别算法

YOLOv4-tiny 网络结构图如图 7-14 所示，由图可知，YOLOv4-tiny 由骨干网络、FPN 和 YOLO head 组成。骨干网络主要用于前期的特征提取，它由 CBL 模块和 CSPBlock 组成。CBL 模块中包括卷积步骤、批量标准化与激活函数步骤，其中激活函数采用的是 Leaky ReLu（leaky rectified linear unit）；CSP Block 可以在保证网络准确率的前提下降低计算复杂度。FPN 结构可以融合两个网络层之间的特征，这样既可以保证深层网络丰富的语义信息，又可以获得底层网络的几何细节信息，这样就加强了对特征的提取能力。YOLO Head 利用提取的特征结果进行预测，最终形成 13×13 和 26×26 两个预测尺度。

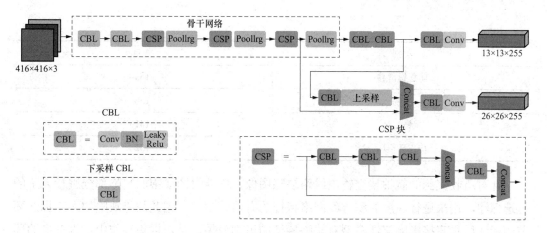

图 7-14　YOLOv4-tiny 网络结构图

6. 基于改进的 YOLOv3-tiny 目标识别算法

YOLOv3-tiny 算法网络，是基于 YOLOv3 算法的一个轻量化目标检测网络，在 YOLOv3 算法的基础上去掉了一些特征层，只保留了 2 个独立预测分支，总共有 24 个网络层，2 个 yolo 层，分别是大小为 13×13 的 yolo16 和大小为 26×26 的 yolo23。网络层数少、参数量少，在一般的嵌入式平台上可以基本保证实时运算。改进 YOLOv3-tiny 算法法在原来的算法结构的第 4、6、8、10 层后面添加 1×1 和 3×3 的卷积层。

7.3.5　数据集整理

经过本文调研，发现当前国内外并未权威公开输电线路缺陷数据集，因此需要自行构建数据集，本文收集架空输电线路缺陷图像的主要途径如下：

（1）利用脚本从互联网中抓取相关无人机航拍图片，并根据缺陷的类型和图片整体质量对图像进行筛选。

（2）通过与各省市电科院和输电线路运维部门沟通，获得电力生产部门在进行架空输电线路巡检时获取的输电线路缺陷现场航拍图像。

（3）本文自主实拍的一部分图像。

通过上述途径，获得了输电线路缺陷航拍图像共 3695 张，其中包含了 8 种类别共 5500 处缺陷，数据集包含的各故障类型的数目见表 7-1。

表 7-1　自建数据集中包含的各类缺陷的数目

类别	数目
销钉缺失	2658
防震锤锈蚀	1271
鸟巢	587
螺母缺失	392

续表

类别	数目
防震锤滑移	163
异物	156
重锤锈蚀	141
均压环损坏	132

针对所收集到的航拍架空输电线路缺陷图像，需要对图像中的缺陷部分进行人工的框选标注，用来进行深度卷积神经网络特征的有监督学习，因此故障缺陷的人工标注环节的标注质量直接影响算法模型对缺陷特征的识别效果，是数据集制作中最为关键的环节。中国电力企业联合会发布的《架空输电线路巡检影像标注规范》（T/CEC 509）中对图像标注提出了以下规定：

（1）巡检图像中的所有目标标注应精确到具体部位。

（2）标注目标时，应按最小外接矩形标注，要求标注框要贴合目标边缘，标注框与目标边缘距离误差应不大于 10 像素或 1%。

（3）标注框内目标样本应尽量纯粹，允许有少部分遮挡，但遮挡不许超过目标的 10%。

按照上述原则，使用 labelImg 软件对所建立数据集中 5500 处缺陷进行人工标注。经过标注之后生成 xml 格式的文件，文件内包含架空输电线路航拍图像本身的尺寸信息和标注框的类别及位置信息 xml 文件如图 7-15 所示。

经过对 3695 张架空输电线路航拍图像的精细标注，共获得了 8 类 5500 处缺陷目标，作为数据集进行基于 YOLO 的检测算法的训练。通过严格精细的标注过程，保证了数据标注的精确性和一致性，并为最终模型的效果奠定了良好的基础。

```
8    <size>
9        <width>5184</width>
10       <height>3456</height>
11       <depth>3</depth>
12   </size>
13   <segmented>0</segmented>
14   <object>
15       <name>GradingRingDamage</name>
16       <pose>Unspecified</pose>
17       <truncated>0</truncated>
18       <difficult>0</difficult>
19       <bndbox>
20           <xmin>1398</xmin>
21           <ymin>1754</ymin>
22           <xmax>2113</xmax>
23           <ymax>2512</ymax>
24       </bndbox>
25   </object>
26 </annotation>
```

图 7-15　标注文件

7.3.6　数据集的数据增强

基于深度神经网络的深度学习算法本质上是对于数据表征的一种回归，因此需要大量的数据作为监督学习的依据，从而让算法能够更好地获得对表征概念的提取。因此数据量对于提升算法的泛化能力，加强算法鲁棒性是至关重要的。若提供给算法训练的数据量的体量过小，不能涵盖表征在各种条件（如角度、远近、光照等）下的情况，则网络模型对于数据表征的学习就会变得"狭义"。此时深度学习算法会将训练集中一些本身的特性理解为同类都具备的特征，因此会出现训练所得算法模型参数在训练集上的效果非常好但在测试集上的效果不够理想的情况，也就所谓的"过拟合"现象。

本项目所收集的架空输电线路缺陷图像为 3695 张，在 8 类故障类型中数据量最小的仅有 132 处，对于深度学习算法，此数据量不足以支撑算法获得较好的鲁棒性，因此需要对数据集进行数据增强，来扩充数据集图片的数目和丰富程度。本文采用对数据集中的图像进行旋转、对图像进行色彩调整（调整图像的亮度、对比度和饱和度）和对图像添加噪声 3 种图像增强方式来实现数据集的扩充。

（1）图像旋转：图像旋转是一种常用的图像增强技术，其可以将像素点垂直和水平方向上的像素重新排列，有效地防止了航拍图像中目标位置和姿态固定而导致的过拟合现象。在图像旋转的过程中，如果旋转角度过大，则会造成图像长宽维度的损失过大，有可能导致图像中的目标被截取到图像之外。因此在本文研究过程中，选取旋转角度为 $-5°\sim+5°$。

（2）调整图像亮度、饱和度和对比度：对图像亮度、饱和度和对比度的调整均属于调整图像的色彩属性，调整图像的色彩属性一定程度模拟了在不同天气、光照等环境因素下对相机成像效果的影响，从而起到增加数据集的丰富程度，提升模型鲁棒性的效果。

在图像亮度调整方面，选取图像亮度调整的范围为减暗到原图像的 1.5 倍到增亮到原图像的 1.5 倍之间。

在图像饱和度、对比度调整方面，均选取图像的调整范围为原图的 $1/1.5\sim1.5$ 倍。

（3）在深度学习中，深度卷积神经网络对目标轮廓、边缘等高频特征容易产生过拟合的现象，从而影响对灰度、颜色等低频特征的学习。为了减少这种影响，我们可以在图像中随机适当添加噪声以对图像进行增强。常见的噪声类型有高斯噪声、泊松噪声和脉冲噪声。

高斯噪声的噪声密度函数服从高斯分布，其噪声密度函数见式（7-3），其中 μ 和 d 分别为高斯分布的期望和标准差。

$$p(x) = \frac{1}{\sqrt{2\pi}\delta} e^{\frac{-(x-\mu)^2}{2\delta^2}} \tag{7-3}$$

泊松噪声的噪声密度函数服从泊松分布，其噪声密度函数见式（7-4），其中 λ 为泊松分布的期望和方差。

$$p(x=k) = \frac{\lambda^k}{k!} e^{-\lambda}, k = 0,1,2,\cdots \tag{7-4}$$

脉冲噪声又被称作椒盐噪声，其会在图像中产生随机的黑白像素点，也是图像中常见的一种噪声形式，其噪声密度函数见式（7-5），其中 P_a、P_b 均不为 0。

$$p(x) = \begin{cases} P_a & (当x=a时) \\ P_b & (当x=b时) \\ 1-P_a-P_b & (当x为其他时) \end{cases} \tag{7-5}$$

每一次对原数据集进行数据增强时，都随机选取图像旋转角度、图像色彩调整倍数和图像噪声种类这些图像增强参数。将原数据集中的每一张图像都重复进行 9 次上述随机图像增强处理，最终得到经过图像增强之后的数据集的数据数量为原数据集的 10 倍，经过扩充之后的增强数据集的样本更丰富，可以减少模型过拟合，提升模型的鲁棒性，加强模型的训练效果。

7.3.7　边缘诊断装置

本文设计了一种检测装置，以至少解决相关技术中在云服务器进行数据处理时，存在的云服务器计算压力过大的技术问题。本检测装置包括 AI 边缘开发板、复位开关、紧凑型四重网络开发板、供电电源。

其中，复位开关通过总线扩展器 GPIO 接口连接于 AI 边缘开发板；紧凑型四重网络开发板通过异步收发传输器 UART 接口连接于 AI 边缘开发板；供电电源连接于 AI 边缘开发板。人工智能 AI 边缘开发板可以直接对图像进行处理，复位开关可以控制检测装置的开合，紧凑型四重网络开发板可以在 LoRaWAN 协议［基于 LoRa 芯片的低功率广域网络（low power wide-area network，LPWAN）技术的通信协议］支持的每个频率上进行无线数据传输，供电电源向检测装置供电。

AI 边缘开发板包括处理器、存储器、解码器，其作用如下。

基于 ARM 架构的四核处理器，基于 ARM 架构的双核处理器，基于帕斯卡架构的图形处理器，其中，四核处理器与双核处理器相连接，图形处理器分别与四核处理器与双核处理器相连接，四核处理器与双核处理器的处理频率均为 2GHz，图形处理器的处理频率为 1300GHz。四核处理器，双核处理器和图形处理器用于对采集到的图像进行处理。

存储器的作用主要有两点：①保存检测装置检测出的故障结果，包括故障的标注框和故障特征，便于之后回看；②在依据故障轻量级算法，使用检测装置进行检测时，存储器还可以保存不同网络深度的网络参数与权重，以便于切换检测装置的性能设置。

该装置可以直接对采集到的图像等进行处理，检测出电力系统的故障，不需要将采集到的图像等发送到云服务器，从而大大减轻了云服务器的计算压力，进而解决了相关技术中在云服务器进行数据处理时，存在的云服务器计算压力过大的技术问题。图 7-16 是边缘诊断装置组网的示意图。

在图 7-16 中，ED1、ED2、ED3、ED4、ED5 和 ED6 表示边缘设备，ES1 和 ES2 表示巡检无人机。边缘诊断装置基于物联网进行了组网，边缘设备主要调度的是计算和存储资源。通过覆盖无线网络，在物联网中可以将边缘服务器进行互联，从而将所覆盖区域的边缘设备协同起来，以共同完成巡检任务。除了无人机以外，站内有固定服务器（即图 7-16 中的中心节点）可以提供更为强大的计算及存储资源。物联网中运用了边缘计算资源协同优化算法，需要与边缘设备采集的数据和巡检任务密切结合。无人机可以充分运用该系统中与当前巡检任务无关的边缘设备来计算和存储资源，多台无人机之间既可以配合对某台设备开展联合巡检，也可以像 ES2 那样在一次巡检过程中对多台设备同时开展巡检。

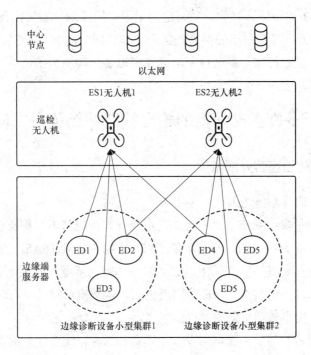

图 7-16　边缘诊断装置组网

在无人机机巡任务中，无人机是边缘计算任务的发起设备。在典型的物联网边缘计算条件下，可由多台无人机协同来实时采集各类数据，进而执行部分或全部计算任务。及时的现场诊断可以提高现场边缘终端的组合概率，从而更准确地诊断电力系统的缺陷与故障，而且还能降低云计算中心（由图 7-17 所示云服务器构成的）计算和带宽的负载。

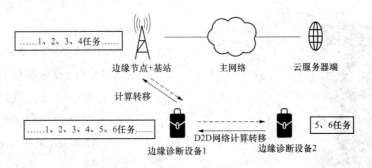

图 7-17　云服务器构成

图 7-17 中，边缘诊断设备可以将需要大量计算的任务卸载到强大的边缘节点服务器或附近的单位装备（unit equipment，UE），以满足低延迟需求并延长边缘诊断设备的电池寿命。卸载到附近的边缘诊断装置是通过 D2D 通信链路进行的，这减少了蜂窝网络基

础设施的负载，并释放了一些蜂窝带宽用于其他用途。边缘诊断装置计算卸载研究的主要目标是通过优化通信和计算资源来最小化延迟和能耗。通过该种实现方式，依据最小化任务，计算延迟和边缘诊断装置能耗。动态卸载模式选择，包括本地计算、卸载到边缘诊断装置和 D2D 通信链路卸载，被制定为无限时间平均更新奖励问题。D2D 通信是一种无线电技术，无须蜂窝网络的中央控制点或核心网络的参与，这种直接的 D2D 通信带来了许多好处，例如提高了频谱效率、提高了设备之间的数据速率、降低了功耗以及减少了端到端延迟。

7.4 基于多旋翼无人机的输电线路精细化自主巡检关键技术

7.4.1 集成化日盲紫外成像仪

非共光轴紫外成像系统主要有以下部分：

（1）供电系统：供电系统主要由电池、电源开关、电量表和稳压模块组成。其中，电池为定制的 18650 锂电池组，标称电压 14.8V，标称容量 10Ah，工作电压范围 12～16.8V，支持充放电同时进行；利用电量表实时检测并显示电池剩余电量。为整个系统供电时，电池电量低时自动关机，保证数据不丢失，接通电源时，可在为系统供电的同时进行电池充电，未接电源则系统通过电池供电。

（2）可见光相机：用于拍摄电气设备本体实物照片，配合紫外成像仪进行放电点定位与紫外成像仪瞄准对焦，输出信号为模拟视频信号。

（3）日盲紫外增强电荷耦合器（intensified charge coupled device，ICCD）相机：ICCD 相机配合日盲波段滤光片，可用于检测电气设备放电时产生的日盲波段紫外光辐射，内部通过信号增强与 CCD 相机成像将紫外光辐射转换为紫外视频，从而直观反映放电的强弱。紫外成像仪采用的日盲波段滤光片的波段范围为 240～280nm，峰值波长为 262nm，峰值透过率大于 17%，带宽（半高宽）为 20nm。

（4）NVIDIA Jetson Xavier NX 处理器：整个紫外成像系统的核心，负责接收和处理紫外视频、可见光视频及传感器数据，实现数据的管理与存储。紫外成像仪所采用的 NVIDIA Jetson Xavier NX 处理器如图 7-18 所示。

（5）视频采集卡：视频采集卡用于将紫外 ICCD 相机输出的模拟视频数据转换为 NVIDIA Jetson Xavier NX 处理器可以采

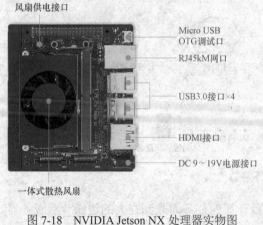

图 7-18 NVIDIA Jetson NX 处理器实物图

集识别的数字信号，其功能主要是转换视频，为连接 NVIDIA Jetson Xavier NX 处理器与紫外 ICCD 相机的纽带。

（6）激光测距传感器：由于紫外成像仪为光学仪器，观测距离与成像效果之间有强相关性，因此观测距离至关重要。而实际应用时观测距离是不确定的，需要在利用激光测距传感器获得观测距离后，将不同观测距离下的紫外图像进行归一化处理。

（7）液晶触摸屏：显示屏为触摸屏，用于显示紫外图像和与用户进行交互。

1. 光学系统设计

本款成像仪光学系统中的可见光与紫外光轴采用非共光轴设计，其原理如图 7-19 所示，可见光与紫外光来自平行光轴，在保证两光轴严格平行时，所拍摄图像之间会有个固定的差值，该差值与相机到拍摄物之间的距离相关。在进行图像融合时，通过测量拍摄距离，对该图像差进行修正补偿。

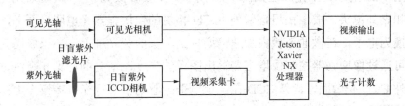

图 7-19　非共光轴紫外成像仪光学系统原理图

与非共光轴设计相对应，紫外成像仪的可见光相机与日盲紫外 ICCD 相机并排安装，并配置有激光测距仪，具体三维设计如图 7-20 所示，其中可见光相机与日盲紫外 ICCD 相机之间的安装距离为 52mm。可见光相机的主要参数见表 7-2。

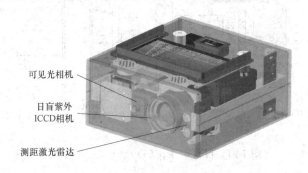

图 7-20　非共光轴紫外成像仪三维设计图

表 7-2　　　　　　　　　　可见光相机主要参数

分辨率/pixel	1200 万
焦距/mm	8.0
光圈	F2.0
接口	M12
像面尺寸/″	1/2.3

续表

视场角（°）	D：58，H：45，V：30
畸变（%）	不大于 0.5
外形尺寸（mm）	14×16
质量（g）	5.2
近摄距（mm）	30
工作温度（℃）	−30～+70

2. 日盲紫外 ICCD 相机

日盲紫外 ICCD 相机用于日盲紫外光辐射的检测，是紫外成像仪的核心成像组件，其构成如图 7-21 所示，工作原理如图 7-22 所示，主要参数见表 7-3。紫外光经过日盲紫外滤光片和紫外镜头，成像在日盲紫外 ICCD 相机的像增强器光电阴极面上，光电阴极将光子转换为电子，在微通道板内加速倍增打到阳极的荧光屏上，还原成增亮的可见光影像，并可通过像增强器控制像增强器输出图像的亮度，增亮的可见光影像可通过光纤板传至紫外 CCD 光敏面，紫外 CCD 在一定电平的驱动下进行光电转换产生模拟视频信号，模拟视频信号经过转换，形成标准 PAL 制式的视频信号。其中，可通过 RS232 接口，程序控制紫外 ICCD 相机的增益及选通门宽度，实现高灵敏紫外光辐射探测和图像传感功能。

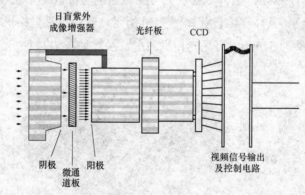

图 7-21　日盲紫外 ICCD 相机构成示意图

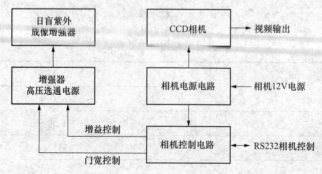

图 7-22　日盲紫外 ICCD 相机工作原理框图

表 7-3   紫外 ICCD 相机主要参数

工作波段（nm）	200～280
探测灵敏度（W/cm²）	小于 $2×10^{-16}$
紫外分辨率（lp/mm）	18
CCD 有效成像像元（pixel）	752×582
光敏面尺寸（″）	1/2
输出帧频（Hz）	25
视频输出信号	CCIR 模拟视频信号
工作电压（V）	DC 12
功率（W）	10
工作温度（℃）	−40～+50
质量（kg）	0.75

3. 激光测距系统

激光测距传感器选用上海申稷光电科技有限公司生产的测距激光雷达 SKP70，该单点测距激光雷达供电电压为 DC 5V，通信接口为 TTL，具体的技术参数见表 7-4。

表 7-4   测距激光雷达技术参数

测量距离（m）	0.05～70
测量分辨率（cm）	1.5
响应时间（ms）	小于 1
测量精度（mm）	±1.0
距离绝对精度（cm）	小于 7
激光束发射角（mrad）	9.3
接收视场角（mrad）	39.4
激光束波长（nm）	905
激光等级	人眼安全等级
防护等级	IP65
质量（g）	35
外形尺寸（mm）	40×40×45
工作温度（℃）	−40～+85

4. 硬件设计及样机制作

为了实现 USB、TTL 和 RS232 等多种接口信号的转换与电路保护功能，同时方便各电路模块的安装与整体的线路连接，进行了 2 个硬件电路板的设计与布线，即 PCB 1 和 PCB 2。

为了满足 PCB 1 布线需要及信号完整性的要求，同时减小 PCB 1 面积，信号线宽为 0.254mm，电源线宽 1.016～2.54mm，USB 数据线采用差分式布线及阻抗匹配设计，双侧均进行铺铜设计，所有焊盘均添加泪滴，减少信号干扰。为节省工艺成本，贴片元件放置在顶层，方便表面贴装技术（surface mounted technology，SMT）焊接。在满足电路设计要求的同时对空间布局进行了紧凑化设计，为方便组装，5V 稳压放置于贴片元件上方架空 5mm 处，12V 稳压在底层架空 2.54mm 处放置，CVBS-USB 采集卡固定在电路板底层，与电路板绑扎在一起，同时垫有绝缘材料。整体电路部分为三层堆叠安装，各部分之间的线路也尽可能缩短，有利于信号的传输。PCB 1 电源输入为 16.8V，来自供电系统，其设计如图 7-23（a）所示。

同时，通过 PCB 2 将引出的 RJ45 网口、USB 接口及电池充电口固定在紫外成像仪外壳上以节省空间，其设计如图 7-23（b）所示。

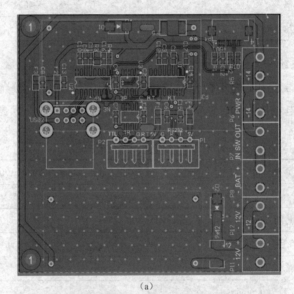

(a)

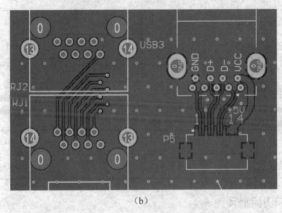

(b)

图 7-23　PCB 电路设计图

(a) PCB 1；(b) PCB 2

如图 7-24（a）所示，机箱外壳使用 SolidWorks 进行三维建模设计，加工装配后的样机如图 7-24（b）所示。触摸屏可用于人机交互，实现紫外增益调整、曝光门设置、观测距离测定、紫外视频的采集录制等功能；电源开关键用于实现快速开机、关机功能。

图 7-24　设备三维设计图和样机实物图

（a）三维设计图；（b）正面三维透视图；（c）背面三维透视图；（d）设备样机实物图

7.4.2　非共光轴紫外成像仪软件系统设计

紫外成像仪的硬件平台搭建完毕后，需要进行软件系统的设计。紫外成像仪软件的运行平台为基于 Ubuntu18.04 系统的 NVIDIA Jetson Xavier NX 处理器，软件使用 HTML+CSS+JavaScript、Python、Node.js 语言开发，其功能主要包括可见光和紫外视频的采集与融合，视频的存储与管理，紫外光子数计算等。

1. 可见光和紫外视频的采集与融合

可见光相机与紫外 ICCD 相机各输出一路视频数据，其中可见光相机通过 USB 接口与 NVIDIA Jetson Xavier NX 处理器相连，将可见光视频传输至处理器；紫外视频为 NVIDIA Jetson Xavier NX 处理器通过视频采集卡获取，处理器采集两路视频后进行融合。视频采集卡采用天创恒达数字视频技术开发（北京）有限公司生产的 U100pro，其可将 CVBS 模拟视频信号转换为数字信号；接口为免驱 USB2.0，可采集高质量音视频文件而无须声卡，并方便与 NVIDIA Jetson Xavier NX 处理器相连；采集视频最大分辨率为 720×576，帧率为 25fps。具体的视频采集工作流程如图 7-25 所示。

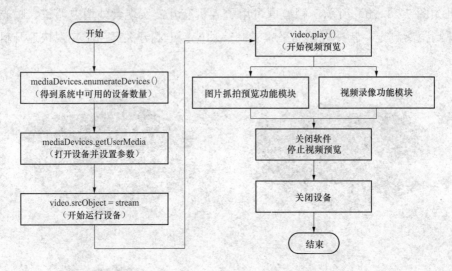

图 7-25　视频采集工作流程

可见光视频与紫外视频的融合过程，是将经过颜色修正和位置坐标修正处理之后的紫外图像帧叠加至可见光图像帧上的过程，具体如图 7-26 所示。首先获取紫外视频流中的图像帧，通过判断每一帧图像的 RGBA 值，将近似黑色的背景的 A 值改为 0，即将背景改为透明，并将非黑像素点的 RGB 值改为软件设置的光斑颜色，由此可知，经过颜色修正处理之后的紫外图像帧中仅含有透明底色和光斑区域两部分；同时，紫外 ICCD 相机位于可见光相机左侧，可见光光轴与紫外光轴存在固定位置偏移，因此需要在软件中设置横向偏差调整系数以修改紫外视频的横坐标位置，该系数可通过紫外成像检测试验获取，将紫外视频的横坐标减去偏差调整系数即为修正后的紫外视频的横坐标。

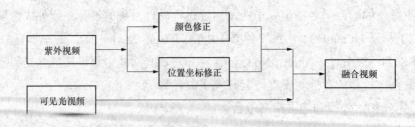

图 7-26　紫外视频与可见光视频融合过程

2. 基于串口的系统通信设计

NVIDIA Jetson Xavier NX 处理器使用串口通信最方便的方式是用 USB 转串口芯片，如 CH340，将 USB 接口转换成 TTL 电平的串口。鉴于 NVIDIA Jetson Xavier NX 处理器只有 4 个 USB3.0 接口，按照数据量进行分配，将可见光相机、CVBS 转 USB 视频采集卡和外置 U 盘 3 个数据量较大的设备直接连接至 NVIDIA Jetson Xavier NX 处理器的 3 个 USB3.0 接口。测距激光雷达的数据串口和紫外 ICCD 相机的控制串口数据量较小，传输速率要求较低，故使用 USBHUB 及 USB 串口转换电路连接到 NVIDIA Jetson Xavier NX 处理器的第 4 个 USB 接口。具体连接方式为：NVIDIA Jetson Xavier NX 处理器的第 4 个 USB3.0 接口通过连接 USB2.0HUB 芯片 HS8836A，将其转换为 4 个 USB2.0 接口，其中 2 个 USB2.0 接口各连接 1 个 USB 转串口芯片 CH340，将 USB 接口转换成 TTL 电平的串口，这 2 个串口在 NVIDIA Jetson Xavier NX 处理器中串口号分别为 ttyUSB0 和 ttyUSB1。ttyUSB0 串口直接与测距激光雷达连接，用来接收距离数据；ttyUSB1 串口通过连接 TTL-RS232 电平的芯片 MAX3232，将其转换为 RS232 电平的串口后与紫外 ICCD 相机的控制串口相连接，以实现紫外 ICCD 相机的控制。

串口的通信参数设定包括串口号，波特率，数据位，停止位和奇偶校验位。串口号用于区分连接到处理器的多个串口实例，具体可以进行修改设定。串口通信为异步通信方式，数据帧格式包括起始位、数据位、奇偶校验位、停止位，数据的发送速率由波特率决定，表示每秒钟传输 0 或 1 的个数。ttyUSB0 串口波特率选择 115200Bd，ttyUSB1 串口波特率选择 9600Bd，数据位为 8 位即一个字节，停止位为 1 位，不使用奇偶校验，数据的可靠性由数据报文校验保证。在通信时需要 NVIDIA Jetson Xavier NX 处理器和外接串口设备的各个参数一致，才能保证通信成功。

ttyUSB0 串口协议最大帧长度为 8 字节，使用小端格式；校验数据的范围是帧结构第 2-6 字节，即 Key 和 Value 两个字段。具体工作流程为：后端程序发送启动命令至串口，串口开始检测距离并回传数据，程序接收单次串口数据，即距离信息，数据为 16 进制，转换为 10 进制后，通过 WebSocket 转发给前端界面进行显示。

ttyUSB1 串口工作流程为：前端界面设置紫外相机参数，通过 WebSocket 发送给后端，后端将参数生成串口命令，命令长度为四个字节（AF 增益值、AF 曝光值），写入到串口中。

3. 紫外成像仪软件界面设计

紫外成像仪软件通过触摸屏人机交互可实现可见光与紫外融合视频实时预览，拍照和视频录制等功能。其中，软件使用 mediaDevicesAPI 与 JavaScript 作为图像获取与处理工具；软件主界面中的"距离"参数为 NVIDIA Jetson Xavier NX 处理器接收到的测距激光雷达测量的检测距离，"光子数"参数为 NVIDIA Jetson Xavier NX 处理器统计出的紫外视频中紫外光斑的像素点个数。

由于可见光视频与紫外视频的融合精度决定了能否准确定位电气设备的放电位置，因此两者的叠加参数"偏移值"需要进行偏移校正，从而实现更加精准的放电点定位。紫外成像仪的增益和曝光门时间可根据紫外图像显示的实际情况进行调节，如果数值太小，当仪器接收到的紫外光辐射强度较弱时显示屏上将不显示紫外光斑；如果数值太大，当仪器接收到的紫外光辐射强度较强时显示屏上的光斑将过大甚至布满全屏。上述两种极端情况都不利于进行紫外检测，需要对参数"增益"和"曝光门"进行调节。同时，通过设置"光子颜色"可控制紫外光斑的显示颜色，以减少检测背景的干扰。

4. 数据存储

紫外成像仪数据主要包含紫外通道数据，可见光与紫外融合数据，观测距离和紫外成像仪的增益等。其中，紫外通道数据包括紫外图像与紫外视频，可见光与紫外通道融合数据包括两光路融合后的图像与视频。

为了便于后期处理与分析，软件将数据直接存储于紫外成像仪的固态硬盘中的指定目录下，文件的名称根据拍摄时刻的时间命名，包含年月日和时分秒信息，如："2022-09-29 11_40_46 叠加图.png"，"2022-09-29 11_40_46 光子图.png"，"2022-09-29 11_40_29 录屏.mp4"。其他信息将按照时间信息依次保存于文本文件中，同一时刻保存的同类型文件的名称中有数字标识，后续进行数据分析时可通过时间信息将各数据进行对应。

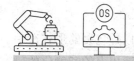

万用表智能化装置

8.1 项目目标

　　该项目的主要目标是实现万用表使用的智能化，主要包括：语音提示当前挡位信息，将表笔连接到对应挡位的插孔以及在电路接通到万用表之前进行安全性的检测。在选挡信息确认后，某些挡位需要进行安全性检测，也就是对被测电路进行分析，检测其是否与用户所选择的挡位相符合，而在安全性检测前，必然需要对线路通断进行判断，即用户是否已经将表笔与被测挡位相连接。

　　需要说明的是，以上以及以下所说的所有安全性问题包括以下常见的几种：

　　（1）使用 mV 挡测量的电压过高；

　　（2）使用电阻挡和通断挡时被测电路带有明显电压；

　　（3）使用电流挡时，被测电路两端电压高于工业规定的 24V 以上。

　　上述目的是解决待测对象与测量挡位不相匹配引起的各种事故及经济损失：如果遇到在控制回路测量电压值时，失误错用电流挡、通断挡或电阻挡或等错误使用的情况时，被测回路导通引发电源短路、控制功能意外动作，严重情况下将导致生产线停止运行、发电机组跳机、输电线路跳闸、电源丧失、设备损毁、人身伤害等后果。因此这一套与万用表适配的保护模块能够从技术上避免由于人因失误使用万用表电阻挡、或通断挡误测带电回路而引发的设备损坏、人身伤害以及生产线停运等重大风险。

8.2 国内外研究概况

　　万用表可用于测量电阻、交流直流电压、交流直流电流、电容，还可以检测二极管、三极管、稳压管的好坏。万用表一般适用于电气、仪控设备在线电压测量、电阻测量以及通断测量。万用表具有以下功能：查找电缆断点、检查电缆是否受潮、检测照明电路短路或开路故障、控制回路的检查、主电路的检查等。国内外万用表测试笔为普通测试笔，仅具备连接被测对象与万用表的功能，随着自动化技术与智能制造技术的不断发展，万用表领域的智能化已经慢慢成为当下万用表研究的方向，但是，目前已有的研究成果均在万用表内部进行直接改造；同时，市面上出现的大多数智能化万用表的智能化方式为在测量电阻、电压、通断时挡位的自动切换，在语音提示方面成果较少。总体来看，目前市场上出现的万用表智能化都是从万用表内部入手，在内部加装单片机进行电路的通断控制来实现，也就是需要对万用表整体的内部电路进行重新规划设计，而不是在原有电路的基础上进行改进、增加辅助功能。

在研究方向上，国内外改装万用表的方向均从内部电路入手，以外包裹的形式在手持式万用表原有基础上改造成果较少，因此从外部加装外包裹实现万用表的智能化的研究与实现是有必要的。

8.3　项目简介

"万用表智能模块"项目以研发一套自动化程度高、人机交互和谐的与传统万用表相适配的智能检测模块，实现对待测对象粗略检测、校验匹配挡位以及语音报警等功能，检测电路与微处理器结合自动选挡判断被测对象成分：电压、电流以及电阻，自动校验挡位并伴随语音提示，有助于形成流程化、规范化的测量，集检测、数据处理、校验、警报于一体，结合实际使用场合以及工业应用的被测对象、细化微处理器中数据处理的方式，保证处理结果的高效性及准确性。以减少目前交流配电系统检测中人工操作所带来的失误，实现检测工作的智能化和自动化，提高检修效率。

8.4　工作原理

8.4.1　总体原理

项目内容主要包括以下几个方面：①初步判断待测负载，校验所选挡位与实际待测的是否匹配；②实现所选挡位的信号反馈；③处理上述两种信号：待测负载属性及所选挡位，若不适配，进行装置保护及语音播报；④研究合理的机械结构，使得自动装置具有较高的稳定性和实用性；⑤控制自动装置工作的硬件电路设计。

当用户将待测对象接入电能表后，电信号将被粗略检测模块调整为微小信号再由AD7606 采样模块进行采样，将数据传输到微处理器中进行处理，通过微处理器中的算法判断出被测对象的属性。随后将目前传统万用表所选的挡位通过检测挡位选择装置采集到的信号传回处理器中，并且将该数据与被测值进行匹配，匹配正确则继电器接通，可用万用表正常测量；反之，万用表智能化装置将会通过语音模块发出警报，提醒用户调整挡位再进行测量。

8.4.2　判断选挡原理

选挡装置是由万用表智能化装置的机械结构与限位开关组成的，万用表智能化装置的效果图如图 8-1 所示。

图 8-1　万用表智能化装置效果图

该机械结构内部包括两个腔体，主腔体包含限位面板、微动开关以及四个香蕉插头。主腔体用于放入 FULKE F179C 万用表，然后关上限位面板，限位面板上有 8 个微动开关，每个开关各自对应 FULKE F179C 万用表上 8 个挡位，选挡定位触点与旋钮契合，用于配合旋钮旋转，并且通过定位触点接触限位开关来获取选挡信号。七个微动开关通过定位触电碰撞闭合后闭合开关，反馈信号到 STM103C8T6 单片机上，单片机对输入信号进行处理，收集到当前挡位信息、副腔体包括表笔安装孔，抓握结构。测量表笔通过副腔体接入智能化电路中，进行测量。抓握结构方便使用者手持操作，使得该装置使用合理。

挡位检测模块主要由七个限位开关组成，这是一种常用的小电流电器。在电气控制系统中，位置开关的作用是实现顺序控制、定位控制和位置状态的检测。这七个限位开关分别位于主腔体的限位面板上，与 FULKE F179C 万用表一一对应，当旋钮选至某挡位，如交流电压挡时，固定在旋钮上的触点就会与限位开关相接触，此时开关闭合的信号将通过线传回单片机，单片机对该信号进行储存，每个挡位在单片机中都有对应的编号，随后与负载信号进行匹配。所选限位开关具有体积小，灵敏度高，可以支持双向按压的优点，这些属性都满足使用需求。

8.4.3 粗略检测的原理

采用 ad7606 模块进行数据的采集，该采集模块可以实现八通道双极性采样，采样精度可以达到 16 位，具有 1MΩ 的输入阻抗，可以实现最大 200kHz 的采样转化速率，输入保护电路可以耐受最高达 16.5V 的电压，通过串行输出将采集到的数据传输给主控单片机，配合对应的采样电路可以达到对输入信号的准确判断。对应的配合使用的采样电路，是通过电容充电采集的方式，实现采集信号时采样电路与外界输入信号的隔离，保证被采集的信号不会与采样电路直接接触，可以实现测量精度的自动化切换而不会出现采样电路突然接触过高压的信号导致损坏。采样电路输入阻抗在 1MΩ 以上，对实现交流电压、直流电压、电阻的判别以及大致范围的判断，来实现对选挡的辅助选择。当检测到选挡切换到对应的电流挡时，会将输入信号接到对应的电流传感器以及过电流保护装置，在判断检测到对应的接入电流信号超出对应的电流挡位时，给出提示，提醒对测量挡位的更换，最终实现对 FULKE 万用表及被测电流的过电流保护。

8.5 粗略检测系统

8.5.1 工作原理

（1）采样方案选用电力系统最常用的采样芯片 ad7606 进行采样，采样率高达 200k，片上集成模拟输入箝位保护、二阶抗混叠滤波器、跟踪保持放大器、16 位电荷再分配逐次逼近型 ADC 内核、数字滤波器、2.5V 基准电压源及缓冲、高速串行和并行接口。AD7606 采用 5V 单电源供电，不再需要正负双电源，并支持真正 ±10V 或 ±5V 的双极性信号输入。所有的通道均能以高达 200kSPS 的速率进行采样，同时输入端箝位保护电路可以承受最高达±16.5V 的电压，完全满足本项目采样部分的需求。

整个电路主要包括 ad7606 芯片、电源滤波部分、采样端口滤波、上下拉电路，与相应的供电方案。对应使用的时序图如图 8-2 所示。

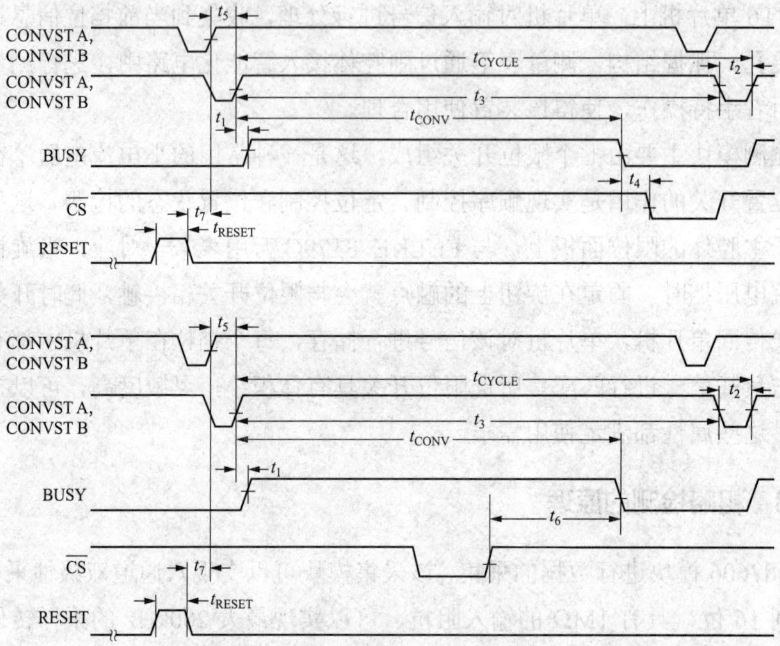

图 8-2　AD 检测时序图

（2）对于主控部分，选择了 stm32f103c8t6 这款 32 位微处理器，如图 8-3 所示，使

图 8-3　stm32 芯片接口原理图

用它可以对 ad7606 采样芯片进行采样控制与数据处理，实现 ad7606 的复位、开始转换，串行数据传输等操作的控制。两者的连线图对应与 stm32 的连线图如图 8-4 所示。

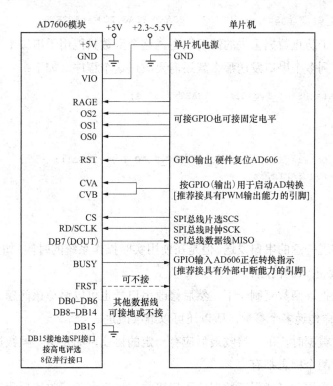

图 8-4　AD 模块与主控连接原理图

其中包括 stm32c8t6 主控芯片、对应的外部晶振、复位电路。IO 扩展电路、电源供电电路与 LED 指示电路。该最小系统可以满足 stm32 基本工作的要求，可以减小主控部分所占用的空间，在满足要求的基础上，实现对于控制整个装置的要求。

8.5.2　串口连接方式

串口发送数据最直接的方式就是标准调用库函数：

```
void USART_SendData(USART_TypeDef* USARTx,uint16_t Data);
```

第一个参数是发送的串口号，第二个参数是要发送的数据了。我们需要根据这个函数加以扩展：

```
void Send_data(u8 *s)
{
 while(*s!='')
 {
while(USART_GetFlagStatus(USART1,USART_FLAG_TC )==RESET);
USART_SendData(USART1,*s);
 s++;
 }
}
```

以上程序的形参就是调用该函数时要发送的字符串，这里通过循环调用串口写函数 USART_SendData 来一一发送字符串：

```
while (USART_GetFlagStatus (USART1, USART_FLAG_TC) ==RESET);
```

以上程序用于防止数据丢失的情况发生。这个函数只能用于串口 1 发送。有些时候根据需要，要用到多个串口发送那么就还需要改进这个程序。如下：

```
void Send_data(USART_TypeDef * USARTx,u8 *s)
{
 while(*s!='')
  {
 while(USART_GetFlagStatus(USARTx,USART_FLAG_TC)==RESET);
 USART_SendData(USARTx,*s);
 s++;
  }
}
```

这样就可实现任意的串口发送。但是在使用实时操作系统的时候（如 UCOS、Freertos 等），需考虑函数重入的问题。

当然也可以把该函数复制一下，然后修改串口号也可以避免该问题。然而这个函数不能像 printf 那样传递多个参数，所以还可以继续改进。

在串口接收数据时，串口接收最后应有一定的协议，如发送一帧数据应该有头标志或尾标志，也可两个标志都有。

这样在处理数据时既能保证数据的正确接收，也有利于接收完后我们处理数据。下面以串口 2 接收中断服务程序函数且接收的数据包含头尾标识为例。

数据的头标识为" "既换行符，尾标识为"+"。该函数将串口接收的数据存放在 USART_Buffer 数组中，然后先判断当前字符是不是尾标识，如果是说明接收完毕，然后再来判断头标识是不是"+"号，如果还是，那么就是我们想要的数据，接下来就可以进行相应数据的处理了。但如果不是那么就让 Usart2_Rx=0 重新接收数据。

这样做有以下好处：可以接受不定长度的数据，最大接收长度可以通过 Max_BUFF_Len 来更改，可以接受指定的数据，防止接收的数据使数组越界。这里把接收正确数据直接打印出来，也可以通过设置标识位，然后在主函数里面轮询再操作。

以上的接收形式，是中断一次就接收一个字符，这在 UCOS 等实时内核系统中频繁中断，非常消耗 CPU 资源，在有些时候我们需要接收大量数据时且波特率很高的情况下，长时间中断会带来一些额外的问题。所以以 DMA 形式配合串口的 IDLE（空闲中断）来接收数据将会提高 CPU 的利用率，减少系统资源的消耗。

```
#define DMA_USART1_RECEIVE_LEN 18
void USART1_IRQHandler(void)
{
if(USART_GetITStatus(USART1,USART_IT_IDLE)!= RESET)
  {
```

```
    USART1->SR;
    USART1->DR;
    //这里我们通过先读 SR(状态寄存器)和 DR(数据寄存器)来清 USART_IT_IDLE 标志
DMA_Cmd(DMA1_Channel5,DISABLE);
temp = DMA_USART1_RECEIVE_LEN -DMA_GetCurrDataCounter(DMA1_Channel5);
//接收的字符串长度=设置的接收长度-剩余 DMA 缓存大小
    for(i = 0;i<temp;i++)
    {
      Uart2_Buffer[i] = USART1_RECEIVE_DMABuffer[i];
    }
    //设置传输数据长度
DMA_SetCurrDataCounter(DMA1_Channel5,DMA_USART1_RECEIVE_LEN);
    //打开 DMA
DMA_Cmd(DMA1_Channel5,ENABLE);
    }
}
```

之前的串口中断是一个一个字符进行接收，现在改为串口空闲中断，就是一帧数据过来才中断进入一次。而且接收的数据时候是 DMA 来搬运到我们指定的缓冲区（也就是程序中的 USART1_RECEIVE_DMABuffer 数组），是不占用 CPU 时间资源的。

关于 IDLE 中断可查看：STM32 串口空闲中断接收不定长数据（DMA 方式）

DMA 的发送：

```
#define DMA_USART1_SEND_LEN 64
void DMA_SEND_EN(void)
{
DMA_Cmd(DMA1_Channel4, DISABLE);
DMA_SetCurrDataCounter(DMA1_Channel4, DMA_USART1_SEND_LEN);
DMA_Cmd(DMA1_Channel4, ENABLE);
}
```

这里需要注意下 DMA_Cmd（DMA1_Channel4，DISABLE）函数需要在设置传输大小之前调用一下，否则不会重新启动 DMA 发送。

有了以上的接收方式，对一般的串口数据处理是没有问题的了。在 ucosiii 中使用信号量+消息队列+储存管理的形式来处理我们的串口数据。先来说一下这种方式对比其他方式的一些优缺点。在下面的程序中，对数据的处理是先接受再处理，如果在处理的过程中，有串口中断接收数据，那么就把它依次放在队列中，队列的特征是先进先出，在串口中就是先处理先接收的数据，所以根据生产和消费的速度，定义不同大小的消息队列缓冲区就可以了。

8.5.3　设计方案

1. 第一版设计方案

对于采样部分的电路最初的原理设计为使用电容来等效外部电路的电压，然后通过电容放电的瞬时电压，来等效外部电路的电压，所用原理图如图 8-5 所示。

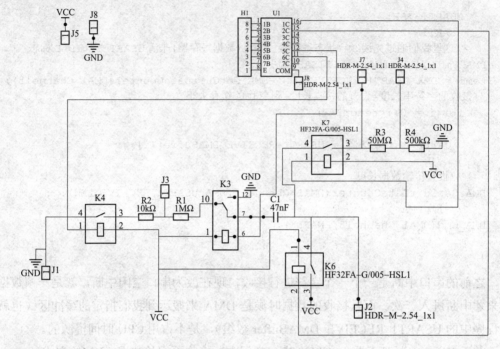

图 8-5　采样电路初版原理图

其设计思路如下：

（1）使用继电器控制对应线路的通断。

（2）由于 stm32IO 口的驱动能力不足，所以使用 32 单片机控制 ULN2003 驱动芯片来实现对于继电器的控制，来保证对继电器的可靠控制。

（3）电阻 R1、R2 为对外电阻，可以保证输入无论直流交流都有起码 1MΩ 以上的输入阻抗，减小对被测回路分压的影响，同时 R1、R2 也构成了电阻分压电路，构成 1:100 的分压比，在福禄克万用表的量程 1kV 以内，保证了采样点 J3 的电压不超过 10V，即未超过 ad7606 的量程。

（4）电路 R3、R4 为构成电阻-电容电路的限流电阻，保证在测量时 RC 电路的放电时间的足够，避免发生放电时间过短导致检测不到信号的问题，$\tau=RC$，每次经过 1 个时间常数，电容充电的电压，达到与电源压差的 0.632 倍（63.2%）。通常认为 5 个时间常数后，电容就充满了。放电过程同理。

（5）在 $R=1M\Omega$，$C=47nF$ 的前提下，时间常数 $\tau=0.047s$，即电容充电时间接近 200ms，放电时间更是远超这个数据，不用担心放电过快而采集不到对应电压的问题。整体工作流程为，电容充电为 5V，接入测量电路，然后断开，测量电容两端的电压，若整体电路导通且不带电压则电容两端电压接近为 0，若测量电路未接通，则电容两端电压接近 5V，若测量电路接通且带电，则电容两端电压接近于被测电压。后将电容两端电压放掉，再接入测量电路中同时对电阻 R2 进行采样，若采集到交变的电压值，则证明被测负载为交流，若采样值接近为 0，则证明被测负载为直流或者电阻。后再把电容断开，测量电容两端电压若接近 0，则为电阻负载，若不为 0，则为直流电压负载。

经过测试存在的缺陷：首先，电容两端的瞬时电压采集有一定的问题，在采集电压时的采样值很容易不准确。其次，使用 ad7606 对电容两端进行采样时，由于通道间存在浮空电压的问题，且电容容值过小，所以会被反向充电而导致采样值没有意义。同时，为了保护采样通道输入的电压不超量程，而导致采样电路的分压比过低，即在被采样电压为 mv 级时采样精度不够，从而使功能实现较为困难。所以该版采样电路设计不采用。

2. 第二版设计方案

吸取了上一版的教训，这版采样电路的原理为整体测量采用电阻分压的原理，使用电容来辅助判断电路是否接通，同时使用二极管限压的方式来保护采样通道两端的电压，而避免电阻分压比过低的情况。

电路设计思路如下：

（1）使用继电器控制对应线路的通断。

（2）由于 stm32IO 口的驱动能力不足，所以使用 32 单片机控制 ULN2003 驱动芯片来实现对于继电器的控制，来保证对继电器的可靠控制。

（3）电阻 R1、R2 为对外电阻，可以保证 1MΩ 以上的输入阻抗，减小对被测回路分压的影响，同时 R1、R2 也构成了电阻分压电路，构成 1:1 的分压比。

（4）二极管组限压部分，该部分使用多个二极管反向并联而成，起到对采样通道限压的作用，当电阻 R2 两端电压小于二极管组的导通压降 4.2V 时，二极管截止，R1、R2 构成分压电路，实现对电压的测量，若大于二极管的导通压降，二极管导通，采样通道电压恒为4.2V 即超过了规定的阈值，电阻 R2 被短路，而此时 R1 就起到了增大对外阻抗的作用。

（5）整体工作流程为，电容充电，接入测量电路，若被测电路已经接通，则可以在R2 两端检测到电压，若没有对应的电压信号则证明被测电路还未接入，然后将电容断开，再次检测 R2 两端电压。若有电压信号，则说明被测电路为有源负载，提示不能选用电阻挡，并且可以判断使用的应该是 mV 挡还是 V 挡，再次接入电容，若能在电阻 R2 两端测得交变的电压，则说明被测电路为交流负载，提示选用交流挡。

经过实际测试发现，该版电路原理可行，能够实现预期的工作流程与对应挡位的判别，但是对于电流挡的处理拟采用的是试触法，即在没有限流电阻的情况下接通电路测量电流，并且接通过电流保护的，这种方案会对被测电路造成影响，需要继续改进。

3. 第三版设计方案

在经过与核电技术人员的交流后，对于电流挡位的处理进行了改进，即若测量人员拟测量电流负载，仍然对其两端电压先进行测量，在超过 24V 的额定值的情况下，发出警告，禁止其使用电流挡进行测量，为此，改变相应分压电阻的阻值与分压比。

该版原理图相较于上一版，原理上基本相同，但是改变了测量电路的分压比，使整体电压采样的有效范围增大到了接近 25V，满足了判断是否在 24V 以上的要求，同时在继电器的选择上，换用了体积更小的微型继电器，以缩小整个采样部分的体积。两者的对比图如图 8-6 所示。

图 8-6 两版本 PCB 板实物对比图

8.6 语音系统

8.6.1 JQ8400-FL

JQ8400 语音模块选用的是 SOC 方案，集成了一个 16 位的 MCU，以及一个专门针对音频解码的 ADSP，采用硬解码的方式，更加保证了系统的稳定性和音质。小巧尺寸更加满足嵌入其他产品的需求。

SPI-flash 更换语音内容.此芯片最大的优势在于能够灵活更换 SPI-flash 内的语音内容，省去了传统语音芯片需要安装上位机更换语音的麻烦，SPI FLASH 直接模拟成 U 盘，跟拷贝 U 盘一样，非常方便。使得产品研发和生产变得便捷简单。一线串口控制模式、RX232 串口控制可选，为研发提供更多的选择性。

1. 实现功能

语音警报内容：①挡位选择正确；②挡位选择错误；③应选择交流电压挡；④应选择直流电压挡；⑤不应使用电流挡等。在使用语音模块的过程中我们使用一线串口通信的方式控制语音的播放，语音模块功能指令如图 8-7 所示。

查询播放状态(01)

指令：AA 01 00 AB

返回：AA 01 01 播放状态 SM

说明：在任何时候都可以查询当前的播放状态

播放(02)

指令：AA 02 00 AC

返回：无

说明：在任何时候发此命令都会从头开始播放当前曲目

暂停(03)

指令：AA 03 00 AD

返回：无

停止(04)

指令：AA 04 00 AE

返回：无

上一曲(05)

指令：AA 05 00 AF

返回：无

下一曲(06)

指令：AA 06 00 B0

返回：无

(a)　　　　　　　　　　　　　　　(b)

图 8-7 语音模块功能指令

(a) 查询及播放指令；(b) 暂停、停止及切换指令

2. 硬件参数

根据硬件参数中的 UART 接口、输入电压、工作温度、湿度等参数给出的各个条件得出该模块适合用于万用表智能化装置，其具体硬件参数见表 8-1。

表 8-1　　　　　　　　　　　　　JQ8400-FL 硬件参数

名称	参数
MP3 文件格式	1）支持所有比特率 11172-3 和 ISO13813-3 layer3 音频解码； 2）采样率支持（kHz）：8/11.025/12/16/22.05/24/32/44.1/48； 3）支持 Normal、Jazz、Classic、Pop、Rock 等音效
USB 接口	2.0 标准
UART 接口	一线串口，标准串口，TTL 电平
输入电压	DC 3.3～5.5V 最佳为 4.2V，IO 电平为 3.3V
额定电流	睡眠电流：500μA；工作电流：10MA
PCB 尺寸	18mm×25mm
工作温度	−40～+85℃
湿度	5%～95%

3. 模块管脚说明

语音模块管脚分布如图 8-8 所示，各个管脚的功能说明见表 8-2。

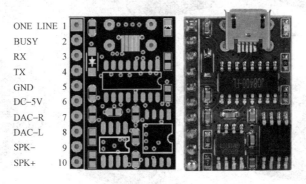

ONE LINE 1
BUSY 2
RX 3
TX 4
GND 5
DC−5V 6
DAC−R 7
DAC−L 8
SPK− 9
SPK+ 10

图 8-8　语音模块管脚图

表 8-2　　　　　　　　　　　　　JQ8400-FL 管脚说明

引脚	标识	说明
1	ONE LINE	一线串口脚
2	BUSY	忙信号脚，播放时为高，其余为低
3	RX	芯片串口接收脚，接 MCU 的 TX 脚
4	TX	芯片的串口发送脚，接 MCU 的 RX 脚
5	GND	芯片数字地
6	DC-5V	芯片供电脚，3.3～5.0V

续表

引脚	标识	说明
7	DAC-R	DAC 音频输出右声道
8	DAC-L	DAC 音频输出左声道
9	SPK−	接喇叭
10	SPK+	

8.6.2 机械结构设计图

根据 FLUKE F179C 万用表的结构设计一款包裹式外壳能够完全契合该万用表，并且在装置左侧能够放入设计的电路板、单片机、语音模块、扬声器、表笔等模块，设计图及各部件如图 8-9 所示。

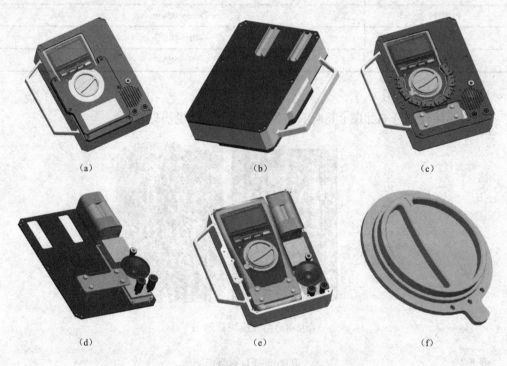

图 8-9　智能模块各结构三维图

(a) 正面；(b) 反面；(c) 整体；(d) 背板；(e) 内部结构；(f) 旋钮

8.7　工作验证与评价

8.7.1　使用方法

测量交流电压挡：听到"当前选择交流电压挡"语音播报后，将表笔接入，示值即为所测值。测量直流电压 V 挡：听到"当前选用直流电压挡"语音播报后，将表笔接入，示值即为所测值。测量毫伏 mV 挡：听到"当前选用毫伏挡"语音播报后，将万用表表笔接入待测电路。"已接通"表示万用表正常工作，读数即所测值。"检测到带有超量程电压，请换用电压挡或者检查被测电路"且指示灯闪灭 3 次表示当前挡位选择错误，需重新选挡或检查电路。测量欧姆挡：听到"当前选用欧姆挡"语音播报后，将万用表表笔接入待测电路。"已接通"表示万用表正常工作，读数即所测值。测量通断挡：听到"当前选用通断挡"语音播报后，将万用表表笔接入待测电路。"已接通"表示万用表正常工作，读数即所测值。"检测到被测电路带有明显电压，请检查挡位是否选择正确"且指示灯闪灭 3 次表示被测电路中含有电压，需要重新选择挡位。测量毫安 mA 挡：听到"当前选用毫安挡"语音播报后，将万用表表笔接入待测电路。"已接通"表示万用表正常工作，读数即所测值。"检测超过 24V 的电压，请检查是否使用电流挡"且指示灯闪灭 3 次说明当前被测电路中有较大电压，若继续使用可能损坏设备，需要重新换挡或检查电路。测量安培 A 挡：听到"当前选用欧姆挡"语音播报后，将万用表表笔接入待测电路。"已接通"表示万用表正常工作，读数即所测值。"检测超过 24V 的电压，请检查是否使用电流挡"且指示灯闪灭 3 次说明当前被测电路中有较大电压，若继续使用可能损坏设备，需要重新换挡或检查电路。

8.7.2　使用注意事项

装置在提示"已接通"后若需要再次使用，需要重新选挡。对于交流电压挡与直流电压挡，会直接将表笔接入到万用表。对于其他挡位，在提示"已接通"之前，均会有 1MΩ 以上的输入阻抗，在提示已接通后，会将表笔接入到万用表对应插孔，无须再人工更换插孔位置。在使用欧姆挡和通断挡时，被测电路中电压超过 1.3V 则会被判定为带有明显电压，为保护设备，万用表不能继续测量。在使用欧姆挡、通断挡以及 mV 挡时，若被测负载电阻较大（超过 30kΩ 时），会出现导通判断不灵敏的问题，可以在不接入其他任何电路下将正负表笔短接，提示"已接通"后正常使用，但此时不再具有示警功能。在使用电流挡时，默认的警报值为超过 24V 的电压，若在反复检查被测量为符合量程的电流量时，可在重新选挡后在不接入其他任何电路下将正负表笔短接，提示"已接通"后正常使用，但此时不再具有示警功能。在使用欧姆挡时，接通后会有接近 0.3Ω 的额外电阻。

8.7.3　样品展示

最终万用表智能模块成品包括其工装实物图，如图 8-10 所示。

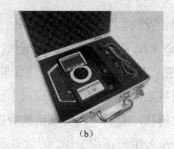

（a）　　　　　　　　　　　（b）　　　　　　　　　　　（c）

图 8-10　智能模块实物图

（a）工装实物图；（b）工装内部图；（c）整体实物图

8.8　创新点分析

智能校验选挡条件，避免在控制回路测量电压值时，失误错用电流挡、通断挡或电阻挡或等错误使用的情况时，如有上述情况则会导致电源短路、控制功能意外动作，严重情况下将导致生产线停止运行、发电机组跳机、输电线路跳闸、电源丧失、设备损毁、人身伤害等后果。该项目可以避免这些严重的后果的发生。智能停止测量功能，该功能可以在校验出选挡错误时利用单片机控制继电器切断表笔与万用表之间的连接。语音警报及提示功能，语音提示可以迅速让工作人员反应过来自己的错误并且及时纠正，避免重大损失的发生。智能识别选挡，根据限位开关的开启与关闭可以反馈信号至单片机内部，根据数据库即可识别目前的选挡条件。